L'Industrie minérale
de la Tunisie

OUVRAGES DU MÊME AUTEUR

Aperçu sur la question des accidents du travail en Russie. — Congrès international des accidents du travail, 2ᵉ session, Berne, 1891.

Le coefficient de risque dans l'industrie en général et dans l'industrie minière en particulier, en Allemagne, par A. de KEPPEN et W. de JOUKOFFSKY. — Bulletin du Comité permanent du Congrès des accidents du travail et des assurances sociales, 1892.

Mining and Metallurgy with a set offellining Maps, Saint-Pétersbourg, 1893.

The mineral wealth and the mining and metallurgical industries in Siberia. — Un des chapitres du livre : *Siberia and the great Siberian Railway*, Saint-Pétersbourg, 1893.

Les deux derniers ouvrages ont été publiés par le Gouvernement russe en langue russe et en langue anglaise pour l'Exposition internationale de Chicago, 1893.

État de la question des accidents du travail en Russie. — Congrès international des accidents du travail et des assurances sociales, 3ᵉ session, Milan, 1894.

Aperçu général sur l'industrie minérale de la Russie. — Annales des Mines, Paris, 1894.

Les accidents mortels dans les charbonnages, les mines métalliques et les carrières des principaux pays. — Étude statistique. Bulletin du Comité permanent du Congrès des accidents du travail, et des assurances sociales, 1898.

Essai d'un cadre de la statistique des accidents dans les mines. — Congrès international des Mines et de la Métallurgie, Bruxelles, 1903.

Le mouvement des combustibles minéraux dans le midi de la France. — Paris, 1910.

Les combustibles minéraux, les minerais et les phosphates en Algérie. — Paris, 1910.

Documents statistiques sur le mouvement des combustibles minéraux dans les principaux ports français. — Paris, 1913.

BAR-LE-DUC. — IMPRIMERIE CONTANT-LAGUERRE.

A. DE KEPPEN

Ingénieur des Mines
Ancien membre du Conseil général des Mines de Russie

L'industrie minérale de la Tunisie

DON
155767

et son rôle
dans l'évolution économique
de la Régence

(Avec carte minière de la Tunisie)

PARIS

COMITÉ CENTRAL	CHAMBRE SYNDICALE
DES	FRANÇAISE
HOUILLÈRES DE FRANCE	DES MINES MÉTALLIQUES

55, RUE DE CHATEAUDUN, 55

1914

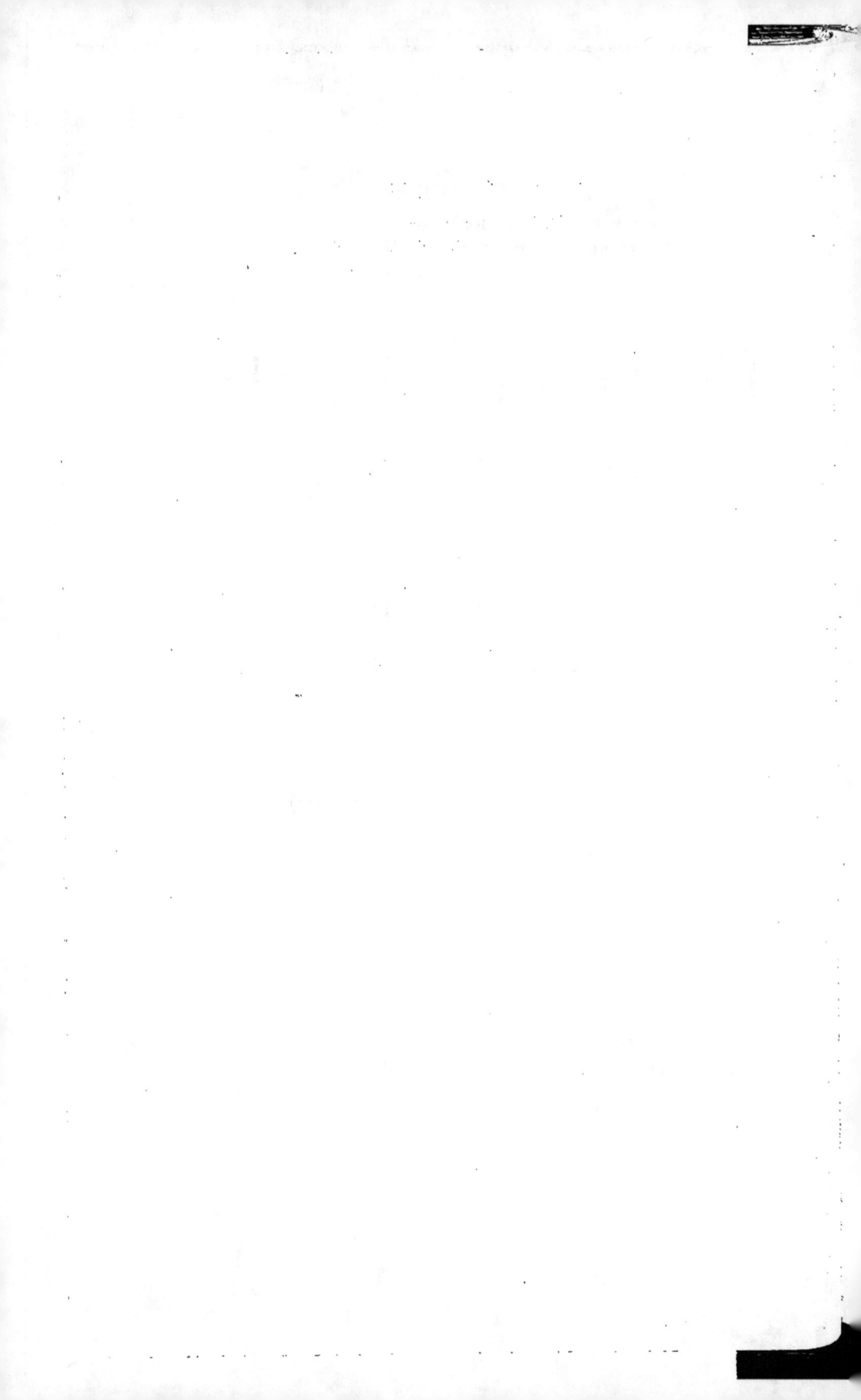

AVANT-PROPOS

Parmi les richesses de la Tunisie, celles qui, pendant les dernières décades, ont le plus attiré l'attention du monde des affaires sont les mines de divers minerais et les carrières de phosphates dont le développement a pris une si grande importance, et qui ont été la base de l'évolution économique qui s'est produite dans la Régence.

Nous avons pensé qu'il serait intéressant de mettre en évidence l'essor de l'industrie minéralè en Tunisie et son rôle dans ladite évolution économique et nous nous sommes efforcé de réunir le plus possible de matériaux à ce sujet, en nous basant principalement sur des documents officiels.

Nous n'avons nullement la prétention de présenter aux lecteurs un travail original; mais nous avons essayé de grouper les données que nous avons pu extraire des publications des divers organes du Gouvernement Tunisien et des ouvrages de personnes compétentes et d'en tirer quelques conclusions fondées surtout sur des renseignements statistiques.

La tâche que nous avons entreprise nous a été facilitée par l'office du Gouvernement Tunisien : M. Ordinaire, directeur et M. Violard, sous-directeur, nous ont permis de prendre connaissance non seulement des publications rassemblées dans la bibliothèque dudit office, mais aussi des dossiers qui y sont constitués et contiennent un grand nombre de renseignements. Nous nous faisons un devoir d'exprimer ici même notre grande reconnaissance à MM. Ordinaire et Violard.

En même temps nous devons aussi notre reconnaissance à la

Direction générale des Travaux publics de Tunisie, et aux administrations des différentes sociétés qui ont bien voulu nous communiquer des renseignements, et c'est spécialement à la Compagnie des phosphates de Gafsa, la société de Mokta-el-Hadid, la société du Djebel-Djerissa, la société du Djebel-Ressas, la compagnie des chemins de fer de Bône-Guelma, la société des ports de Tunis, Sousse et Sfax, et la société du port de Bizerte que nous adressons nos remerciements.

Si pour quelques entreprises minières, on ne trouve que des renseignements très restreints, c'est qu'il nous a été impossible de nous procurer plus de détails sur leur fonctionnement.

Pour ne pas encombrer notre étude par de nombreuses annotations indiquant les sources des renseignements donnés, nous publions ci-après une bibliographie des documents qui nous ont servi.

A. DE KEPPEN,

Ingénieur des mines.

BIBLIOGRAPHIE

1° Rapports au Président de la République sur la situation de la Tunisie pour les années 1901 à 1912.

2° GEORGES COCHERY (député). Rapport : *a*) sur le budget spécial de l'Algérie, exercice 1909; et *b*) sur le budget général du protectorat de la Tunisie. Exercice 1909. Paris, 1908.

3° PÉDÉBIDOU (sénateur). Rapport portant fixation du budget général de l'exercice 1909 (Ministère des Affaires étrangères. — Protectorats). Paris, 1908.

4° PIERRE BAUDIN (sénateur). Rapport sur le projet de loi portant fixation du budget général de l'exercice 1910 (Ministère des Affaires étrangères. — Protectorats). Paris, 1909.

5° Direction générale des Travaux publics. Tableaux statistiques : premier fascicule : Service des chemins de fer, service des Ponts et Chaussées, service des Mines, service topographique. — Second fascicule : ports, navigation et pêches maritimes (années 1904 à 1913). Tunis.

6° Direction générale des Finances. Direction des douanes. Documents statistiques sur le commerce de la Tunisie (années 1905-1912). Tunis.

7° Statistique de l'industrie minérale et des appareils à vapeur en France et en Algérie (années 1884 à 1911). Paris.

8° Rapports des Ingénieurs des Mines aux Conseils généraux sur la situation des mines et usines en 1910 et 1912. Paris.

9° DE LAUNAY. Les richesses minérales de l'Afrique (Algérie, Tunisie, Égypte, etc.). Paris, 1903.

10° K. ROBERTY. L'industrie extractive de la Tunisie : Mines et carrières. Tunis, 1907.

11° PAUL F. CHALON. Les richesses minérales de l'Algérie et de la Tunisie. Paris, 1907.

12° PAUL ZEYS. Mines, carrières et phosphates en Tunisie. Législation et industrie. Paris, 1912.

13° La Tunisie (Agriculture, commerce et industrie). — 2 vol., 2ᵉ éd., Paris, 1900.

14° GASTON LOTH. La Tunisie et l'œuvre du protectorat français. Paris, 1907.

15° G. GINESTOUS. Esquisse géologique de la Tunisie, suivie de quelques aperçus de géographie physique et d'hydrographie tunisienne. Tunis, 1911 (Ouvrage contenant une carte géologique de la Tunisie et en annexe une note sur les gîtes miniers et les phosphates de la Tunisie, par M. Berthon, Chef du Service des Mines).

16° G. GINESTOUS. Les régions naturelles de la Tunisie. Tunis, 1906.

17° LEWIS WARE. Étude sur la section [coloniale de l'exposition franco-britannique de Londres en 1908. Paris, 1909 (Chap. IV. *Les ressources économiques de la Tunisie*).

18° Direction de l'Agriculture, du Commerce et de la Colonisation. — Les produits tunisiens. Exposition franco-britannique de Londres et exposition de pêche de Trondjem. Tunis, 1908.

19° Notice sur la Tunisie, 6° éd. Tunis, 1909.

20° CL. BIZET. Monographie du centre tunisien. Sousse, 1906.

21° PIERRE BODEREAU. La Gafsa ancienne, la Gafsa moderne. Paris, 1907.

22° La compagnie de Gafsa et l'industrie des phosphates. Paris, 1909 (brochure).

23° L'industrie des phosphates dans le Sud de la Tunisie, 1911 (brochure).

24° Compagnie des chemins de fer Bône-Guelma et prolongements. Voyage en Tunisie de M. Armand Fallières, Président de la République française. Paris, 1911.

25° XII° Congrès international de navigation. Philadelphie, 1912. Notice sur les procédés de chargement des phosphates et minerais de fer dans les ports tunisiens (rapport par A. HERMANN, directeur général de la Société des ports de Tunis, Sousse et Sfax). Bruxelles, 1912.

26° XII° Congrès international de navigation. Philadelphie, 1912. Compte rendu des travaux exécutés dans les principaux ports maritimes tunisiens (rapport par A. HERMANN, directeur général de la Société des ports de Tunis, Sousse et Sfax). Bruxelles, 1912.

27° Législation tunisienne sur le repos hebdomadaire et les soins médicaux dus aux ouvriers et employés en cas d'accident de travail. Tunis, 1909 (brochure).

28° Note sur l'application des lois ouvrières en Tunisie. Tunis, 1909 (brochure).

29° Congrès de la Propriété minière, du Travail, de l'Hygiène et de la Sécurité des mines, Lille, 1910, contenant :

PAUL F. CHALON. Législation minière en Algérie et Tunisie et ÉMILE LAMBERT. Industrie et législation des phosphates.

Périodiques :

30° Bulletin mensuel de l'Office du Gouvernement tunisien. Paris.

31° L'Echo des Mines tunisiennes (organe pour la défense des intérêts miniers tunisiens). Tunis.

32° L'Engrais (*Journal international hebdomadaire*). Lille.

33° Le Phosphate et Revue internationale des matières fertilisantes. Paris.

34° Annuaire de la Chambre Syndicale française des mines métalliques (années 1910 et 1913). Paris.

35° L'Information. Paris.

36° La Côte. Paris.

37° La Tunisie industrielle. Tunis.

INTRODUCTION

L'INDUSTRIE EXTRACTIVE DE LA TUNISIE ET SON INFLUENCE SUR LE DÉVELOPPEMENT ÉCONOMIQUE ET COMMERCIAL DE LA RÉGENCE

« Il est peu de pays où l'industrie minière se soit développée aussi rapidement qu'en Tunisie ».

« La richesse minérale a fait la fortune et l'évolution rapide de la Tunisie ».

« Dans l'évolution économique de la Tunisie, le fait le plus important est le subit développement des exploitations minières ».

« L'industrie extractive contribue pour une large part au développement industriel de la Régence ».

« La Tunisie doit assurément aux richesses de son sous-sol une grande partie de son essor économique ».

« C'est la richesse, le nombre, la variété et l'infinie répartition des mines et carrières de la Régence qui lui aura valu cet essor rapide et si avantageux tant au point de vue de la civilisation des indigènes que de l'influence politique des chemins de fer ».

« La Tunisie depuis des siècles connue comme pays agricole est devenue dernièrement un pays minier de premier ordre ».

« La reconnaissance et la mise en valeur successive de richesses minérales inestimables, est venue presque renverser les connaissances que l'on avait des possibilités productives du pays. La Tunisie que l'on croyait être un pays essentiellement agricole, semble devoir maintenant être encore plus développée par l'exploitation minière que par l'agriculture, encore que cette dernière ne cesse de s'accroître chaque année ».

« L'industrie minérale a pris en ces dernières années une importance telle en Tunisie, qu'elle a révolutionné les conditions économiques du pays ».

« La Tunisie qui n'avait dès l'abord, été considérée que du côté agricole, présente un intérêt considérable au point de vue minier, qui est aujourd'hui sa principale ressource et qui, demain, constituera une richesse incomparable ».

« La Tunisie est, par excellence, un pays d'industrie extractive ; mais c'est surtout le pays des phosphates ».

« La substance à laquelle la Tunisie doit son importance minière capitale est sans contredit le phosphate de chaux ».

« De toutes les richesses minérales de la Régence, les phosphates de chaux constituent la plus belle ».

Voilà ce que disent les auteurs de différentes études économiques sur la Tunisie ; comme on le voit, tous signalent l'industrie minière comme la plus importante dans le pays.

Les travaux les plus récents sur l'industrie minérale de la Tunisie sont les suivants :

K. ROBERTY : *L'industrie extractive de la Tunisie. Mines et carrières.* Tunis, 1907.

CHALON : *Les richesses minérales de l'Algérie et de la Tunisie,* Paris, 1907.

PAUL ZEYS : *Mines, carrières et phosphates en Tunisie.* Paris, 1912.

L'auteur de ce dernier ouvrage, fort instructif au point de vue de la législation minière, déclare, en ce qui concerne la partie de son ouvrage relative à l'industrie minérale proprement dite : « Les renseignements industriels et géologiques que je donne sur chacune des mines, ont été extraits littéralement de l'ouvrage de M. Roberty, publié en 1907, et que j'ai complétés par des documents fournis par le directeur général des Travaux publics ».

Les études de MM. Roberty et Chalon présentent un haut intérêt et sont très documentées sur les différentes exploitations des mines et carrières, jusqu'à 1905, mais ne donnent pas un aperçu d'ensemble sur la situation de l'industrie extractive de la Régence, et surtout elles ne laissent pas voir l'influence de l'industrie minérale sur le développement de l'outillage économique du pays, ainsi que sur l'extension du réseau des chemins de fer, et du trafic de ceux-ci, de même que sur le développement du mouvement commercial dans les principaux ports de la Tunisie, grâce à l'exportation croissante des produits de l'industrie minérale ; enfin elles ne donnent pas de renseignements sur les ressources que tire le Trésor tunisien de l'industrie minérale et le pays entier du développement de la production et du commerce des produits de cette industrie.

Tout autre était le but que poursuivaient les auteurs des deux études susmentionnées. Néanmoins toutes les questions que nous venons d'énumérer présentent un grand intérêt et méritent d'être examinées dans une étude sur l'évolution économique extraordinaire prise par la Tunisie au début du xxe siècle.

Nous donnons donc ici un aperçu général sur la situation de l'industrie minérale en Tunisie et son influence sur le développement économique et commercial de la Régence.

$\circ^\circ_\circ$

Parmi les mesures prises par le Gouvernement tunisien dans le but de favoriser l'extension de l'industrie extractive, il faut surtout mentionner les suivantes :

1° Une législation minière basée sur des principes modernes, et appropriée aux conditions spéciales du pays.

2° La liaison intime des concessions minières au développement du réseau des chemins de fer. Pour atteindre ce but le Gouvernement tunisien a suivi le principe suivant : d'un côté accorder des concessions de mines ou de phosphates, dans des parties du pays dont les richesses minérales étaient suffisamment reconnues, de l'autre construire aux frais du Trésor tunisien de nouvelles lignes de voies ferrées pour relier les gisements miniers aux ports maritimes, lignes dont le revenu serait assuré par le transport des produits de l'industrie extractive, à des tarifs déterminés, suffisants pour couvrir les intérêts des capitaux engagés.

3° L'organisation et l'outillage des principaux ports maritimes devant servir à l'exportation des produits minéraux, — tous ceux-ci étant expédiés hors de la Tunisie.

Les résultats obtenus par ces mesures ont été confirmés d'un côté par les chiffres toujours croissants des exportations de minerais et de phosphates, — de l'autre par l'augmentation d'année en année de la partie des revenus du Trésor due aux redevances des mines et des exploitations de phosphates, et à l'exploitation des chemins de fer et des ports concédés.

o°o

Ce sont jusqu'à présent les exploitations de minerais de zinc, de plomb et de fer, avec les phosphates de chaux qui prospèrent dans le pays.

L'exploitation des minerais de zinc et de plomb, commencée depuis de longues années, et dont les gisements sont dispersés sur une grande partie de la Tunisie, a pris dernièrement un nouvel élan.

La Tunisie est actuellement, après les États-Unis, le plus grand producteur de phosphates du monde, et l'exportation qu'elle fait de ce produit s'opère non seulement à destination de la plupart des États de l'Europe, mais aussi vers l'Extrême-Orient, au Japon. Cette exportation s'est élevée, en 1912, à 1.910.198 tonnes, représentant une valeur de 47.754.940 francs, c'est-à-dire 31 0/0 de la valeur totale des produits tunisiens exportés hors de la Régence pendant la même année (154.655.189 francs).

Les consulats français en différents pays constatent que les phosphates tunisiens non seulement n'ont, aucune peine à soutenir la concurrence des phosphates du Pacifique et des États-Unis, mais que dans certains endroits les fabricants de superphosphates leur donnent une préférence.

Enfin, en ce qui concerne le fer, des gisements importants sont déjà en exploitation et l'épuisement des mines d'autres pays, grands producteurs de minerai de fer, ainsi que les hautes qualités des minerais de la Tunisie laissent prévoir un développement considérable de cette branche de l'industrie extractive. Du reste, commencée, en 1907, par le chiffre par trop modeste de 351 tonnes, l'exportation de minerais de fer tunisiens a atteint en 1912 : 491.758 tonnes d'une valeur de 6.392.858 francs.

Le tableau ci-après résume la production annuelle des minerais métallifères et des phosphates de la Régence depuis l'origine :

Années.	Tonnage exporté annuellement.					Valeur totale des minerais fob. Tunis.	Phosphates.	
	Minerais de						Tonnage exporté annuelle-ment.	Valeur fob. Tunis.
	Zinc.	Plomb.	Cuivre (1).	Fer.	Manga-nèse.			
						Milliers de francs.		Milliers de francs.
1892...	2.300	»	»	»	»	92	»	»
1893...	6.000	»	»	»	»	217,8	»	»
1894...	10.400	»	»	»	»	620	»	»
1895...	10.300	»	»	»	»	563	»	»
1896...	7.800	»	»	»	»	470	»	»
1897...	12.000	»	»	»	»	877	»	»
1898...	30.000	2.000	»	»	»	1.270	»	»
1899...	36.000	8.200	»	»	»	2.141	63.500	1.936
1900...	22.200	6.300	»	»	»	1.880	172.100	3.748
1901...	20.100	6.200	»	»	»	1.753	178.000	4.074
1902...	26.200	11.000	»	»	»	2.226	263.500	5.359
1903...	24.900	15.000	»	»	»	2.906	352.000	6.529
1904...	33.000	27.200	»	»	»	5.806	445.700	8.194
1905...	32.800	23.200	854	»	»	6.788,6	524.100	9.465
1906...	33.500	25.000	968	»	»	8.038,3	745.500	13.419
1907...	34.000	31.100	676	351	820	8.383,5	1.055.100	18.991
1908...	27.800	34.000	274	148.000	»	10.050	1.338.700	28.417
1909...	28.000	50.000	219	220.000	815	11.460	1.301.100	27.241
1910...	32.500	37.000	»	365.800	»	11.166	1.335.200	30.000
1911...	32.157	38.275	»	403.200	»	15.720	1.592.100	35.061
1912...	37.400	51.300	»	491.758	»	20.550	1.910.198	47.755

(1) Mattes et speiss.

Malgré de grandes difficultés de communications, une grande
partie des exploitations minières a reçu un outillage moderne
et leurs installations peuvent rivaliser avec les meilleures installations d'Europe en ce genre. L'usage de l'électricité comme
force motrice se propage de plus en plus sur ces exploitations.
Obéissant aux lois économiques de la production industrielle
qui imposent l'abaissement du prix de revient, les sociétés

minières profitant d'une main-d'œuvre peu coûteuse se préoc-
cupent de faire subir à leurs produits sur place une transformation préalable pour obtenir des produits marchands d'une
plus grande valeur en diminuant en même temps les frais de
transport. Dans les nombreux districts miniers du pays, les
mineurs savent utiliser les éléments naturels pour enrichir sur
place les minerais qu'ils extraient du sous-sol. — Ici c'est le
barrage d'un oued ou d'une source, là, c'est un moteur à vent
qui puise l'eau, destinée au lavage du minerai; ailleurs c'est à
l'insolation et à la sécheresse de l'air que sont demandées la dessiccation et la météorisation des phosphates étendus sur de
vastes aires. Enfin de nombreuses salines établies sur les côtes
Est de la Tunisie représentent une importante richesse; la
sécheresse de l'air y facilite l'évaporation dans des conditions
remarquables de rapidité et assure un rendement rémunérateur.

°_°°

La Tunisie a exporté en 1912, 1.910.198 tonnes de phosphates
et 491.758 tonnes de minerais de fer. De pareilles masses ne
peuvent être embarquées sans l'utilisation d'engins spéciaux;
aussi trois sociétés phosphatières et deux sociétés minières
ont-elles installé dans les ports de Tunis, La Goulette et Sfax
de gigantesques constructions pour l'embarquement de leurs
produits. Le port de Sousse est à la veille d'être outillé de la
même manière.

°_°°

Mettant à part la grande ligne de jonction nord-sud, —
Bizerte, Tunis, Sousse, Sfax, — qui sera toujours surtout celle
des touristes, des voyageurs et des marchandises peu encom-
brantes, — six lignes transversales, — plus ou moins parallèles,
dont deux aboutissent au port de Bizerte, deux autres à Tunis,
une à Sousse et une à Sfax, — vont de l'Est à l'Ouest et, sauf la
ligne de Bizerte-Mateur-les Nefzas, aboutissent dans la région
de la frontière algérienne. Cette série de lignes relie les parties
hautes du territoire à la mer en suivant la direction générale
des grands plissements orographiques de la Régence. Chacune
de ces lignes a son trafic indépendant à peu près assuré par les
exploitations de phosphates et de minerais.

La ligne de Bizerte aux Nefzas qui pénètre dans les monts de Kroumirie et la ligne de Nebeur, dont le terminus est dans la haute vallée du Mellégue, près de la frontière algérienne, fourniront au port de Bizerte un fort tonnage de minerais de fer, provenant des gisements de Kroumirie, des Nefzas, de Douaria et de Nebeur. En outre elles y apporteront aussi des minerais de zinc et de plomb.

De Tunis une ligne de chemin de fer va directement à l'Ouest, à la frontière algérienne, où elle se raccorde à la grande ligne d'Algérie; elle transporte principalement des minerais de plomb et de zinc.

Cette ligne, comme les deux précédentes, est à voie normale de 1^m,44.

Une autre ligne va de Tunis sur Pont-du-Fahs et aux gisements de phosphates de Kalaâ-Djerda et de Kalaât-es-Senam. Les mines de fer de Djerissa et de Slata sont reliées à cette grande ligne par un embranchement. Le trafic des phosphates et des minerais de fer a permis la construction de ces voies ferrées essentiellement gagées sur des recettes minières; — c'est lui qui, en 1912, a fourni à la ligne à voie unique de Kalaât-es-Senam plus d'un million de tonnes de matières pondéreuses.

Les phosphates d'Aïn Moulares et de Redeyef assurent un trafic suffisant à la ligne aboutissant au port de Sousse.

Enfin, le trafic du chemin de fer de Sfax à Gafsa et à Metlaouï-Redeyef est surabondamment garanti par les exploitations phosphatières de la Compagnie de Gafsa (plus d'un million de tonnes par an).

Ces trois dernières lignes sont à voie étroite d'un mètre.

Le réseau des voies ferrées tunisiennes appartient à l'État, sauf la ligne de la Medjerdah (de Tunis en Algérie) et celle de Sfax à Metlaouï-Redeyef et à Henchir-Souatir; ces dernières font partie du réseau appartenant à la Compagnie des phosphates et du chemin de fer de Gafsa. La ligne de la Medjerda appartient à la compagnie Bône-Guelma, laquelle exploite aussi toutes les autres lignes susmentionnées.

°₀°

La construction de nouvelles voies ferrées de pénétration dans des parties du pays jusque-là tout à fait désertes et l'ins-

tallation de grands centres miniers dans des contrées dépourvues
de tous moyens d'habitation ont une grande valeur pour la
colonisation du pays, et pour les ressources des indigènes qui
trouvent du travail dans les exploitations minières, sur les
chemins de fer, au transport et à l'embarquement des minerais
et des phosphates et auxquels revient la plus forte partie des
salaires payés par les sociétés minières et les chemins de fer.

Les indigènes trouvent encore beaucoup d'autres avantages
dans la création des centres miniers et dans la construction
de nouvelles lignes de chemin de fer : postes, écoles, assurance contre les disettes, médecins, aménagement des eaux
potables, etc.

Quant au travail des indigènes, la Tunisie recrute à présent
la majorité de ses travailleurs pour les mines dans la population
musulmane, — résultat qui laissait incrédules beaucoup d'esprits
il y a peu d'années encore.

L'établissement des statistiques intéressant le personnel
engagé dans l'industrie, entrepris par l'Administration, en 1910,
et dont des chiffres caractéristiques ont été mis en lumière pour
les groupes homogènes des mines, des travaux publics et des
chemins de fer ont donné pour la population des mines le
chiffre global de 16.569, dont 5.515 Européens et 11.054 indigènes.

o°o

L'accroissement des revenus du Trésor tunisien provoqué par
le développement de l'industrie extractive n'est pas non plus négli-
geable. Les redevances des mines, qui, au début du xxᵉ siècle,
n'étaient que de 38.220 francs (année 1901), se sont relevées
en 1907 à 186.802 francs; mais pendant les dernières années
ces redevances ont sensiblement fléchi.

L'extraction des phosphates qui a apporté au Trésor, en 1907,
312.661 francs, a produit en 1912 : 2.364.508 francs [1].

D'autre part les sommes versées au Trésor tunisien pour les

---

(1) La Compagnie des phosphates de Gafsa à elle seule a payé en 1912 comme
redevances minières 1.968.090 francs. En y ajoutant 982.000 francs d'autres droits et
impôts que la Compagnie a dû payer on arrive à un chiffre de près de trois millions de
francs que la Compagnie de Gafsa seule a payé au Trésor Tunisien pour l'année 1912.

recherches de minerais et de phosphates qui n'étaient que de 23.295 francs en 1904 sont arrivées à 175.250 francs en 1911.

Mais ce sont là seulement les revenus du Trésor versés directement par les exploitants des mines et des carrières; le développement de l'industrie minière a provoqué pour le Trésor tunisien aussi un grand accroissement des revenus qu'il tire de l'exploitation des chemins de fer et des ports concédés. En voici le résultat : en 1904, la part du Trésor dans les bénéfices de l'exploitation des chemins de fer de l'État était de 189.086 francs; elle a monté en 1912 à 4.494.163 francs, elle a donc augmenté en huit ans de près de vingt-quatre fois. De même la part du Trésor dans les bénéfices des ports concédés qui, en 1904, n'était que de 35.520 francs est arrivée en 1912 au chiffre de 966.490 francs, c'est-à-dire qu'elle s'est accrue de près de vingt-huit fois.

°°

Quant au mouvement du commerce extérieur de la Tunisie, nous voyons que la valeur des exportations était toujours bien inférieure à celle des importations; mais dans les dernières années, le grand développement des exploitations minières les a portées au niveau des importations (et même au-dessus de celles-ci en 1910). En 1912, les exportations se sont chiffrées par 154.655.189 francs et ont été par conséquent très rapprochées des importations qui s'élevaient à 156.294.000 francs.

°°

Le progrès du trafic des chemins de fer (petite vitesse), des réseaux de Bône-Guelma et de Sfax-Gafsa réunis, a été plus remarquable encore en ces dernières années. De 954.884 tonnes avec 6.758.490 francs de recettes en 1905 il est arrivé, en 1912, à 3.688.931 tonnes avec 24.587.213 francs de recettes dont plus de 19 millions ou environ 80 0/0 ont été versés dans les caisses des chemins de fer par les exploitants de mines et de carrières de phosphates de chaux. Ce sont là encore les matières minérales — minerais et phosphates de chaux, — transportées à très bas tarif qui ont produit cette évolution.

o°o

En ce qui concerne le mouvement de la navigation à la sortie des quatre principaux ports maritimes auxquels aboutissent les chemins de fer actuellement en exploitation et par lesquels se fait l'exportation des produits de l'industrie minérale, pendant la dernière période de huit années, 1905 à 1912, les quantités de marchandises exportées ont augmenté, de la manière suivante : pour le port de Tunis — La Goulette, près de dix fois, pour le port de Bizerte, de sept fois ; pour le port de Sousse, près de quatorze fois ; et, enfin, pour le port de Sfax, elles ont plus que doublé.

Il y a là pour l'ensemble des exportations par les quatre grands ports de la Régence une augmentation des exportations de 1.664.778 tonnes (plus de 200 0/0), chiffre qui est même de 232.000 tonnes moins élevé que celui de l'augmentation qu'a subie l'exportation des minerais et des phosphates.

L'exportation totale des produits de l'industrie extractive a passé de 580.954 tonnes d'une valeur de 16.253 600 francs, en 1905, à 2.477.290 tonnes évaluées à 68.305.000 francs en 1912, — progression de plus de 320 0/0 en poids et en valeur.

Pour les minerais c'est l'entrée en jeu, en 1907, des minerais de fer — (351 tonnes en 1907 et 491.758 tonnes en 1912), — qui a provoqué une si forte augmentation de leur exportation — 567.091 tonnes, en 1912, contre 56.854 tonnes, en 1905, c'est-à-dire qu'en huit années elle a décuplé.

Quant aux phosphates, c'est non seulement l'exportation toujours croissante de la compagnie de Gafsa, mais aussi le développement des exportations des produits des exploitations phosphatières du centre de la Tunisie — qui ont contribué à ce que les expéditions globales soient passées de 524.164 tonnes, en 1905, à 1.910.200 tonnes, en 1912, représentant ainsi une augmentation de 351 0/0.

Si nous mettons en comparaison les exportations de minerais et de phosphates avec l'ensemble des marchandises exportées de Tunisie, nous voyons que minerais et phosphates représentent à eux seuls environ 85 0/0 du poids et 40 0/0 de la valeur.

o°o

Dans les relations de la Tunisie avec la Métropole les produits
de l'industrie extractive jouent aussi un rôle appréciable. La
valeur des expéditions vers la France pendant les treize années
du siècle courant a varié de la manière suivante :

	Minerais.	Phosphates.
	Valeur en francs.	Valeur en francs.
1900......................	408.042	1.191.577
1905......................	1.223.564	5.348.225
1910......................	2.029.604	12.515.160
1912......................	2.160.264	18.023.875

Sur une valeur totale de 67.773.400 francs de marchandises
exportées en France, en 1912, 20.184.400 francs, soit près de
30 0/0 revenaient aux produits de l'industrie minière.

Il est à remarquer qu'en fait de minerais, la France ne reçoit
de la Tunisie que ceux de zinc et de plomb, et que les minerais
de fer tunisiens ne trouvent pas encore de débouché dans la
Métropole.

Quant aux autres pays consommateurs des produits de l'industrie extractive tunisienne, nous signalerons seulement que les
principaux pays étrangers vers lesquels se fait l'exportation de
minerais de différente nature et de phosphates sont : l'Italie,
la Belgique, l'Angleterre et l'Allemagne.

L'Italie reçoit de la Tunisie des minerais de plomb et des
phosphates ; ces derniers représentaient, en 1912 : 40 0/0 de la
valeur de l'ensemble des produits tunisiens expédiés dans ce
pays ; dans les huit dernières années, la valeur des phosphates
de Tunisie dirigés sur l'Italie a augmenté de 360 0/0.

La Belgique, — grand producteur de zinc, — demande à la
Tunisie (comme à l'Algérie), principalement des minerais de ce
métal ; mais dans les cinq dernières années les minerais de
plomb ont rivalisé avec les minerais de zinc ; en 1912 leurs
valeurs respectives étaient de 3.164.499 francs pour le plomb
et 2.679.600 francs pour le zinc.

Les phosphates expédiés en Belgique jouent aussi un rôle important; leur poids était de 109.572 tonnes, en 1912, et leur valeur de 2.739.305 francs.

En Belgique, comme en France, les minerais de fer de la Tunisie n'ont pas encore fait leur apparition.

En ce qui concerne la Grande-Bretagne, nous voyons que les expéditions de Tunisie de minerais de zinc qui représentaient, en 1905, une valeur de 954.200 francs ont fléchi à 186.015 francs, en 1912. Par contre les exportations de phosphates et de minerais de fer vont en augmentant; elles représentaient, en 1912 : pour le minerai de fer une valeur de 3.506.555 francs, et pour les phosphates, de 5.552.420 francs.

L'ensemble de minerais et de phosphates dirigés de la Tunisie sur la Grande-Bretagne, en 1912, représentait près de 68 0/0 de la valeur totale des produits tunisiens y exportés.

Quant à l'Allemagne pour laquelle les minerais de fer tunisiens promettent de jouer un rôle assez important, nous n'hésitons pas de mettre ensemble les quantités exportées, d'après les statistiques tunisiennes, en Allemagne et en Hollande, vu que le port hollandais de Rotterdam sert de point d'arrivée en Europe aux minerais de fer dirigés sur les hauts fourneaux de la Westphalie. Sous cette indication la valeur des minerais de fer tunisiens expédiés en Allemagne a été, en 1912, de 2.839.460 francs. Pour la même année, les statistiques tunisiennes mentionnent une exportation de phosphates en Allemagne pour une somme de 3.330.985 francs; mais ici aussi une partie des phosphates arrive en Allemagne vià Rotterdam, d'où ils remontent le Rhin.

o^oo

En somme les résultats de la mise en valeur des mines et carrières de la Tunisie peuvent être ainsi résumés :

La prospérité industrielle des régions minières se trouve assurée pour de longues années. Des compagnies ont été formées qui ont importé en Tunisie des capitaux considérables, appartenant à des Français ou à des étrangers.

L'exploitation des gisements miniers assure au pays l'exportation abondante de produits qui ne sont pas sujets à souffrir des variations climatériques.

Ces exploitations fournissent des salaires qui suffisent à la subsistance de toute une main-d'œuvre qui trouve du travail non seulement dans les mines et carrières mêmes, mais aussi dans le transport de leurs produits jusqu'aux chemins de fer, sur les chemins de fer et dans les diverses opérations d'embarquement. Cette population ouvrière, constituée pour la plus grande partie par des indigènes, profite d'un salaire d'au moins quinze millions de francs par an. Ces salaires profitent aussi dans une certaine mesure aux agriculteurs et aux marchands, fournisseurs naturels des populations habitant autour des centres miniers.

Le Gouvernement tunisien a réalisé un programme qui consistait à utiliser les richesses naturelles pour mettre en valeur des régions jusque-là à peu près désertiques, mais appelées à prendre un grand développement par la construction des chemins de fer et la mise en valeur des produits du sous-sol.

La construction de nouvelles lignes de voies ferrées de pénétration jusqu'aux centres miniers, d'une longueur totale de 1.400 kilomètres, dans des parties du pays jusque-là inaccessibles, a permis de créer aussi de nouveaux centres de colonisation ; elle a mis de nouvelles régions en communication rapide avec la mer, et a procuré à leurs produits une voie de sortie aussi sûre que peu coûteuse, et rendu facile leur pénétration économique. Des exploitations agricoles nouvelles se sont établies dans le pays ; leurs produits destinés à l'exportation augmentent l'aisance de la population indigène et fournissent aux colons la rémunération de leur travail et de leurs capitaux ; elles créent dans le pays une source nouvelle de richesse stable et de grand et long avenir, en fixant, sur des espaces jadis incultes, toute une classe de propriétaires ruraux attachés au sol.

Les travaux de construction des chemins de fer ont fourni pendant plusieurs années du travail aux indigènes qui en ont tiré des salaires considérables.

L'exploitation des mines et carrières a provoqué la mise en état et l'agrandissement des ports de Tunis, Bizerte, Sousse et Sfax et la création d'un nouveau port à La Goulette.

En Tunisie pour des causes diverses qu'il serait hors de propos de rappeler ici, l'industrie contribuait modestement à l'activité nationale ; par contre, c'était l'exploitation agricole du sol qui alimentait sous forme de céréales, de vins, d'huiles, de bétail, etc., la majeure partie du trafic commercial. Dans ces conditions, cela se conçoit, le mouvement général subissait nécessairement le contre-coup des variations de la récolte et, par suite, des caprices du climat, en sorte que ce mouvement était sujet à de très grandes fluctuations selon les circonstances atmosphériques. Le développement subit de l'industrie extractive a produit une évolution économique qui a eu pour effet de déplacer au profit d'une exportation plus régulière — celle des produits miniers — la prépondérance jusqu'alors dévolue aux denrées agricoles.

L'exportation toujours croissante des produits du sous-sol a provoqué un rapide et énorme développement du commerce extérieur, lequel pour l'exportation a passé de 58.276.577 francs en 1905, à 154.655.189 francs, en 1912, dans lesquels près de 40 0/0 reviennent aux minerais et aux phosphates. Ce développement de l'exportation a produit un effet favorable sur le fret; de même l'exportation des minerais de fer par le port de La Goulette a provoqué la création d'une nouvelle compagnie de navigation pour des voyages entre la Tunisie et la mer du Nord.

Le Trésor tunisien par suite de l'accroissement de la production minérale, de l'extension des transports par les chemins de fer et de l'exportation des produits des mines et carrières obtient des revenus toujours croissants et dont la stabilité est assurée pour une longue durée.

Ainsi, toutes les branches de la vie économique de la Régence se sont épanouies, grâce au développement rapide et intense de l'industrie extractive.

PREMIÈRE PARTIE

CHAPITRE 1

STATISTIQUE GÉNÉRALE

Statistique des permis de recherches et d'exploitation
et des concessions instituées.
Redevances des mines et des exploitations de phosphates.
Tableau des concessions de mines au 1er janvier 1913.
Liste des Sociétés phosphatières en Tunisie.

Le nombre de permis de recherches et d'exploitation, ainsi
que le nombre des concessions de mines ont progressé de la
manière suivante :

Années.	Permis de recherches en cours.	Permis d'exploitation.	Concessions instituées.
1880.	2	»	1
1885.	4	»	4
1890.	12	»	5
1895.	52	»	8
1900.	240	2	14
1905.	560	20	33
1907.	580	32	38
1908.	634	42	41
1909.	600	57	41
1910.	579	65	42
1911.	547	67	45
1912.	533	67	46

o°o

Le gouvernement tunisien a perçu comme redevance des mines (5 0/0 du produit net des mines, plus 0 fr. 10 par hectare compris dans le périmètre concédé) :

	Fr. c.
En 1897......	9.003,94
— 1898..........................	15.694,57
— 1899..........................	48.136,22
— 1900..........................	48.588,65
— 1901..........................	38.220,05
— 1902..........................	33.325,14
— 1903..........................	10.423,05
— 1904..........................	22.254,07
— 1905..........................	78.611,03
— 1906..........................	126.437,85
— 1907..........................	186.801,71
— 1908..........................	169.655,71
— 1909..........................	99.708,54
— 1910..........................	93.220 »
— 1911..........................	97.695,99
— 1912..........................	165.981,42

Quant aux exploitations de phosphates de chaux les *rapports au Président de la République sur la situation de la Tunisie*, desquels nous extrayons ces données, mentionnent des recettes de deux provenances différentes : 1) produits des gisements domaniaux et 2) droits d'extraction des phosphates, — dont voici les chiffres :

Années.	Produits des gisements domaniaux.	Droits d'extraction de phosphates.
	Fr. c.	Fr. c.
1906...........................	»	75.792,50
1907...........................	177.493,83	135.167,34
1908...........................	177.000 »	199.329,33
1909...........................	293.368,65	155.225,37
1910...........................	1.126.148 »	673.613 »
1911...........................	1.236.209,02	772.083,45
1912...........................	1.406.111,44	958.396,94

En outre les titulaires de permis de recherche de mines et de phosphates ont versé les sommes suivantes pour frais d'enquêtes, de visites de mines, d'analyses et de publicité :

	Francs.
En 1903	141.758
— 1904	23.295
— 1905	38.600
— 1906	68.225
— 1907	162.925
— 1908	174.250
— 1909	91.000
— 1910	83.000
— 1911	175.250
— 1912	65.413

Le subit relèvement en 1910 des recettes versées au Trésor tunisien par les exploitants de phosphates provenait principalement de deux causes :

a) Les redevances afférentes à l'exploitation des gisements domaniaux par la Compagnie des phosphates de Gafsa, étaient jusque-là retenues par la compagnie concessionnaire pour l'amortissement de la part de l'État dans les dépenses de premier établissement de la ligne ferrée de Sfax-Gafsa; le solde desdites dépenses représentait, au 31 décembre 1908, la somme de 57.951 fr. 27;

b) La redevance complémentaire à laquelle la Compagnie de Gafsa est tenue en exécution d'une convention du 15 octobre 1909 homologuée par un décret du 31 décembre suivant. Cette redevance s'ajoute à celle due en vertu de la convention de concession des gisements de Metlaoui, homologuée par décret du 20 avril 1896, de telle manière qu'en définitive, le total payé par la Compagnie au domaine s'élève à un franc par tonne.

La Compagnie de Gafsa ayant produit, en 1910, 957.339 tonnes de phosphates, cette redevance devait produire 957.339 francs [1].

o°o

On trouvera ci-après :

1) Un tableau des concessions de mines au 1ᵉʳ janvier 1913 ;
2) Une liste des *Sociétés* phosphatières en Tunisie.

---

[1] Les redevances minières payées par la compagnie de Gafsa pour le tonnage de 1912 représentent un chiffre de 1.968.000 francs.

TABLEAU

des concessions de mines au 1ᵉʳ janvier 1913.

Nᵒˢ d'ordre.	Noms des concessions.	Objet.	Noms des concessionnaires.	Superficie des concessions.
				Hectares.
1	Djebba.........	Zinc, plomb.	Société des mines et fonderies de zinc de la Vieille-Moutagne.........	615
2	Djebel Ressas..	Plomb, zinc.	Société des mines du Djebel-Ressas...............	2.735
3	Ras-er-Radjel... Bou-Lanague... Djebel Bellif... Ganara........	Fer........	Compagnie des mines de fer de Kroumirie et des Nefzas.	1.250
4	Tamera, Bourchiba, Oued-Bou-Zenna....	Fer........	Compagnie des mines de fer de Kroumirie et des Nefzas.	2.030
5	Kanguet - Kef - Tout........	Zinc, plomb.	Société minière du Kanguet.	1.086
6	Sidi-Ahmed....	Zinc, plomb.	Compagnie royale asturienne des mines.............	1 875
7	Fedj-el-Adoum .	Zinc, plomb.	Société des mines de Fedj-el-Adoeim.............	336
8	Zaghouan......	Zinc, plomb.	Société nouvelle des mines de Zaghouan...........	2 717
9	Djebel - el - Ak-houat........	Zinc, plomb.	M. de Saint-Didier........	840
10	Djebel-Bou-Iaber...	Zinc, plomb.	Société commerciale et industrielle des mines de Bou-Iaber.................	831
11	Djebel Hamera.	Zinc, plomb.	MM. Targe, Durieux et Revolon.................	1.255
12	Sidi-Youssef ...	Zinc, plomb.	Société anonyme de Nebida pour l'exploitation de mines.	660
13	Fedj-Assène....	Zinc, plomb.	Société minière de Fedj-Assène.................	1 468
14	Djebel Ben-Amar........	Zinc, plomb.	Société anonyme du Djebel-ben-Amar....	176
15	Djebel Azered...	Zinc, plomb.	Compagnie royale asturienne des mines.............	1.600
16	Djebel Djerissa.	Fer, manganèse	Société des mines du Djebel-Djerissa................	1.138

Nos d'ordre.	Noms des concessions.	Objet.	Noms des concessionnaires.	Superficie des concessions.
				Hectares.
17	Kef-Lasfar.....	Zinc, plomb.	Société des mines du Kef-Lasfar.................	858
18	Béchateur......	Zinc, plomb.	Compagnie Royale Asturienne des mines	2.380
19	Djebel Gheriffa.	Zinc, plomb.	Société minière du Nord de l'Afrique..............	693
20	Djebel el Grefa	Plomb......	Compagnie Royale Asturienne des mines..............	971
21	Djebel Touireuf.	Zinc, plomb.	Société des mines de Touireuf...................	591
22	Djebilet - el - Kohol..........	Zinc, plomb.	MM. Vivian and Sons, de Swansea (Angleterre).....	298
23	Aïn-K'hamouda.	Zinc, plomb.	M. Auguste Galtier........	680
24	Sefsaf.......	Plomb......	Société minière du Bazina...	545
25	Oued-Kohol	Zinc, plomb.	M. Antoine Bavier-Chauffour.	650
26	Bazina........	Zinc, plomb.	Société minière du Bazina...	897
27	Djebel Charra ..	Zinc, plomb.	Société anonyme anglaise Djebel Charra Mining Company Ltd...............	820
28	Djebel Diss	Zinc, plomb.	Société civile d'études pour les mines du Djebel Diss..	549
29	Djebel Touila...	Zinc, plomb.	Société belge-française de recherches minières en Afrique.................	360
30	Aïn-Allega.....	Zinc, plomb.	Compagnie des minerais de fer magnétique du Mokta-el-Hadid	427
31	Djebel Serdj ...	Zinc.......	M. Hagelstein	953
32	Djebel Chouichia.	Cuivre, fer..	M. Paul David...........	543
33	Sidii	Zinc, plomb.	Société des mines de Sidii..	907
34	Slata.	Fer	Société anonyme des mines de fer de Slata et Hameima .	625
35	Hameima......	Fer		690
36	Nebeur	Fer	Société des mines de fer de Nebeur	1.310
37	Djebel Hallouf .	Zinc, plomb, fer........	Société anonyme française des mines du Djebel Hallouf.................	606
38	Djebel Trozza..	Plomb, zinc.	Syndicat de la mine du Djebel Trozza	855
39	Garn-Alfaya ...	Zinc, plomb.	Société des mines de Garn-Alfaya...................	264

Nos d'ordre.	Noms des concessions.	Objet.	Noms des concessionnaires.	Superficie des concessions.
				Hectares.
40	Sidi-Amor-ben-Salem.......	Plomb.....	Société « les mines Réunies ».	465
41	Douaria........	Fer........	Société des mines de fer de Douaria..............	1.125
42	Sidi-Driss.... .	Plomb, zinc.	Société anonyme de Sidi-Driss................	520
43	Djebel Kebouch.	Plomb, zinc, fer, cuivre.	Compagnie minière Franco-Tunisienne.............	300
44	Sidi-bou-Aouane.	Plomb, zinc.	Société des mines de Sidi-Bou-Aouane...........	268
45	Aïn-Nouba.....	Plomb, zinc.	Société française des mines de zinc d'Aïn-Nouba.....	621
46	Kef-Chambi....	Plomb, zinc.	Société des mines du Kef-Chambi...............	825

Au 31 décembre 1912, la surperficie totale des mines concédées était de 43.774 hectares.

Liste des Sociétés phosphatières de Tunisie.

Nos d'ordre.	Exploitations de phosphates.	Noms des sociétés.
1	Kalaat-ès-Senam...	Société des phosphates du Dyr.
2	Kalaa-Djerda	— des phosphates Tunisiens.
3	Kef-Rebiba.......	— de Saint-Gobain, Chauny et Cirey.
4	Gouraya.........	— des phosphates du Gouraya.
5	Bir-Lafou	— des phosphates de Bir-Lafou.
6	Salsala	— « La Floridienne ».
7	Metlaoui.........	
8	Redeyef.........	Compagnie des phosphates et du chemin de fer de Gafsa.
9	Aïn-Moulares......	
10	Maknassy.........	Société des phosphates de Maknassy.
11	Meheri-Zebeus....	— des phosphates Tunisiens.

DEUXIÈME PARTIE

CHAPITRE II
OROGRAPHIE ET GÉOLOGIE DE LA TUNISIE

La surface de la Tunisie est évaluée à 130.000 kilomètres carrés, soit 13.000.000 d'hectares, ce qui représente le quart environ de la superficie de la France.

Le système orographique de la Tunisie présente trois principaux massifs montagneux [1].

1° Le plus important de tous, le massif central, formé par l'extrémité Est de l'Atlas Saharien, part de Tebessa, remonte vers le Nord et coupe le rectangle tunisien en diagonale, pour aboutir au fond du golfe de Tunis. On rencontre dans cette chaîne des monts en dôme, caractéristiques du relief tunisien, parmi lesquels quelques uns atteignent 1.200 et même jusqu'à 1.500 mètres d'altitude. Ce massif constitue, d'après l'expression de M. Ginestous, une *Dorsale Tunisienne*, et, donne une ligne très sinueuse de partage des eaux divisant le territoire tunisien en deux grandes régions, dont l'une, celle qui est au Nord-Ouest, déverse ses eaux dans la Méditerranée occidentale, tandis que l'autre, située au Sud-Est de la première, les conduit dans la Méditerranée orientale.

Au Nord-Ouest de la *Dorsale Tunisienne*, le massif central forme les Hauts-Plateaux de Tunisie dont l'altitude atteint sou-

---

[1] G. Ginestous, *Les régions naturelles de la Tunisie*. — Tunis, 1906.

vent 800 à 900 mètres, et qui sont compris dans la région des Kalaâ, des Hamada et des Dyr, — reliefs typiques toujours terminés par d'immenses dalles calcaires. Kalaât-es-Senam, Kalaâ-Djerda, Kalaâ-el-Hanat, Kalaâ-es-Souk, Hamada, Oulad-Aoun — s'élèvent au milieu de plaines dont l'étonnante fertilité est due à la présence du phosphate de chaux dont sont chargées les argiles et les marnes de cette région.

Les Hauts-Plateaux s'arrêtent aux Monts des Ouarga, du Kef et de Téboursouk qui constituent une chaîne secondaire limitant au Sud la vallée de la Medjerdah, de Ghardimaou jusqu'à Testour.

Au voisinage de Testour la chaîne s'abaisse brusquement, livre passage à la Medjerdah, puis sur la rive gauche du fleuve se relève et vient mourir à Ras-el-Djebel, au Nord de Porto-Farina, après avoir donné une série de monts peu élevés.

Au Sud de la *Dorsale Tunisienne* et des environs de Tébessa une seconde chaîne se détache du massif central, prend la direction Sud-Est jusqu'à Gafsa, où elle livre passage à l'oued Sidi-Ayech. Au delà, elle prend la direction Nord-Est et vient mourir aux environs d'El-Djem après avoir formé quelques hauts sommets de plus de 1.000 mètres d'altitude.

2° Le massif septentrional qui longe la côte Nord est constitué par les montagnes boisées de la Kroumirie et des Chiachia auxquelles font suite celles de Bejaoua et des Mogods ; c'est l'extrémité Est de l'Atlas méditerranéen qui se termine au cap Blanc au Nord de Bizerte.

3° Enfin, le massif montagneux méridional qui s'oriente du Nord-Ouest au Sud-Est, sorte de barrière orientale du Sahara, formant les monts Maïmata et des Troglodytes, relief le plus important de l'Extrême-Sud tunisien.

Nous allons maintenant, basé sur un résumé général de géologie tunisienne contenu dans une autre œuvre de M. Ginestous, *Esquisse géologique de la Tunisie*, présenter ici un court aperçu sur la structure géologique de la Régence.

Les terrains éruptifs sont en Tunisie une exception.

La série des terrains sédimentaires est incomplète ; les terrains primaires n'existent pas en Tunisie. Les sédiments les plus anciens remontent au *Trias*.

Il y en a de nombreux affleurements mais, sauf le grand affleurement de l'Extrême-Sud, le long de la frontière tripolitaine, tous les autres sont de peu d'importance.

Par contre, partout où des travaux miniers ont pu percer les terrains supérieurs, toujours le Trias a été rencontré à la base.

Ce terrain est formé surtout d'argiles plus ou moins gypseuses, sans stratification apparente. Ses éléments étant très faiblement cohérents, l'érosion l'a profondément attaqué et presque partout arasé; il ne reste saillant que là où les calcaires dolomitiques entrent dans sa constitution. Très peu développé dans le Centre, incomplètement connu dans le Nord, il offre, dans l'Extrême-Sud, un développement remarquable à la base Sud de la falaise saharienne.

Dénudé, profondément raviné et d'ailleurs peu étendu, le Trias ne fournit aucun terrain utilisable pour la culture. Les eaux qui sourdent à son voisinage sont fortement salées et impropres à la consommation ainsi qu'à l'irrigation. Les eaux des sources du Djebel Lorbeus sont évaporées et donnent du sel (Salines). Les indigènes utilisent le gypse qui abonde au milieu des marnes; mais ce qui donne à ce terrain une valeur économique remarquable, c'est qu'il est *le véhicule de la calamine et de la galène*, qui constituent deux éléments importants de la richesse minière de la Tunisie. Tous les terrains que l'on rencontre au contact du Trias — et on sait qu'ils sont des plus divers — ont été fortement minéralisés et ont donné des gisements riches, parmi lesquels ceux de Djebel-Ressas, Sidi-Youssef, Djebel-Bou-Iaber, Djebel-Zaghouan, Kanguet-Kef-Tout, Sidi-Ahmed, etc.

De 1892 à 1910 inclusivement, l'industrie minière a tiré de la Tunisie 431.424 tonnes de minerai de zinc et 255.430 tonnes de minerai de plomb.

Le *Jurassique* n'est représenté que par quelques termes du Jurassique inférieur et du Jurassique supérieur; le Jurassique moyen manque dans la région Nord.

Le *Lias* (Jurassique inférieur) est formé par des calcaires massifs très épais, à stratification confuse. Ces calcaires ont résisté à l'érosion; ils forment l'axe, la partie centrale de la plupart des *dômes* terminant au Nord la Dorsale tunisienne (Djebels : Bou-Kornine, Ressas, Zaghouan, Fikrine, Oust) et auxquels ils donnent la forme rigide, au profil caractéristique très ferme accusé par des lignes brusques et brisées.

Sur le Lias, le Jurassique supérieur, *Oxfordien* et *Tithonique*, constitué par des marnes et des calcaires, n'offre qu'un développement très limité.

Dans l'Extrême-Sud, le Jurassique est plus complet que dans le Nord.

Le Jurassique doit sa grande valeur économique à ses calcaires compacts, dont les masses craquelées et fissurées forment au centre du Zaghouan, du Bargou, du Ressas, l'éponge absorbante qui retient les pluies que les nuages abandonnent sur les massifs. Ces calcaires sont généralement recouverts sur leurs flancs par les couches imperméables des marnes et des argiles oxdiennes. Les calcaires jurassiques fournissent de belles sources captées jadis par les Romains, et qui alimentent encore aujourd'hui la ville de Tunis.

En outre, les calcaires liasiques souvent marmoréens fournissent des marbres recherchés (Djebels Klab et Oust).

Le *terrain Crétacé* est la formation géologique la plus étendue du territoire tunisien ; dans les régions du Centre et du Sud, il donne la presque totalité des masses montagneuses.

Le Crétacé inférieur entoure les massifs jurassiques et constitue, en outre, l'axe d'importantes montagnes, telles les Djebels Bargou, Mrhila, Chambi, Bou-Hanèche, Orbata, etc.

Il comprend plusieurs étages, soit :

Le *Néocomien* est formé dans le Nord par des marnes schisteuses et dans le Sud par des calcaires et des dolomies. L'*Aptien* débute par des marnes gréseuses et se termine par des calcaires dolomitiques très durs auxquels sont dues les arêtes si vivement échancrées des Djebels Bargou, Serdj, Belouta. L'*Albien*, terme de passage de l'Aptien au Cénomanien, participe à leur voisinage, des propriétés de ces deux formations. Le *Cénomanien*, constitué par une série d'alternances de marnes et de calcaires, donne des collines arrondies et là où les marnes ont été enlevées par l'érosion, les calcaires dénudés forment une série de bancs ou de murailles allongés. Très marneux dans la région centrale, il est facilement remanié par les eaux de ruissellement. Au Chambi et au Sémama, les dolomies lui donnent une rigidité exceptionnelle. Le *Turonien*, bien distinct dans le Sud, comprend une formation marneuse intercalée entre deux bancs calcaires très rigides.

Le *Sénonien* est l'étage crétacé le plus développé en étendue. Dans la région centrale, il forme le substratum continu sur lequel reposent les formations géologiques récentes; dans le Sud, il se continue en profondeur sous les terrains tertiaires et quaternaires; on le voit affleurer au contact du Crétacé inférieur, à la base des montagnes de cette région.

Au point de vue du régime des eaux, le Crétacé joue un grand rôle. En Kroumirie et dans les Nefzas, il donne des sources vives et d'excellente qualité. Tout autour du dyr du Kef, au niveau des marnes sénoniennes, les sources forment une véritable ceinture. Un certain nombre de ces sources ont été captées pour l'alimentation de la ville du Kef.

Enfin, les calcaires crétacés sont employés pour la construction et donnent une chaux hydraulique de très bonne qualité. Il convient de signaler encore la puissante lentille de minerai de fer qui recouvre les calcaires crétacés au sommet du Djebel Djerissa.

On sait que l'*Éogène* réunit les terrains Éocènes et Oligocènes.

L'*Éocène* est le terrain phosphatifère de la Tunisie. C'est en effet dans l'Éocène inférieur que l'on rencontre le phosphate de chaux qui fait la richesse de la Tunisie; il est constitué par des marnes et des calcaires phosphatés surmontés soit par un banc calcaire tendre et assez flexible, soit par un calcaire très dur, contenant jusqu'à 90 0/0 de Nummulites. Ce dernier faciès est bien caractérisé à la Kalaat-es-Senam, à la Kalaâ-Djerda, au Sra-Ouertan, etc.; c'est celui qui offre le plus d'intérêt parce que c'est au-dessous du calcaire à Nummulites que l'on trouve les couches de phosphates les plus riches. Quant au faciès à calcaire tendre, les couches phosphatées que l'on y rencontre ont généralement une richesse insuffisante pour permettre une exploitation rémunératrice.

L'Éocène est bien développé au Nord de la Medjerdah, en Kroumirie, dans les Nefzas et les Mogods; dans le Centre, il donne un grand nombre de Kalaats et de Koudiats, et occupe les synclinaux élevés (Rebaa-Siliana). Il forme une bande qui, partant de la région centrale, longe le versant Sud de la

Dorsale Tunisienne, se dirige vers le Nord-Est et vient constituer le Djebel Abderrahman qui s'élève dans la presqu'île du Cap-Bon. Il reparaît, mais quoique faiblement étendu, dans le Sud, sur les deux versants de la chaîne occidentale de Gafsa, et c'est dans cette chaîne qu'il donne les gisements de phosphates les plus importants du monde.

Nous avons vu qu'au-dessus du niveau à phosphate se dresse une masse de calcaire compact un peu cristallin, contenant une infinité de coquilles foraminifères (Nummulites). Cette masse formée par le calcaire coquillier est très rigide et n'a pu se plier en même temps que les terrains sous-jacents sans se briser. Il en est résulté la formation de plateaux légèrement déprimés et caractéristiques, limités de toutes parts par des parois abruptes ou verticales. Ce sont les montagnes désignées par les Arabes sous les noms génériques de *Kalaat* ou de *Dyr*, quand le plateau est allongé.

En dehors de la puissance de ces couches phosphatifères exploitables, l'Éocène présente encore (dans ses parties supérieures) des gisements de minerai de fer. Dans les Nefzas, ce minerai affecte la forme de lentilles d'hématite rouge et brune manganésifère.

L'*Éocène moyen*, moins développé, est marneux et fournit le *tral sefra*, terre jaune d'une grande fertilité. L'*Éocène supérieur*, est formé par des argiles bleues foncées et des grès calcarifères jaunes. Des sables blancs fins et stériles constituent l'*Oligocène*.

Les *terrains Néogènes* (Miocène et Pliocène) sont peu étendus.

Enfin le *Pléistocène* ou *Quaternaire* que l'on rencontre au fond de toutes les cuvettes de la région du Centre, dans les grandes plaines du Sud et du Sahel, occupe à lui seul les quatre cinquièmes du Sud-Est tunisien.

Ainsi qu'on l'a vu, l'ensemble du territoire tunisien est formé par des terrains sédimentaires dont les plus anciens remontent au Trias. Chacune des formations triasique, jurassique, crétacée, éogène, néogène et quaternaire offre des éléments utilisables.

C'est au Trias que sont dues les importantes minéralisations des terrains qui l'avoisinent : zinc, plomb, fer, cuivre, etc. Le

Jurassique et le Crétacé inférieur donnent d'excellents matériaux de construction et d'importantes sources. Les formations
suivantes fournissent des terres de valeur culturale variable —
suivant les conditions climatologiques — et souvent enrichies
des éléments arrachés par l'érosion aux couches phosphatifères
qui dotent la Tunisie des plus importants gisements de phosphates du monde.

TROISIÈME PARTIE

LES MINES MÉTALLIQUES

La Tunisie est, comme sa voisine, la province de Constantine d'Algérie, abondamment pourvue de gisements métallifères de différente nature : zinc, plomb, cuivre, fer, manganèse, etc.

Ce sont jusqu'à présent les minerais de zinc, de plomb et de fer qui ont le plus attiré l'attention des prospecteurs et des financiers, aussi les mines de ces métaux prospèrent-elles dans la Régence.

Des anciens travaux reconnus dans les mines de plomb et de zinc démontrent que le plomb y était extrait déjà par les Arabes et les Romains. La découverte du zinc métal dans la calamine et la blende a fait renaître l'exploitation de ces mines et c'est depuis l'installation du protectorat français en Tunisie que cette industrie a pris un certain élan.

L'exploitation des gisements de fer — jusqu'à présent seulement au nombre de quatre — n'a pu être réalisée qu'après la construction des voies ferrées qui ont permis d'amener les minerais à la mer pour leur exportation et qui ont été ouvertes à l'exploitation dans le Centre en 1908 et dans le Nord en 1912.

Faute de données plus précises sur la production des mines métallifères, nous reproduisons ici un tableau qui résume le tonnage de minerais de différente nature exportés de la Tunisie à partir de l'année 1892, avec désignation de leur valeur et du nombre de mines concédées.

Années.	Nombre de mines con- cédées.	Tonnage exporté annuellement.					Valeur en milliers de francs.
		Zinc.	Plomb.	Cuivre.	Fer.	Man- ganèse.	
1892.......	3	2 300	»		»	»	92 »
1893.......	3	6.000	»		»	»	217,8
1894.......	8	10.400	»		»	»	620 »
1895.......	8	10.300	»		»	»	563 »
1896.......	8	7.800	»		»	»	470 »
1897.......	10	12.000	»	Mattes et speis.	»	»	877 »
1898.......	12	30.000	2.000		»	»	1.270 »
1899.......	13	36.000	8.200		»	»	2.141 »
1900.......	14	22.000	6.300		»	»	1.860 »
1901.......	17	20.100	6.200		»	»	1.753 »
1902.......	25	26.200	11.000		»	»	2.226 »
1903.......	28	24.900	15.000		»	»	2.906 »
1904.......	32	33 000	27.200		»	»	5.806 »
1905.......	33	32.800	23.200	854	»	»	6.788,6
1906.......	37	33.500	25.000	968	»	»	8.038,3
1907.......	38	34.000	31.100	676	351	820	8.383,5
1908.......	41	27.800	34.000	274	148.000	»	10.050 »
1909.......	41	28.000	50.000	219	220.000	815	11.460 »
1910.......	42	32.500	37.000	0,8	365.800	»	11.166 »
1911.......	45	32.157	38.275	»	403.200	»	15.720 »
1912.......	46	37.400	51.300	»	491.758	»	20.550 »

Le nombre des mines métalliques au 31 décembre 1912 était de 46 se répartissant comme suit :

38 concessions pour minerais de plomb, zinc et métaux connexes ;

7 concessions pour minerais de fer et métaux connexes ;

1 concession pour minerais de fer, cuivre et métaux connexes.

En même temps le nombre des concessions inexploitées était de douze : dont neuf concessions pour zinc, plomb et métaux connexes [1], une concession pour cuivre, fer et métaux connexes [2], et deux concessions pour fer [3].

---

(1) Djebel-Hamera, Fedj-Assène, Kef-Lasfar, Djebel-Cheriffa, Aïn-Khamouda, Safsaf, Djebel-Diss, Djebel-Touila et Djebel-Charra.

(2) Chouichia.

(3) Kroumirie et Djebel-Hameima.

Au 31 décembre 1912, l'ensemble des entreprises minières en activité surveillées par le Service des Mines se décomposait ainsi :

    a) Mines concédées 46
    b) Permis d'exploitation 67
    c) Permis de recherche 533

        Total.................................. 646

Nous donnons ci-après dans des chapitres à part des renseignements sur :

a) Les mines de zinc et de plomb ;
b) Les mines de fer ;
c) Les gisements et exploitations d'autres produits du règne minéral.

Dans le chapitre consacré à la main-d'œuvre, nous indiquons le nombre d'ouvriers occupés dans les mines métalliques pendant les dernières années.

Comme les explosifs jouent un rôle très important dans l'exploitation des mines métalliques, ainsi que dans celle des carrières de phosphates, nous avons cru intéressant de donner des renseignements sur leur consommation dans les mines, carrières et autres entreprises dans la Régence, de 1905 à 1912.

Consommation des explosifs en Tunisie.

Années.	Dans les mines.	Dans les carrières.	Dans les autres entreprises.	Totaux annuels.
	Kilos.	Kilos.	Kilos.	Kilos.
1905......... ..	68.191	18.765	10.948	97.904
1906..........	86.562	49.503	37.145	173.210
1907..........	119 675	83.625(1)	32.550,5	235.850,5
1908..	148.260,5	84.846(1)	63.350(1)	296.456,5
1909......... .	165.901	89.325(1)	60.407(1)	315.633
1910..........	198.735	16.840	96.940(1)	312.515
1911....	211.464	17.553	26.721	255.738
1912..........	236.072	105.100(1)	21.175 .	362.347(1)

(1) Cette consommation anormale d'explosifs correspond à la période intensive de construction des chemins de fer et d'exploitation des carrières de pierre, ballast, etc.

Tous ces explosifs de provenance française sont des dynamites, à l'exception de 345 tonnes environ de cheddites fournies pendant les huit dernières années par la Maison Bergès, Corbin et Cie, qui a été autorisée, par arrêté du 18 octobre 1907, à installer une usine pour la fabrication des cartouches *Cheddites*, un dépôt pour l'emmagasinage dudit explosif et un autre dépôt pour l'emmagasinage des capsules, à la Manouba, près de Tunis.

Depuis cette époque, l'usine fonctionne régulièrement et n'a donné lieu à aucun accident. Elle occupe une trentaine d'ouvriers.

Les principaux dépôts d'explosifs surveillés par le Service des Mines et établis dans la Régence en vertu d'arrêtés spéciaux du Directeur général des Travaux publics sont les suivants :

Dépôts d'explosifs autorisés dans la Régence.

Noms des permissionnaires.	Situation des dépôts.	Genre d'explosifs entreposés.	Quantité maximum emmagasinée.
			Kilos.
Bergès, Corbin et Cie...	La Manouba......	Explosifs.... Cheddites....	30.000
Société anonyme d'explosifs et de produits chimiques à Paris....	Au 3 kilom. 500 de la route de La Goulette.............	Dynamite....	30.000
Schwich, Baizeau et Cie.	Rive Est du lac Sedjoumi (Tunis).....	Dynamite....	20.000
Pellet et Azerm........	Au 6 kilom. 500 de La Goulette.........	Dynamite....	20.000
Société des phosphates tunisiens..........	Kalaa-Djerda........	Dynamite....	4.500
Compagnie des phosphates du Dyr..........	Kef-Rebiba.........	Dynamite....	3.000
	Kalaat-es-Senam.....	Dynamite....	3.000
Compagnie des phosphates et du chemin de fer de Gafsa........	Metlaoui...........	Dynamite....	20.000
	Redeyef...........	Dynamite...	10.000

Il existe en outre dans les mines, travaux de recherches, carrières et autres entreprises, un grand nombre de petits dépôts et sous-dépôts superficiels ou souterrains à caractère plus ou moins temporaire, qui fonctionnent sans autorisation mais sont visités régulièrement par les agents du Service des Mines au cours de leurs tournées.

Depuis l'origine les dépôts et sous-dépôts de matières explosibles n'ont donné lieu qu'à un seul accident, dû à l'imprudence d'un boute-feu et ayant entraîné la mort de deux ouvriers et des blessures à deux autres ouvriers.

CHAPITRE III

LES MINES DE ZINC ET DE PLOMB

Généralités. — Situation géologique et caractère des gisements. — Production de minerais de zinc et de plomb en Tunisie de 1889 à 1912. — Notices sur les mines :

1° Compagnie Royale Asturienne des mines;
2° Mine de Saf-Saf;
3° Société des mines de zinc du Cap Bon;
4° Société anonyme des mines de Sidi-Driss;
5° Société minière du Nord de l'Afrique;
6° Société minière de Bazina;
7° Compagnie des minerais de fer magnétique de Mokta-el-Hadid;
8° Société minière du Kanguet;
9° Société anglaise de Djebel-Charra;
10° Société anonyme du Djebel-ben-Amar;
11° Société des mines de Sidi-Bou-Aouane;
12° Société anonyme de Djebel-Hallaouf;
13° Mine de Djebel-Hamera;
14° Société des mines du Djebel-Ressas;
15° Société des mines du Kef-Lasfar;
16° Société anonyme des mines et fonderies de zinc de la Vieille-Montagne;
17° Société minière de Fedj-Assène;
18° Société anonyme des mines de Touireuf;
19° Mines du Djebilet-el-Kóhol;
20° Société des mines du Djebel-Kébouch;
21° Société des mines de Fedj-el-Adoum;
22° Société nouvelle des mines de Zaghouan;
23° Mine du Djebel-el-Akhouat;
24° Société anonyme de Nebida pour l'exploitation des mines;
25° Société française du Sidii;
26° Société des mines de Garn-Alfaya;
27° Société anonyme *Les Mines réunies*;

28° Société des mines de Charren;
29° Société commerciale et industrielle des mines de Bou-laber;
30° Concession du Djebel-Serdj;
31° Société des mines du Djebel-Mrilah;
32° Société civile des mines de Sidi-Mabrouck;
33° Mine du Djebel-Trozza;
34° Société belge-française des recherches minières en Afrique;
35° Société anonyme des mines de Kef-Chambi;
36° Mine du Djebel-Chambi;
37° Société française des mines de zinc d'Aïn-Nouba.

Superficie des concessions et production des mines de zinc et de plomb, 1903, 1905, 1908 et 1909. — Exportation de minerais de plomb par pays de destination de 1905 à 1912. — Exportation des minerais de zinc par pays de destination de 1905 à 1912. — Principaux débouchés des minerais de zinc et de plomb. — Conditions de l'importation en France de minerais tunisiens de plomb. — Admission temporaire en Tunisie des minerais de plomb. — Société métallurgique de Megrine.

LES MINES DE ZINC ET DE PLOMB

La Tunisie possède un grand nombre de gisements de zinc et de plomb et ce sont eux qui jusqu'en ces derniers temps ont été les plus recherchés; nombre d'entre eux donnent lieu à une exploitation assez active.

Très répandus dans la Régence, les minerais de zinc et de plomb se rencontrent indifféremment dans toutes les formations géologiques. Le Trias doit être considéré comme le véhicule de la calamine et de la galène. Tous les terrains que l'on rencontre au contact du Trias ont été fortement minéralisés et ont donné des gisements riches de minerais de zinc et de plomb; ainsi nous les voyons dans le Jurassique (mines de Zaghouan et de Djebel-Ressas), dans le Crétacé inférieur (Bou-Iaher), dans le Crétacé supérieur (Kanguet-Kef-Tout, Sidi-Ahmed, Sidi-Youssef), enfin dans le calcaire nummulitique (mine de Djebha).

Les mines concédées pour l'exploitation du zinc et du plomb sont au nombre de 38.

De 1892 à 1910 inclusivement, l'industrie minière a tiré de la Tunisie 431.424 tonnes de minerai de zinc et 255.430 tonnes de minerai de plomb.

Suivant M. Berthon, ingénieur, Directeur du Service des Mines de la Tunisie[1], le plomb et le zinc presque toujours associés forment des gisements qui peuvent se ranger en quatre catégories : 1) Filons; 2) Contacts; 3) Imprégnations de couches; et 4) Amas calaminaires ou plombeux.

L'âge de la minéralisation ne saurait être fixé avec précision; il est post-crétacé et même quelquefois nettement post-éocène. Les imprégnations de couches marno-gréseuses sont rares, les plus fréquentes sont celles des couches calcaires.

L'amas calaminaire est un type très répandu, la transformation épigénétique du calcaire s'est faite soit dans des zones de fractures, soit au contact d'assises imperméables.

1) *Filons.* — Les gîtes à allure nettement filonienne sont rares; ils comportent une série de cassures parallèles assez espacées (quelques centaines de mètres), comme à Sakiet-Sidi-Youssef et au Djebel Touireuf, ou très rapprochées comme au Djebel Hallaouf.

A Sidi-Youssef, trois filons sont en exploitation; leurs distances respectives sont de 325 mètres et 160 mètres; ils ont été explorés sur une longueur de 350 à 400 mètres. Leur remplissage est constitué par de l'argile ferrugineuse avec minerai mixte concentré en colonnes. Le gîte contient environ deux tiers de zinc et un tiers de plomb.

2° *Gîtes de contact.* — La plupart des amas sont liés à un contact d'un terrain quelconque avec le Trias; il existe également des gisements au contact de calcaires avec des marnes imperméables; on peut citer notamment les gîtes de Sidi-Ahmed (calcaires et marnes d'Éocène) et le gîte inférieur du Kanguet (calcaires et marnes du Sénonien). Le gîte calaminaire du Djebel Azered est situé au contact des calcaires et des quartzites de l'Aptien.

3° *Imprégnation de couches.* — Le gîte de Sidi-Driss est formé

---

[1] G. Ginestous, *Esquisse géologique de la Tunisie* (Tunis, 1911), et son annexe II : *Note sur les gîtes miniers et les phosphates de la Tunisie*, par M. Berthon.

par une imprégnation de minerai mixte dans des couches marneuses triasiques imprégnées de carbonate de plomb.

Le gîte d'Aïn-Nouba est une couche calcaire transformée en
calamine par substitution.

4° *Amas calaminaires*. — Les amas se rattachent soit à des cassures filoniennes, soit à des contacts.

Au premier mode de gisement se rattachent les gîtes de
Ressas et de Zaghouan dans les calcaires jurassiques et l'amas
calaminaire du Djebel Ben-Amar.

Parmi les amas dépendant d'un contact, la minéralisation est
parfois localisée exclusivement au contact ; c'est le cas des gîtes
de Fedj-El-Adoum, de Béchateur, d'El-Grefa, d'Aïn-Allega,
situés au contact du Trias et des terrains crétacés ou tertiaires,
ou bien se trouvent à la fois au contact et dans des cassures
voisines, c'est le cas des gîtes de Djebba et d'El-Akhouat.

La calamine domine de beaucoup dans la plupart de ces gîtes,
sauf à El-Grefa.

Le gîte de Sidi-bou-Aouane présente un caractère particulier ;
c'est un amas compact de minerai de plomb sulfuré et arsénié.

Les conditions dans lesquelles on exploite les mines sont très
variables, non seulement d'une entreprise à l'autre, mais aussi
d'une année à l'autre. Aussi la structure des gisements de
minerais de zinc et de plomb est parfois cause de brusques variations dans le prix de revient et dans l'extraction. Les teneurs des
minerais sont très différentes selon les régions et le caractère
des gisements.

A la partie supérieure des gîtes, on exploite des oxydes, des
carbonates et silicates de zinc mêlés au carbonate de plomb ; à
ces minerais de zinc, les usages commerciaux attribuent le nom
général de *calamine*.

En profondeur lesdits minerais passent aux sulfures complexes,
blende et galène, souvent mêlés à la pyrite de fer.

Parmi les mines de zinc et de plomb de la Tunisie, on en trouve
plusieurs qui possèdent un outillage moderne.

Nombre d'exploitations minières de zinc et de plomb de la Régence utilisent l'eau pour le lavage des minerais et la séparation des produits divers d'une même exploitation. Nous verrons plus loin que des laveries ont été installées sur les mines : Djebel-El-Grefa, Sidi-Ahmed, Bazina, Aïn-Allega, Kanguet-Kef Tout, Djebel-Charra, Djebel-Hallaouf, Djebel-Ressas, Sidi-Youssef, Garn-Alfaya, Sidi-Amor-ben-Salem, Sidi-Driss, Kef-Chambi, Sidii, Djebel-Mrilah, Bou-Iaber, Aïn-Nouba, Djebel-Chambi, Fedj-El-Adoum, Sidi-Bou-Aouane.

Sur plusieurs mines sont installés des fours à calciner la calamine, en vue d'augmenter sa teneur avant d'être expédiée.

L'usage de l'électricité comme force motrice se propage de plus en plus; l'épuisement des eaux, l'extraction des produits des mines, le transport des minerais dans l'intérieur des mines et à la surface sur rails ou par câbles aériens, l'enrichissement des minerais dans des laveries fonctionnent sur diverses mines par des moteurs électriques.

Les mines éloignées des voies ferrées ont construit pour le transport de leurs produits des chemins de fer miniers ou des câbles aériens, parfois d'une grande longueur.

o^oo

Nous avons donné plus haut les chiffres de l'exportation des minerais de zinc et de plomb à partir de l'année 1892, qu'on a l'habitude de présenter comme exprimant la production des mines tunisiennes.

Nous nous sommes efforcé de rassembler des données précises sur la production des mines métalliques de la Régence et nous présentons dans le tableau ci-après les chiffres sur l'extraction de minerais de différents genres des mines de zinc et de plomb en exploitation en Tunisie depuis l'année 1889 — chiffres que nous avons extraits des *Statistiques de l'industrie minérale en France et en Algérie* publiés par le Ministère des Travaux publics et qui diffèrent de beaucoup de ceux produits à la page 40. Nous joignons aux chiffres de la production des mines proprement dites des données sur les quantités et le genre des minerais fournis par les recherches de mines, et nous n'hésitons pas de reproduire ici ces données telles que nous les avons extraites desdites *Statistiques*.

Production des mines de zinc et de plomb.

Années.	Galène.	Carbonate de plomb.	Calamine calcinée.	Blendes et terres calaminaires.		Minerais complexes.
	Tonnes.	Tonnes.	Tonnes.	Tonnes.		Tonnes.
1889....	600	»	2.100	»		»
1890....	400	»	2.700	»		»
1891....	400	»	2.700	»		»
1892....	»	»	1.495	»		»
1893....	»	»	3.300	»		»
1894....	»	»	28.000	»		»
1895....	»	»	10.800	»		»
1896....	»	»	9.590	»		»
1897....	2.123	»	11.830	»		145
1898. ...	2.375	»	9.463(1)	Blende..... 150 Terres cala- minaires.. 11.860		290
1899..	2.269	1.050	20.029	Terres cala- minaires... 10.787		2.351
1900....	4.408	2.456	16 596	»		2.629
1901....	7.608	550	17.879	»		288
1902...	12.178	714	18.405	»		3 513
1903...	11.992	760	21.262	»		3.056
1904....	16.800	»	27 200	»		2.900
1905....	15.200	»	37.100	»		6.000
1906. ..	14.800	»	32.400	»		3.500
1907....	15.800	»	22.800	»		4.600
1908....	31.500	»	26.500	»		2.100
	Minerais de plomb.		Minerais de zinc.			
1909...	41.600		24.500			1.000
1910. ..	31.359 (2)		34.372			1.181
1911...	37.781		29.243			2.600

(1) En outre une mine n'a donné que des minerais trop pauvres pour supporter les frais d'expédition et les 1.500 tonnes de calamine extraites durant l'année ont dû être abandonnées sur le carreau de la mine.

(2) Suivant l'explication du Service des Mines le fléchissement constaté, en 1910, dans la production en minerai de plomb résultait de l'exportation, en 1909, d'un important lot de terres plombeuses qui étaient restées en stocks depuis longtemps sur le carreau des mines. Mais d'une manière générale, l'extraction en minerais de plomb croit régulièrement et paraît appe'ée à se développer plus rapidement que celle des minerais zincifères.

Pendant l'année 1912, suivant le rapport annuel du Service des Mines, la production était la suivante :

Minerai de plomb...................... 51.300 tonnes.
    —   de zinc.................... .. 37.400   —

En outre les recherches des mines ont fourni :

En 1893, 1.100 tonnes de calamine et 10 tonnes de plomb argentifère.

En 1894, 3.000 tonnes environ de calamine et quelques tonnes de minerai de cuivre.

En 1895, 4.000 tonnes de calamine et quelques tonnes de minerai de cuivre et de plomb.

En 1896, 2.500 tonnes de calamine et quelques tonnes de minerai de cuivre et de plomb.

En 1897, 3.500 tonnes de calamine et quelques tonnes de minerai de cuivre et de plomb.

En 1898, 3.000 tonnes de calamine et quelques tonnes de minerai de cuivre et de plomb.

En 1899, 6.600 tonnes de minerai, consistant surtout en calamine.

En 1900, environ 6.000 tonnes de minerai, consistant principalement en calamine et en galène.

En 1901, environ 4.000 tonnes de minerai, consistant principalement en calamine et en galène.

En 1902, environ un millier de tonnes de minerais, consistant principalement en calamine.

En 1903, près de 2.000 tonnes de minerais, consistant principalement en calamine.

En 1904, plus de 10.700 tonnes de minerai, consistant principalement en cuivre, calamine, blende et galène.

En 1905, 8.500 tonnes de minerai, consistant principalement en cuivre, calamine, blende et galène.

En 1906, 5.600 tonnes de minerai, consistant principalement en fer, calamine, blende et galène.

En 1907, 5.900 tonnes de minerai, consistant principalement en fer, calamine, blende, galène, manganèse, etc.

En 1908, 5.300 tonnes de minerai, consistant principalement en fer, calamine, blende, galène, cuivre, etc.

En 1909, près de 20.000 tonnes de minerai, consistant principalement en plomb, zinc, manganèse, cuivre, etc.

En 1910, près de 15 tonnes de minerai de fer, plomb, zinc, cuivre et de minerais complexes.

En 1911, environ 5.000 tonnes de minerai, consistant principalement en minerais de plomb, zinc, cuivre, etc.

Pour les quatre exercices de 1908 à 1911 la valeur des produits des mines a été évaluée :

Années	Minerai de plomb.	Minerai de zinc.	Minerais complexes.	Total.
	Francs.	Francs.	Francs.	Francs.
1908	4.204.000	2.149.000	263.000	6.616.000
1909	4.024.000	2.851.000	147.000	7.022.000
1910	3.985.061	3.521.854	73.528	7.580.443
1911	5.735.300	3.020.700	301.000	9.057.000

Nous donnons ci-dessous des notices brèves sur les mines de zinc et de plomb sur lesquelles il nous a été possible de nous documenter et dans nos descriptions nous traverserons la Tunisie du Nord au Sud.

o°o

1° *Compagnie Royale Asturienne des mines.*

Cette Compagnie, dont le siège social est à Paris, possède actuellement en Tunisie quatre concessions [1] :

1° Sidi-Ahmed, concédée le 27 août 1892 ;

2° Djebel-Azered, concédée le 11 mai 1901 ;

3° Bechateur, concédée le 14 janvier 1902 ;

4° et Djebel-el-Grefa, concédée le 25 février 1902.

La concession *Bechateur* (zinc, plomb) est celle qui est située tout au Nord de la Tunisie sur le bord de la mer, à 15 kilomètres au Nord-Ouest de Bizerte ; elle a été instituée par décret du

[1] La Compagnie Royale Asturienne des mines est une des plus anciennes entreprises zincifères de l'Europe. Elle a été constituée en 1833 ; elle possède en Espagne d'importants gisements de toute nature, ainsi que des usines de plomb et de désargentation ; des mines de zinc, fonderies et laminoirs en France ; des mines en Algérie et en Tunisie.

14 janvier 1902 en faveur de la Compagnie Royale Asturienne des mines et a une superficie de 2.380 hectares ; elle comprend un amas calaminère au Djebel Gozlem. Ce gîte qui représente au minimum 100.000 mètres cubes, est très pauvre comme teneur. La Compagnie a fait des essais de préparation mécanique, mais sans obtenir de bons résultats. Pour tirer parti des régions à minéralisation plus intense, la Compagnie a installé une laverie pour l'enrichissement des minerais et la séparation du plomb de la calamine.

La mine Bechateur est exploitée par des travaux à ciel ouvert ; elle produit la calamine, la blende et la galène.

Les produits de la mine sont exportés par le port de Bizerte auquel ils arrivent en charrettes.

La concession *Djebel-El-Grefa*, d'une superficie de 971 hectares, est située à environ 15 kilomètres Nord-Ouest de Mateur, et à peu près à la même distance Sud-Ouest de la mine Bechateur. Cette concession instituée pour l'exploitation de minerais de plomb, comprend trois gîtes dont un (n° 2) contient dans sa partie Ouest de véritables minerais mixtes (plomb et zinc) tandis que les deux autres gîtes sont essentiellement plombeux.

Le gîte n° 1, qui est considéré comme le plus important, contient des bancs de conglomérats ayant 100 à 200 mètres de puissance.

L'exploitation de la mine se fait en même temps à ciel ouvert et par des travaux souterrains ; l'extraction se fait par travers-bancs.

Le minerai extrait est du carbonate de plomb.

En 1911, on a rencontré dans la concession d'El-Grefa une nouvelle couche de plomb carbonaté, à gangue barytique, de 2 à 3 mètres d'épaisseur, comportant un tonnage appréciable de minerai tout venant.

Une première lentille, suivie sur 50 mètres en direction et 16 mètres verticalement, a fourni 25.000 tonnes de minerai tout venant à 16-18 0/0 de plomb, qui ont donné après enrichissement 5.000 tonnes de minerai de plomb à 60 0/0. Une seconde lentille de même tonnage et même teneur est en exploitation et une troisième lentille est en préparation.

Il existe sur la mine une laverie pour l'enrichissement du plomb.

Les produits de la mine d'El-Grefa sont exportés par le port de Bizerte.

Suivant l'avis de M. Roberty [1], la mine d'El-Grefa « est certainement une des plus importantes et des plus intéressantes de la Tunisie; elle semble avoir devant elle un long avenir ».

La concession de *Sidi-Ahmed*, primitivement concédée pour un périmètre de 1.520 hectares, a été agrandie par décret du 27 janvier 1902, jusqu'à 1.875 hectares.

Le gisement de calamine de Sidi-Ahmed, la plus importante des propriétés de la Compagnie Royale Asturienne des mines, est situé à 38 kilomètres au Nord de Beja sur les massifs des Djebel-Soba, Damous et Sidi-Ahmed.

On y exploite trois gîtes de contact d'un minerai zinco-plombeux reposant sur le calcaire blanc du Crétacé supérieur et recouvert par les marnes brunes de l'Éocène inférieur.

Les gîtes reconnus sont remplis par un minerai mixte riche titrant environ 50 0/0 de métal, zinc et plomb réunis.

L'exploitation de la mine se fait par travaux souterrains; l'extraction par plans inclinés.

La partie profonde des travaux ayant été envahie par les eaux, on a dû creuser une galerie d'écoulement de 1.400 mètres de longueur entièrement maçonnée.

La Compagnie Royale Asturienne a installé sur la mine Sidi-Ahmed une laverie pour l'enrichissement des minerais et la séparation du plomb de la calamine; cette laverie permet de traiter par jour 50 tonnes de minerai pauvre.

Les minerais sont transportés de la mine Sidi-Ahmed à Beja par charrettes et de là expédiés par chemin de fer à Tunis, leur port d'exportation.

La mine *d'Azered*, dont la concession est d'une superficie de 1.600 hectares, est située à 15 kilomètres Sud-Ouest de Thala, à 52 kilomètres à l'Est de Tebessa (Algérie).

La mine d'Azered qui donne principalement de la calamine est exploitée par travaux souterrains; l'extraction des minerais abattus se fait par travers-bancs.

Le minerai extrait est transporté par charrettes à Tebessa et de là dirigé sur le port de Bône (Algérie).

---

(1) K. Roberty. *L'industrie extractive en Tunisie. Mines et carrières.* Tunis, 1907.

En 1911 le personnel ouvrier de la Compagnie Royale Asturienne se composait comme suit :

Mines.	Français.	Étrangers.	Indigènes.	Total.
Bechateur................	6	18	100	124
El-Grefa.	8	20	125	153
Sidi-Ahmed...............	8	18	100	126
Azered.............	2	9	45	56
TOTAL................	24	65	370	459

La production des quatre mines de la Compagnie pendant les
six derniers exercices est mentionnée dans le tableau ci-
après :

Mines et produits.	1907.	1908.	1909.	1910.	1911.	1912.
	Tonnes.	Tonnes.	Tonnes.	Tonnes.	Tonnes.	Tonnes.
Bechateur :						
Calamine......	1.669	2.956	2.051	2.304	2.675	2.464
Blende..................	24	323	563	294	»	69
Galène........	29	239	165	»	60	25
El-Grefa :						
Carbonate de plomb.... ...	1.056	2.088	3.546	2.246	3.916	3.159
Sidi-Ahmed :						
Calamine................	414	1.356	1.169	529	427	1.161
Blende..................	544	1.462	1.476	2.053	2.198	1.346
Galène..................	576	592	495	604	441	311
Azered :						
Calamine............	576	775	619	630	545	563
Galène........	»	»	15	»	»	»

o°o

2° *Mine de Safsaf.*

Constituée, en 1902, en faveur de la Société civile des mines
de Safsaf pour l'exploitation de minerais de plomb, dans une
concession de 545 hectares de superficie, la mine de Safsaf

appartient actuellement à M. Fr. Urruty[1]. Elle est située à 18 kilomètres Nord-Ouest de Mateur et contient de nombreuses couches de carbonate de plomb dans une masse d'argiles de l'Éocène.

Les tableaux statistiques publiés par la Direction générale des Travaux publics pour les années 1908 et 1909 accusent pour la mine de Safsaf une production de 2.095 et de 699 tonnes de minerais.

⁎⁎⁎

3° Société des mines de zinc du Cap Bon.

En 1908 fut constituée la Société des mines de zinc du Cap Bon et cette affaire fit un moment beaucoup de bruit à Paris. Un rapport sur ces mines disait qu'une couche de calamine d'une épaisseur de dix centimètres régnait sous la terre végétale, couvrant une superficie de 600 mètres de long sur une largeur moyenne de 120 mètres. Cette surface devait donc contenir 19.000 tonnes de calamine. Plus tard on prétendit que des nouvelles recherches permettaient de calculer le tonnage de calamine en vue à une quantité non inférieure à 80.000 tonnes.

Mais cette affaire, qui n'était basée que sur des permis de recherches et les évaluations du gîte ayant été fort exagérées, n'a pas eu de succès.

La Société des mines de zinc du Cap Bon a été déclarée en faillite.

⁎⁎⁎

4° Société anonyme des mines de Sidi-Driss.

La concession de Sidi-Driss, d'une superficie de 520 hectares, a été instituée le 30 septembre 1910, en faveur de ladite société. Elle est située dans le contrôle de Bizerte, non loin de la mer et à peu près à la même distance entre les mines de fer de Nefzas au Sud-Ouest et la mine de Chouchet-ed-Douaria, au Nord-Est.

La mine de Sidi-Driss a été concédée pour plomb, zinc, cuivre et fer.

---

[1] Le *Journal Officiel Tunisien* du 7 février 1912 a publié un décret transférant au nom de la Société Minière de Bazina, la concession des gisements de plomb de Safsaf.

Le gîte de Sidi-Driss se trouve dans l'Éocène supérieur, au mur des grès numidiens et au toit des marnes suessoniennes. La formation de 100 mètres de puissance environ comprend : à la base, des alternances de marnes noires et de calcaires durs gris et jaunes minéralisés en galène et carbonate de plomb, au milieu des argiles grises ou noires renfermant des bancs de grès décomposés, vert ou gris et des couches minéralisées par du plomb blendeux et pyriteux. Le sommet du gîte est formé par des argiles rouges couronnées par les amas de fer.

Le tonnage en minerai marchand de zinc et de plomb, découlant des premières constatations faites dans cette mine, a été évalué à 200.000 tonnes.

La Société a employé l'année 1910 presque entièrement à la mise en état de l'exploitation, et à l'aménagement de la mine consistant en traçages intérieurs, galeries d'aérage, décapages préparatoires à l'exploitation à ciel ouvert, établissement de deux plans inclinés automoteurs et voies diverses de servitude à l'intérieur et à l'extérieur.

L'exploitation régulière de la mine a été contrariée par diverses causes, notamment par le retard apporté dans la construction et l'achèvement de la ligne du chemin de fer des Nefzas.

On signale que la Société des mines de Sidi-Driss a installé une laverie qui traite environ 90 tonnes de minerai brut par journée de dix heures et produit 17 à 18 tonnes de minerai enrichi à 55-60 0/0 de plomb. Mais lorsque l'installation sera complétée par des appareils perfectionnés pour le traitement des mixtes, qui contiennent environ 14 0/0 de plomb et 10 0/0 de zinc, la production journalière sera portée à 23 tonnes de minerai marchand.

D'autre part, les travaux de traçage dans la couche exploitée avaient déjà, au commencement de l'année 1913, préparé l'abatage de plus de 20.000 tonnes d'un minerai de plomb de bonne qualité. La partie tracée sur plus de 60 mètres de longueur et 50 mètres de largeur montre des épaississements de la couche qui atteignent par endroits 3^m,50, ce qui donne une épaisseur moyenne de plus de 2 mètres. Le minerai tout venant accuse une teneur moyenne de plus de 30 0/0 de plomb, dépassant par moments 45 0/0. La laverie donne normalement une tonne sur trois de minerai marchand à plus de 50 0/0 de plomb, sans parler des mixtes, blende et galène, à repasser, et qui sont mis en stock en attendant leur utilisation.

Les divers sondages exécutés montrent la continuation de la couche et ont permis de reconnaître un tonnage de plus de 100.000 tonnes de minerais de même nature.

Les recherches entreprises sur diverses parties du périmètre de la concession portent à croire que non seulement cette couche s'étend sur une grande surface, mais encore, que d'autres couches existent au-dessous de celle exploitée.

Trois sources abondantes existent non loin de Sidi-Driss et sont assez puissantes pour que l'une d'elles suffise à assurer la marche de l'atelier de préparation mécanique ; leur altitude est telle que leurs eaux peuvent atteindre le sommet de cet atelier sans le secours des pompes.

La ligne du chemin de fer de Bizerte-Mateur aux Nefzas et Tabarka a l'une de ses gares, celle de Tamera, à 300 mètres seulement du centre des travaux de la mine Sidi-Driss. Cette station elle-même est à une distance de moins de 100 kilomètres de Bizerte et 130 kilomètres environ du port de Tunis.

Jusqu'à présent, le transport de minerai se faisait par Beja, mais dans des conditions assez onéreuses.

La Société va établir une voie Decauville allant de la laverie à la gare de Tamara, ce qui permettra de transporter le minerai au port d'embarquement dans des conditions plus avantageuses.

°°°

5° *Société minière du Nord de l'Afrique.*

La mine de *Djebel-Gheriffa* est située à 18 kilomètres à l'Ouest de Mateur. La concession, d'une superficie de 693 hectares, a été instituée en 1902 (zinc et plomb), en faveur de la Société minière du Nord de l'Afrique, dont le siège social est à Saint-Étienne. Le gîte contient à la surface exclusivement des calamines, qui sont remplacées en profondeur par du carbonate de plomb et la galène.

Le gisement est exploité par travaux souterrains. En 1908 et 1909 la mine a produit 1.335 et 65 tonnes de minerais.

Les minerais sont transportés en charrettes jusqu'à Mateur, d'où ils sont dirigés par la voie ferrée sur le port de Bizerte.

o°o

6° *Société minière de Bazina.*

La mine de Bazina est située à 45 kilomètres à l'Ouest de Mateur et à égale distance au Nord-Est de Beja. La concession (zinc et plomb) couvre une superficie de 897 hectares; elle a été instituée en 1903, en faveur de l'association G. Poublon et Cie. En 1905 la concession a été transférée à la *Société minière de Bazi a*, société anonyme française, dont le siège social est à Paris. Cette même société a acquis, en 1912, la mine de plomb de Safsaf.

Le gisement de Bazina se compose de galène et de carbonate de plomb dans une masse d'argiles, et comme imprégnation de calcaires constituant le remplissage d'une grande cassure, placée au contact du Trias et du Crétacé supérieur. On y a découvert de grandes masses minéralisées.

La couche de minerai a une épaisseur variable de 7 à 8 mètres. Les marnes du toit sont fortement minéralisées.

L'exploitation de la mine se fait par deux carrières principales et une galerie à travers-banc, à 33 mètres de la surface; un puits d'extraction de 40 mètres a été creusé à ce niveau.

Il existe à la mine un atelier de préparation mécanique passant 75 tonnes de minerai brut en 10 heures et donne du minerai marchand, titrant 50 0/0 de plomb. L'énergie électrique est produite par une locomobile mi-fixe de 120 H. P. actionnant deux dynamos à courant continu, et en même temps, la laverie mécanique, dont l'éclairage est électrique.

Le personnel de la mine comprend des ouvriers italiens et des manœuvres indigènes, arabes et kabyles. Le nombre d'ouvriers est de 35 à 50 Européens et de 120 à 200 indigènes.

Le transport du minerai se fait par charrettes sur pistes de 15 kilomètres, et ensuite par chemin de fer 104 kilomètres jusqu'à Bizerte, port d'embarquement.

Les *Tableaux statistiques* publiés par la Direction générale des Travaux publics accusent pour la mine du Djebel-Bazina une production de 1.262 tonnes de minerai en 1905, de 14.540 tonnes en 1908 et de 2.690 tonnes en 1909.

Pendant les trois dernières années, la production de la mine a été : en 1910, 690 tonnes; en 1911, 2.300 tonnes et en 1912, 4.428 tonnes.

∘ °∘ °

7° Compagnie des minerais de fer magnétique de Mokta-el-Hadid.

La concession d'*Aïn-Allega* (zinc et plomb), instituée par décret du 3 septembre 1904 en faveur de M. Ch. Laperrousaz, a été transférée, le 30 juillet 1905, à la Compagnie des minerais de fer magnétique de Mokta-el-Hadid. Cette concession, d'une superficie de 427 hectares, est située à 12 kilomètres à l'Est du port de Tabarka.

La mise en valeur de la mine d'Aïn-Allega, qui est exploitée par la Société de Mokta-el-Hadid en participation avec la Société d'Ouasta et Mesloula (Algérie), a exigé en raison de la complexité du gisement des installations spéciales, une étude longue et une exécution coûteuse.

Les travaux de recherches exécutés sur la concession y ont reconnu un fort tonnage de minerai de laverie.

L'exploitation de la mine a lieu à ciel ouvert, par gradins et par foudroyage, ce qui permet d'obtenir un prix de revient très bas à la tonne.

Il est à remarquer que l'exploitation n'a encore porté que sur la partie supérieure du gîte, en quelque sorte l'écume de la formation, et que les minerais enlevés constituent la partie la plus pauvre du gisement. Plus cette exploitation descend et plus les minerais s'enrichissent. Le vaste entonnoir de plus de 80 mètres de longueur sur 40 mètres de largeur montre sur ses parois plus de 20.000 tonnes de calamine riche prête à être abattue.

Au-dessous du niveau actuel et jusqu'au travers-banc par lequel les minerais sortent pour être conduits à la laverie, il existe encore plus de 200.000 tonnes de minerais sulfurés, blende et galène, en masse compacte. Les recherches entreprises à 20 mètres au-dessous de ce niveau, par une recoupe au fond d'un puits, ont démontré la continuation du gîte en profondeur ainsi que son enrichissement. Cette seule recherche augmente encore le tonnage reconnu de plus de 75.000 tonnes.

Il faut aussi remarquer que ces travaux de recherches n'ont été effectués que dans le gîte central et que dans la concession même, il existe d'autres gîtes dont l'étude pourrait réserver d'agréables surprises aux propriétaires.

On estime que la mine d'Aïn-Allega restera encore longtemps une des plus belles affaires de zinc et de plomb de l'Afrique du Nord.

Le personnel ouvrier sur la mine d'Aïn-Allega pendant l'exercice de 1911 était le suivant :

Mine.......	Européens.....	13	}	225	}	349
	Indigènes......	212				ouvriers.
Laverie.....	Européens.....	12	}	124		
	Indigènes......	112				

En 1908 la mine a commencé à donner quelques produits. Une laverie Humboldt mise en train au milieu de l'exercice 1908, a pu traiter jusqu'à la fin de l'année 4.200 tonnes de minerais reçues de la mine.

Pendant l'année 1909, la mine d'Aïn-Allega a produit 17.561 tonnes de minerais plombeux et 93 tonnes de calamine.

La laverie a donné comme produit marchand, 1.904 tonnes de galène et 430 tonnes de calamine.

En même temps des expériences étaient poursuivies pour adapter plus complètement la marche des lavoirs à la nature des minerais et arriver ainsi à une amélioration de leur rendement.

Un premier chargement de 1.712 tonnes de galène fut livré à la Compagnie des mines de Pontgibaud, qui avait acheté la production de la mine pendant deux ans.

Pendant l'exercice 1910, la mine d'Aïn-Allega a produit 23.016 tonnes de minerai plombeux et 40 tonnes de calamine de triage. En même temps la laverie a donné, comme produit marchand, 1.955 tonnes de galène et 4.003 tonnes de calamine de lavage à calciner.

Il a été construit un four de calcination Oxland, pour transformer les calamines de lavage en produits enrichis dont la vente est assurée.

Un chargement de 1.824 tonnes de galène a été livré à la Compagnie des mines de Pontgibaud.

Pendant l'exercice 1911, la production de la mine a été, à l'extraction, de 22.321 tonnes de minerais de plomb et de zinc, et, à la laverie, de 2.171 tonnes de minerais marchands.

En outre, la calcination des minerais oxydés extraits dans les années précédentes, a fourni 1.474 tonnes de calamine de première qualité et 2.170 tonnes de calamine de deuxième qualité.

Il a été expédié, durant l'exercice 1911, trois chargements de minerais, dont un de 1.900 tonnes de galène et deux d'ensemble 3.460 tonnes de calamines diverses.

La production de la mine, en 1912, a été de 29.188 tonnes de minerais de plomb et de zinc. La laverie a produit 2.566 tonnes de galène et 3.386 tonnes de calamine, sans compter des mixtes et des zincifères pauvres. La calcination de la calamine a fourni 1.075 tonnes de calamine de première qualité et 1.210 tonnes de calamine de deuxième qualité. Enfin, il a été expédié dans l'exercice 1912, quatre chargements de minerai, correspondant à 2.965 tonnes de minerai de plomb, 3.300 tonnes de calamines diverses et 1.880 tonnes de mixtes.

Le produit de lavage est constitué par de la galène, à 50 0/0 environ de plomb, et de la calamine qui, après grillage sur place, au four Oxland ou au four à cuve, donne un produit marchand, à 40 0/0 environ de zinc, et des produits mixtes, à 20 0/0 de zinc et 20 0/0 de plomb.

Des essais faits à la laverie par des experts spécialistes venus tout exprès, ont démontré la possibilité d'enrichir et de séparer complètement les minerais composant les mixtes. La résolution de ce problème permettra de tirer un grand parti des mixtes, blende et galène, considérés à tort comme inutilisables, et le passage des schlamms donnera désormais de bons résultats.

Le minerai extrait de la mine est conduit à la laverie et, de là, transporté à Tabarka (14 kilomètres), où il est embarqué.

°°

Les mines de Safsaf, Djebel-el-Grefa, Djebel-Ghériffa, Djebel-Bazina, Sidi-Ahmed et Aïn-Allega, situées toutes à proximité de la voie ferrée de Mateur aux Nefzas et à Tabarka, vont sûrement profiter d'elle pour acheminer leurs produits aux différents ports de leur embarquement éventuel (Tunis, Bizerte et Tabarka).

*°o

8° *Société minière du Kanguet.*

La Société minière du Kanguet, dont le siège est à Paris, a été fondée en février 1899 dans le but d'exploiter des mines métalliques et principalement celle des zinc, plomb et métaux connexes, dites du Kanguet-Kef-Tout.

Le gîte de Kanguet-Kef-Tout, situé à 30 kilomètres au Nord-Ouest de Beja, a été concédé par décret du 6 février 1889 à M. Joseph Faure; par décret du 16 décembre 1894, le périmètre de la concession a été étendu de façon à englober le gisement d'Aïn-Roumi, situé à environ 6 kilomètres au Sud-Ouest du Kanguet. Enfin, par décret du 5 mars 1899, la concession a été transférée à la Société minière du Kanguet.

Dans la mine de Kanguet, dont la concession s'étend maintenant sur une surface de 1.086 hectares, la Société exploite un gisement de zinc et de plomb qui présente une allure semi-filonienne dans les calcaires du Crétacé supérieur; il affleure sur plusieurs centaines de mètres le flanc du Djebel Damous suivant une direction Nord-Est.

En dehors du filon, il existait au Kanguet d'importants amas calaminaires superficiels, remplissant des poches irrégulières situées au mûr du gîte. Ces amas ont été exploités à ciel ouvert et ont produit plus de 40.000 tonnes de calamines riches. Actuellement, l'exploitation se fait par travaux à ciel ouvert, ainsi qu'en galeries à plusieurs niveaux différents.

Les puits et les galeries étant souvent envahies par l'eau, la Société a entrepris dans ses gisements l'exécution d'un programme important de nouveaux travaux, comportant notamment une exploitation à ciel ouvert dont l'entrée en service donnerait le moyen d'augmenter la production. Pendant l'exercice 1910, la Société a réussi à enlever la plus grande partie des stériles; elle a abattu 112.515 mètres cubes, qui ont donné 6.795 tonnes de minerais à laver. En même temps, la Société a poursuivi le développement des travaux intérieurs de la mine.

Pour fournir des produits marchands de vente plus facile, la Société fait passer ses minerais dans deux grandes laveries installées sur la mine; des fours spéciaux servent à calciner la calamine.

Les minerais sont à gangue calcaire sans impuretés et leur titre est le suivant :

Calamines à 45-50 0/0 de zinc;

Calamines à 55-60 0/0 —

Galènes à 70-72 0/0 de plomb.

Le tableau ci-après résume les chiffres de la production et des ventes des minerais extraits de la mine de Kanguet depuis la création de la Société :

Années.	Production.	Ventes.
	Tonnes.	Tonnes.
1899..........................	7.613	»
1900..........................	9.859	9.775
1901..........................	7.619	4.133
1902..........................	6.254	5 752
1903..........................	6.192	5.172
1904..........................	5.133	8.452
1905..........................	6 187	6.140
1906..........................	6.976	5.676
1907..........................	6.260	6.367
1908..........................	6.580	6.729
1909..........................	5 041	5.039
1910..........................	4.669	4.669
1911..........................	4.747	5.260
1912..........................	4.090	4.090

Pendant les huit derniers exercices, la production totale de la mine contenait les quantités suivantes de calamine et de galène :

Années.	Calamine.	Galène.
	Tonnes.	Tonnes.
1905..........................	4.430	1.757
1906..........................	3.712	3.264
1907..........................	3.524	2.736
1908..........................	2.524	4.056
1909..........................	1.459	3.582
1910..........................	1.951	2.718
1911..........................	2.010	2.737
1912..........................	2.570	1.520

L'irrégularité de la production et des ventes provenait de causes extrinsèques :

D'abord, en 1901 et en 1902, devant la baisse des cours des métaux, le Conseil de la Société jugea opportun de réduire ses ventes, et pour ne pas accumuler un stock trop considérable, il ralentit l'extraction.

Ensuite, des difficultés de transport empêchent les expéditions régulières de minerais, de sorte que quand les quantités de minerais sur le carreau deviennent par trop importantes, la direction modère également la production. Ainsi, pendant l'exercice 1906, les pluies survenues un mois trop tôt, ont embourbé les routes et entravé les envois. C'est ce qui explique la diminution des ventes. Depuis 1906 les ventes s'accroissent régulièrement, ce qui a incité la Société à porter ses efforts, en 1908, sur le développement de ses carrières. Elle a enlevé au gîte de Kanguet, une certaine quantité de calcaires peu minéralisés et était arrivée ainsi en cet endroit à des gisements plus riches.

Si, en 1909, la production de la mine n'a été que de 5.041 tonnes, contre 6.580 tonnes en 1908, cette diminution a été due à deux causes. En premier lieu, c'est l'application en Tunisie du repos hebdomadaire qui s'est traduit par une diminution de 10 0/0 du nombre des journées de travail. D'autre part la production a été limitée par le manque de main-d'œuvre, les travaux publics en Tunisie, ayant absorbé durant les dernières années beaucoup d'ouvriers et l'immigration italienne n'ayant pas augmenté notablement. En dépit de la diminution de l'extraction, les ventes sont passées de 6.729 tonnes en 1908, à 8.981 tonnes en 1909, grâce aux stocks laissés par les exercices antérieurs. A la fin de 1909, le stock de minerais à la mine et à Tunis n'était que de 1.877 tonnes, contre 5.819 tonnes, fin 1908.

Suivant les *Tableaux statistiques* de la Direction générale des Travaux publics, la mine de Kanguet a occupé, en 1908, en moyenne, 692 ouvriers. Pour les années suivantes, l'administration de la mine donne le chiffre moyen de 300 du personnel ouvrier.

Pendant l'année 1912, la main-d'œuvre a été principalement indigène, surtout depuis la guerre tripolitaine qui a rendu la situation un peu difficile aux ouvriers italiens.

Pendant l'année 1912, le nombre des journées de travail a été de 112.666, ce qui représente une moyenne de 400 ouvriers par jour. Les jours d'arrêt sont en effet nombreux, étant donné que les fêtes de l'Islam s'ajoutent aux fêtes civiles.

La mine de Kanguet transporte ses produits par charrettes à Beja, d'où ils sont acheminés sur Tunis leur port d'embarquement; mais les transports par charrettes sont très pénibles par suite du mauvais état dans lequel se trouve la route de Beja.

o°o

9° *Société anglaise du Djebel-Charra.*

La concession du Djebel-Charra (zinc et plomb) qui s'étend sur une superficie de 820 hectares, a été concédée en juin 1903 à l'association Pinard, Mme de la Barre et Jean Diederichs, et a passé en octobre suivant à la Société anonyme anglaise *Djebel Charra Mining Company Ltd*

Le gîte du Djebel-Charra est situé à 10 kilomètres au Nord-Ouest de Beja.

Les minerais extraits de ce gîte qui est constitué par des filons plombeux sont traités dans une laverie et donnent des produits d'une teneur moyenne en plomb supérieure à 70 0/0.

Les statistiques accusent pour la mine Charra une production de 1.490 tonnes en 1905, de 560 tonnes en 1908 et de 578 tonnes en 1909, avec un personnel respectif de 160.271 et 46 ouvriers.

o°o

10° *Société anonyme du Djebel-Ben-Amar.*

La concession du Djebel-Ben-Amar (zinc et plomb), d'une superficie de 176 hectares, a été instituée le 27 janvier 1900 au profit de ladite société, qui a son siège social à Tunis.

Les gisements du Djebel-Ben-Amar sont situés à 28 kilomètres Nord-Ouest de Beja à l'extrémité Ouest du lambeau de Crétacé qui s'étend depuis la mine de Sidi-Ahmed jusqu'au Djebel-Ben-Amar, en passant par les gîtes de zinc de Kanguet et d'Aïn-Roumi. Le gîte est compris dans un calcaire du Crétacé supérieur et à la base de l'Éocène; il représente des filons dont le remplissage est formé d'une calamine riche assez compacte et dont la teneur après calcination est de 54 à 62 0/0 de zinc.

D'après les *Tableaux statistiques* de la Direction générale des Travaux publics la mine du Djebel-Ben-Amar a produit, en 1908, 2.205 tonnes et en 1909, 4.636 tonnes, avec un personnel de 192 et 142 hommes.

Les minerais sont transportés à Beja en charrettes et de là dirigés par chemin de fer sur le port de Tunis.

o^o_o

11° *Société des mines de Sidi-Bou-Aouane.*

La mine de Sidi-Bou-Aouane, d'une superficie de 268 hectares, a été concédée, le 12 mai 1911, à la Société civile de la mine de Sidi-Bou-Aouane et transférée à la Société anonyme des mines de Sidi-Bou-Aouane, par décret du 25 mai 1911.

La mine de plomb de Sidi-Bou-Aouane est située un peu à l'Ouest de la ville de Beja et à 13 kilomètres au Nord de la station de Souk-el-Khemis, sur la ligne du chemin de fer de la Medjerdah.

Les gisements de Sidi-Bou-Aouane se trouvent au contact des calcaires et des marnes triasiques, c'est-à-dire dans la formation géologique que l'expérience a démontré être la plus richement minéralisée en Tunisie. Ils se composent de deux filons parallèles de galène dans des terrains marneux :

1° Dans le premier filon, dit gisement n° 1, dont les affleurements minéralisés sont visibles sur une distance d'un kilomètre environ; les travaux de reconnaissance ont été limités à une zone de 110 mètres horizontalement et de 40 mètres en profondeur. L'inclinaison du filon est de 60 à 70° vers l'Est et sa puissance moyenne supérieure à 4 mètres. Dans la partie ouverte par des galeries, le tonnage reconnu dépasse 30.000 tonnes d'un minerai qui passé dans une laverie convenable peut donner, paraît-il, par tonne de minerai tout venant, environ 114 kilos de minerai marchand à 70 0/0 de plomb.

On estime que ce filon doit contenir dans ses parties non encore explorées de grandes réserves de minerais de laverie pour lesquelles on projette dans l'avenir la création d'une laverie capable de passer 100 tonnes par jour.

2° Le gisement n° 2 est en concordance parfaite avec le gisement n° 1 qui est son *leader* et dont il n'est séparé que par un banc stérile de 4 mètres. Ce gisement n° 2 est d'une grande richesse, puisque sur une épaisseur variant de 4 à 7 mètres, il donne un minerai à 72 0/0 de plomb, c'est-à-dire de la galène presque pure.

Les galeries tracées dans ce filon se trouvent limitées à une zone de 60 mètres de longueur sur 27 mètres de profondeur. Le tonnage de minerai circonscrit par ces travaux dépassait au commencement de l'année 1911, 20.000 tonnes ; mais comme les galeries étaient abandonnées en plein minerai et qu'au fond de deux puits les plus profonds, le filon se présente avec des épaisseurs respectives de 4^m,50 à 7 mètres, on peut compter sur un tonnage supérieur.

Les installations en service sur la mine sont : un puits d'extraction et un plan incliné pour l'exploitation à ciel ouvert de la partie supérieure du gisement ; un atelier de débourbage. Le produit de la mine consiste en galène contenant une certaine proportion d'arsenic. Dans le courant de l'exercice 1912, la mine a occupé environ 300 ouvriers et sa production a été d'environ 3.000 tonnes de galène.

Une route carrossable en toutes saisons, en pente douce, permet de mettre à peu de frais les minerais sur wagons à Souk-el-Khemis, station distante de 133 kilomètres du port de Tunis.

o°o

12° Société anonyme du Djebel-Hallaouf.

La concession du Djebel-Hallaouf (zinc, plomb, fer), située à 12 kilomètres au Nord-Ouest de Souk-el-Khemis, d'une superficie de 606 hectares, a été instituée le 24 avril 1906 en faveur d'une Société anonyme belge, qui ne l'exploita pas elle-même, mais l'amodia contre une redevance annuelle variable suivant les cours du plomb. En 1912, la concession du Djebel-Hallaouf a été cédée par la Société belge à la Société anonyme française du Djebel-Hallaouf.

Le gîte de Hallaouf représente une masse assez considérable

de galène encaissée dans des calcaires sénoniens. En dehors de cet important gisement de plomb qui seul a été exploité jusqu'ici, la concession contient un gisement non moins important de calamine, et un gros gisement de fer, lesquels n'ont donné lieu jusqu'à présent qu'à des travaux de recherche.

Le gisement plombeux est constitué par deux systèmes distincts de filons Est et Ouest.

D'après les rapports d'ingénieurs compétents qui ont visité ce gisement et cubé la partie préparée à l'exploitation, il ressort que, seulement sur les deux filons principaux et en admettant une puissance moyenne d'un mètre (le filon Est a une puissance de 2^m,50) et un poids moyen de 2.500 kilos par mètre cube, et comptant sur une longueur de 80 mètres, on peut estimer que la quantité de minerai actuellement aménagée est supérieure à 100.000 tonnes.

On estime que le gisement de plomb du Djebel-Hallaouf compte parmi les plus beaux de la Tunisie.

Le gisement calaminaire se présente sous la forme typique des gisements qui ont donné lieu aux exploitations rémunératrices de Tunisie, c'est-à-dire comme gisement de contact entre Trias et Crétacé. Les travaux qu'on y a exécutés ont donné comme résultat un rendement élevé de produits marchands par rapport au cube abattu.

Le gisement de fer présente tous les éléments d'une affaire d'avenir : étendue des filons, richesse du minerai (environ 55 0/0 de fer), facilité d'exploitation à ciel ouvert, facilité d'accès au port de Tunis et par conséquent prix de revient modéré.

Les installations faites à la mine, telles que laverie, etc., sont très complètes et tout à fait modernes; elles fonctionnent à l'électricité.

Des bâtiments destinés à loger 200 ouvriers, des magasins d'approvisionnements, cantines, bureaux, logements du directeur et des employés, complètent ces installations.

La Société se propose de construire un petit chemin de fer à voie étroite reliant la mine à la gare de Souk-el-Khemis distante de 16 kilomètres en vue de l'exploitation des gîtes de fer superficiels contenus dans la concession.

La mine de Hallaouf a produit en minerais de plomb : en 1908, 3.157 tonnes et en 1909, 2.733 tonnes en employant environ 200 ouvriers.

En 1912 la Société a expédié 4.333 tonnes de minerai de plomb d'une teneur moyenne de 60 0/0, qu'elle a vendues et livrées à la maison Beer, Sondheimer et Cⁱᵉ, de Francfort-sur-Mein.

Les minerais transportés par charrettes à Souk-el-Khemis sont expédiés de là par chemin de fer à Tunis leur port d'embarquement.

⚬°⚬

13° *Mine de Djebel-Hamera.*

La concession du Djebel Hamera, d'une contenance de 1.255 hectares, appartient actuellement à l'Association Targe, Durieux et Revolon. La mine a été concédée primitivement à la Société anonyme de la Nouvelle-Montagne, par décret du 1ᵉʳ septembre 1898 et transférée à ladite Association par décret du 15 janvier 1902. En avril de la même année, la concession passa à la Société minière de Fedj-Assène et, enfin, par décret du 16 février 1904, elle a été de nouveau transférée à ladite Association.

Le gîte est situé à 30 kilomètres Sud-Ouest de Thala et Est de Tebessa; il est constitué par un dôme de calcaires urgo-aptiens, entouré par une ceinture de marnes noires albiennes. Les concessionnaires se sont bornés à enrichir les calamines pauvres produites pendant les recherches et qui se sont élevées à 1.500 tonnes jusqu'au 31 décembre 1910. Les produits de la mine étaient transportés par charrettes à Tébessa et par voie ferrée sur le port de Bône (Algérie).

⚬°⚬

14° *Société des mines du Djebel-Ressas.*

La richesse minière du massif de Ressas est connue de temps immémorial ; Carthaginois, Romains et Arabes s'y sont approvisionnés de plomb et la désignation arabe de *Djebel Ressas* ne veut que dire *Montagne de plomb*. Aussi nous voyons que la concession du Djebel-Ressas est la plus anciennement constituée en Tunisie et que la mine du Djebel-Ressas a devant elle une histoire assez longue.

En 1868, la mine du Djebel-Ressas fut concédée pour soixante années à une Société italienne; le concessionnaire devait prendre à sa charge les dépenses d'exploitation et partager avec l'État les bénéfices par moitié. La Société italienne essaya d'exploiter le plomb, mais sans succès. En 1877, le Baron Castelnuovo reprit cette concession et par une nouvelle convention en date du 24 avril de la même année; en même temps que fut instituée la concession de 2.735 hectares, fut imposée au concessionnaire une redevance de 10 0/0 du produit brut de l'extraction, payable en nature. En 1879, le Baron de Castelnuovo céda tous ses droits à une Société sarde. Celle-ci voulut exploiter le zinc et fit de grands frais pour installer son exploitation dont les travaux furent arrêtés en 1892. En 1899, la mine fut rachetée par un Français M. Octave Chemin et par une nouvelle convention, approuvée par décret du 27 janvier 1900, la concession du Djebel-Ressas fut ramenée au type des autres concessions tunisiennes : concession perpétuelle avec redevance de 5 0/0 sur le produit net de l'exploitation. En octobre de la même année ladite concession a été transférée à la Société anonyme des mines du Djebel-Ressas qui l'exploite aujourd'hui.

La mine du Djebel-Ressas est située à 28 kilomètres au Sud de Tunis, et à 6 kilomètres de Haut-Mornag, qui était dans le temps le point terminus du chemin de fer.

Le gisement du Djebel-Ressas [1] est principalement constitué par : 1° deux chapelets d'amas minéralisés, alignés suivant le toit et suivant le mur d'un horizon géologique compris au-dessus du Lias et dans le Tithonique, et généralement placés à l'intersection de ces contacts avec les failles qui traversent la montagne; 2° des amas minéralisés situés le long de ces mêmes failles.

La minéralisation du Djebel-Ressas comporte des minerais de plomb et de zinc; les premiers sont plus abondants dans les parties superficielles des gisements, les seconds prédominent à la périphérie et dans les parties inférieures.

---

(1) La plus grande partie de la description ci-après est empruntée à une brochure publiée par la Société des mines du Djebel-Ressas sous le titre : *Note sur les mines de plomb et de zinc du Djebel Ressas*. présentée aux membres de la Société de l'Industrie minérale (District du Nord de l'Afrique) à l'occasion de leur réunion à Tunis et de leur visite à la laverie et a la mine du Djebel-Ressas les 7 et 8 avril 1913, Paris, 1913, in-8°.

La galène ne contient que des traces insignifiantes d'argent, soit environ 15 à 30 grammes à la tonne de plomb.

Le minerai mixte de la partie supérieure est constitué d'éléments assez divers : calcaire, silicate et carbonate de zinc, sulfure et carbonate de plomb, avec prédominance de ce dernier.

Les minerais de plomb semblent s'être concentrés dans certaines parties et dans le centre des colonnes minéralisées.

En certains points, dans les parties profondes, on trouve la blende et la galène intimement mélangées.

La galène et la cérusite se trouvent disséminées dans la masse, surtout dans la partie supérieure, sous forme de nodules ou rognons, veines ou veinules très variables. Parfois elles constituent de véritables brèches, dont la calamine ou l'hydrocarbonate forment le ciment.

La blende est très rare, généralement amorphe, zonée, de couleur jaune ou violacée.

Toute la masse fournit un minerai mélangé et ne renferme qu'une faible proportion de minerai de scheidage pouvant être vendu directement comme minerai marchand.

La gangue du minerai est presque exclusivement calcaire et par exception argileuse.

Au moment de la fondation de la nouvelle société, en 1900, il existait déjà sur la concession une exploitation avec des installations, son matériel, une laverie et un stock de minerai.

La mise en exploitation complète demanda cependant un certain temps. La mine a été reliée au port de Tunis par un prolongement de la voie ferrée, construit par le Gouvernement beylical, depuis la gare de Haut-Mornag-Créteville jusqu'à proximité des installations de la mine. Le point terminus de ce prolongement de chemin de fer, la station dite *La Laverie*, est situé sur le carreau même de la mine.

Pour reconnaître le sacrifice que le Gouvernement tunisien s'imposait en ramenant la concession du Djebel-Ressas au type des autres concessions du pays et en diminuant la redevance jusqu'à 5 0/0 du produit net, au lieu de 10 0/0 du produit brut de l'extraction, la société s'était engagée de verser à titre de contribution à la construction du prolongement du chemin de fer du Mornag, une somme de 62.500 francs, qui fut portée ensuite à 100.000 francs.

L'exploitation du minerai se fait pour la plus grande partie
à ciel ouvert, par gradins successifs étagés sur une verticale
d'environ 120 mètres de hauteur; mais en partie la mine est
aussi exploitée par puits et galeries.

Les explosifs employés sont généralement la dynamite n° 1
et, dans les travaux où elle est utilisable, la cheddite-géla-
tine.

Les terrains étant presque toujours très fermes, le boisage est
peu développé; pour les galeries de roulage des gîtes récem-
ment aménagés, le soutènement est établi en maçonnerie en
moellons.

La situation même des gisements, dans une montagne très
élevée au-dessus du pays environnant et dans des terrains très
largement fissurés, assure naturellement l'écoulement des eaux
et un aérage excellent.

Les transports des minerais et des remblais s'effectuent dans
les chantiers, au moyen de la gravité, par des puits ou couloirs
aménagés à cet effet; des dispositions spéciales sont prises pour
les minerais de scheidage qu'on doit éviter de briser.

Les minerais recueillis sur la voie de chaque gradin, dans les
exploitations à ciel ouvert, ou sur la voie de base de chaque
étage, pour les exploitations souterraines, sont transportés
quelquefois par câble aérien, mais généralement par voie ferrée,
soit à bras d'homme, soit par traction animale, jusqu'à une
série de plans inclinés, échelonnés de la cote 100 à la cote 700,
par où ils sont descendus à la laverie.

Le développement total de ces plans inclinés est de 1.350
mètres.

La mise en exploitation des chantiers éloignés a nécessité
l'établissement de voies ferrées de 1.000 et 2.500 mètres de
longueur, dont les tracés sur les flancs Nord et Sud de la montagne permettent d'en apprécier toute la sauvage beauté.

Le scheidage et le triage du minerai se font aux chantiers
d'abatage. Dès l'abatage, des précautions spéciales sont prises
pour recueillir soigneusement à part et sauver d'un bris préju-
diciable les minerais riches.

Par scheidage et par triage des minerais moins riches on
produit dans les mines du Djebel-Ressas, huit qualités de minerais de différentes teneurs, qui sont descendues des mines par
des plans inclinés à la laverie pour leur concentration.

La préparation mécanique ou concentration des minerais est réalisée successivement dans trois ateliers désignés sous les noms de : laverie principale, laverie auxiliaire et laverie des fins.

Dans ces ateliers fonctionnent des concasseurs, broyeurs à cylindre et à pendule, trommels, caisses pointues, planchisters, tables à secousses et Linkenbach, cribles hydroclasseurs, etc.

L'installation pour la calcination des calamines comprend deux fours à cuve, quatre fours Oxland et deux fours Spirek.

Les deux fours à cuve, dont un seul est généralement en activité, peuvent produire chacun 8 tonnes de calamine calcinée, qui contient de 42 à 47 0/0 de zinc et entre au magasin d'expédition.

La batterie des fours Oxland comprend quatre fours rotatifs dont deux peuvent produire, suivant la nature du minerai cru, de 12 à 15 tonnes de minerai calciné par 24 heures, et les deux autres fours semblables mais moins grands, de 8 à 10 tonnes de minerai calciné.

Les produits de ces fours, suivant la nature des minerais soumis à la calcination, sont de trois catégories; l'une qui contient de 32 à 35 0/0 de zinc entre au magasin d'expédition; les deux autres d'un titre moins fort en zinc sont stockées pour relavage à la laverie des calamines calcinées.

Deux fours Spirek, capables de produire de 6 à 8 tonnes de minerai calciné par 24 heures, fonctionnent seulement comme batterie de secours.

Les calamines calcinées pauvres subissent un relavage pour les amener à une teneur marchande.

L'usine de préparation étant établie à flanc de coteaux, entre les cotes 95 et 124, deux plans inclinés, munis de treuils, relient entre eux tous les niveaux, l'un au nord, l'autre au sud des bâtiments.

La force nécessaire aux laveries, aux fours rotatifs de calcination, etc., est fournie par trois moteurs à vapeur, dont deux de 150 HP chacun, et un de 60 HP. Une dynamo actionne de jour la laverie des calcinées et de nuit, elle fournit l'éclairage électrique, qui comprend 15 lampes à arc et 150 lampes à incandescence.

L'eau nécessaire au service de la laverie est amenée de 6 kilomètres de distance par une canalisation en fonte. Un réservoir de 75.000 mètres cubes de capacité, fermé par une digue en maçonnerie de 10 mètres de hauteur, sert de réserve pour l'été.

Un atelier mécanique de réparations permet de faire tous les travaux d'entretien et même quelques installations nouvelles.

Le tableau ci-dessous donne le résultat comparatif de la production de minerai brut et de produits marchands à la mine du Djebel-Ressas :

Années.	Production de minerai brut.	Production en minerais marchands.			
		Galène.	Calamine calcinée.	Calamine crue.	Totaux.
	Tonnes.	Tonnes.	Tonnes.	Tonnes.	Tonnes.
1900-1	»	4.636	1 826	»	6.462
1902..:..........	53.200	8.006	3.993	1.911	13.910
1903............	62.300	7.755	4.222	3.582	15.559
1904............	66.500	7.280	4.736	2 885	14.901
1905.............	65.500	6.817	5.056	3.600	15.473
1906......	65 500	6.239	5.463	2 825	14.527
1907............	66.000	5.205	5.766	3 960	14.931
1908............	63 000	5 012	5.221	3.281	13.514
1909............	63.000	5.285	5.218	3.488	13.991
1910............	68.000	4.925	5.064	3.490	13.479
1911............	69.500	4.230	7.744	21	11.995
1912............	71.000	3.552	6.938	»	10.490

La mine du Djebel-Ressas a occupé en décembre 1909 : 1.035 ouvriers; en décembre 1911 le personnel ouvrier était de 861 qui se décomposait de la manière suivante : travaux de mine, 542; laverie, atelier, etc., 319. Une moitié environ des ouvriers sont des Européens et l'autre moitié des Musulmans. Tous les ouvriers européens vivent avec leur familles dans des maisons ouvrières construites par la Société; les Musulmans ont également leurs hameaux sur la concession.

La Société a construit à la Laverie une école française, avec bureau de poste, destinée aux familles de son personnel.

La Société s'est assuré les services d'un médecin de Tunis qui fait des visites périodiques à la mine; les ouvriers qui ont besoin de ses soins n'ont à payer qu'une taxe minime par visite, pour éviter les abus; les médicaments leur sont fournis gratuitement.

La Société assure à ses ouvriers blessés une indemnité égale au montant de leur demi-journée de salaire pendant la durée de leur chômage forcé.

Deux cantines, établies l'une à la Direction et l'autre à la Laverie, livrent au personnel et aux ouvriers des marchandises de consommation et autres, au meilleur marché possible, et permettent aux célibataires d'y prendre leurs repas, ceci sans bénéfice pour la Société.

Avant que Djebel-Ressas fût relié à Tunis par un chemin de fer l'embarquement des produits de la mine se faisait dans le petit port d'Hammam-Lif; depuis, les produits de la mine sont expédiés par la gare *La Laverie* à Tunis.

Nous avons déjà dit que la station de *La Laverie*, du réseau tunisien à voie étroite, est située dans l'usine même. Un quai de déchargement et des dépôts pour 500 tonnes de minerais permettent de régulariser les expéditions.

La distance de *La Laverie* à Tunis, port d'embarquement des minerais, est de 28 kilomètres.

Sur un emplacement concédé sur les quais du port, la Société a établi un dépôt pouvant recevoir 5.000 tonnes de minerai marchand.

o°o

15° *Société des Mines de Kef-Lasfar.*

La mine de Kef-Lasfar a été concédée à M. Lorenzo Bugeïa, par décret du 10 septembre 1901 et transférée à la *Société des Mines de Kef-Lasfar*, par décret du 13 novembre 1907.

Le gîte situé à 12 kilomètres de Medjez-el-Bab est constitué par des calcaires sénoniens, renfermant des minerais mixtes de galène et de calamine. Les produits de la mine consistent en calamine calcinée et galène. Suivant les statistiques officielles la mine de Kef-Lasfar a produit en 1903, 405 tonnes; en 1905, 484 tonnes; en 1908, 239 tonnes de minerais avec un nombre respectif de 13, 41 et 41 ouvriers.

o°o

16° *Société anonyme des mines et fonderies de zinc de la Vieille-Montagne.*

La Société de la Vieille-Montagne, bien connue en France et en Belgique où elle possède des mines, fonderies et laminoirs de zinc, exploite en Tunisie la concession de Djebba.

Cette mine, qui se trouve à environ 25 kilomètres au Sud-Est de la station de Souk-el-Khemis, sur la ligne de Tunis à Alger, dans la vallée de la Medjerdah, était parmi celles que sous le règne d'Ahmed Bey, vers le milieu du siècle dernier, le Gouvernement Tunisien voulut faire exploiter pour son compte (Kanguet-Kef-Tout, Djebel Trozza, Djebilet-el-Kohol et Djebba).

La mine de Djebba, sur laquelle une usine métallurgique était installée, fut concédée, en 1851, à deux notables tunisiens, le général Ben-Ayed et le ministre Khasnadar, moyennant une redevance annuelle de 100.000 piastres et une part des bénéfices. Le contrat fut rompu au bout de deux ans à peine.

Concédée, en 1876, à la Société de constructions des Batignolles, en même temps que la construction du chemin de fer de Tunis à la frontière algérienne, la mine de Djebba passa, en 1877, avec le chemin de fer à la Compagnie Bône-Guelma. Celle-ci l'a, à son tour, cédée, en 1900, à la Société anonyme Belge des mines et fonderies de zinc de la Vieille-Montagne.

Dans les conditions de la concession, il était stipulé qu'elle est concédée à temps limité et contre une redevance de 10 0/0 sur le produit brut. Par une nouvelle convention, en date du 27 janvier 1900, la concession a été rendue perpétuelle et la redevance ramenée à 5 0/0 du produit net.

La concession de Djebba, d'une superficie de 625 hectares, est située à Djebel-Gorah — important centre colonial.

C'est seulement en 1891 que fut découverte la calamine dans la concession de Djebba et c'est cette découverte qui a provoqué, en 1897, la reprise des travaux d'exploitation de la mine, restée inactive depuis 1873.

Les gîtes métalliques de la concession de Djebba sont constitués par de nombreux pointements minéralisés, quelques amas et de véritables filons dont la calamine et la galène sont les matières minéralisantes.

Les gîtes calaminaires ont toutefois à peu près disparu et, actuellement, l'exploitation porte presque uniquement sur des filons de galène.

L'exploitation des gîtes de Djebba ne présente aucune particularité saillante, si ce n'est les difficultés de perforation et de soutènement auxquelles donnent lieu les galeries situées dans des argiles sans consistance et soumises à des poussées considérables.

L'exploitation proprement dite se fait par étages de 30 mètres de hauteur pris de bas en haut et dépilés par gradins renversés suivis de remblayage.

Les galeries, puits et cheminées, indispensables pour assurer tous les services de l'exploitation, atteignaient, en 1910, un développement de près de 1.500 mètres.

La disposition topographique du terrain permettra très probablement d'exploiter et d'épuiser tous les gîtes par des galeries à flanc de coteau et sans le secours d'un puits d'extraction.

La mine de Djebba a produit pendant les dernières années les quantités ci-après de minerais :

Années.	Calamine calcinée.	Galène.
	Tonnes.	Tonnes.
1905......................	382	132
1906......................	550	619
1907......................	283	654
1908......................	123	1.268
1909......................	56	877
1910......................	83	603 (1)
1911......................	»	371 (1)
1912......................	17	695

(1) En plus il a été extrait de minerai mixte zincifère et plombeux : en 1910, 450 tonnes ; en 1911, 592 tonnes.

On remarquera que la production de minerais de zinc est devenue à peu près nulle, le gisement calaminaire étant épuisé. Actuellement, la production de la mine comporte presque exclusivement de la galène.

L'enrichissement des produits bruts de l'abatage n'a nécessité jusqu'ici aucune laverie mécanique, les appareils de lavage à main ayant amplement suffi.

En 1909 le personnel ouvrier de la mine de Djebba était de 83, dont 11 mineurs. Pour les trois dernières années, le nombre moyen d'ouvriers était de 80 en 1910, 78 en 1911 et 76 en 1912.

Le transport des minerais jusqu'à la gare de Souk-el-Khemis se fait sur piste, par des arabats tunisiens.

De Souk-el-Khemis à Tunis, la distance par chemin de fer est de 133 kilomètres.

La disposition des voies du port de Tunis aussi bien que les conditions sur ces voies ne permettent pas l'arrivée des minerais sur wagon jusqu'à quai et de Tunis-gare jusqu'au port, le débardage s'effectue par charrettes.

L'embarquement au port de Tunis s'opère en transportant les minerais jusqu'à sous-palan du bord à l'aide de grandes couffes portées sur charrettes à bras.

Cette dernière opération, arrimage compris, coûte 1 fr. 50 par tonne.

o°o

17° Société minière de Fedj-Assène.

Située à 11 kilomètres au Sud-Ouest de Ghardimaou, sur la frontière algérienne, la concession de Fedj-Assène (zinc et plomb), a été instituée, en 1899, dans un périmètre de 1.467 hectares; elle a été cédée par le concessionnaire, M. d'Angicourt, à la Société minière de Fedj-Assène, en octobre 1900.

Le périmètre de cette concession englobe les deux massifs montagneux du Djebel Milah-Kef-Changoura et du Djebel Montrif, séparés par le col de Fedj-Assène.

Le gîte représente des amas de calamine plombeuse, contenus dans des calcaires blancs.

Ce gisement paraît être assez important, contenant des minerais d'une forte teneur (calamine, blende).

Les statistiques accusent pour cette mine une production de
1.636 tonnes en 1903, 1.813 tonnes en 1904, 1.103 tonnes
pendant l'année 1905.

L'assemblée extraordinaire des actionnaires, du 3 octobre 1910,
a nommé deux liquidateurs de la Société.

18° *Mine du Djebel-Touireuf.*

La mine du Djebel-Touireuf, d'une contenance de 591 hectares, a été concédée par décret du 13 mars 1902 à une société
belge, *Société anonyme des mines de Touireuf,* et transférée
à M. Merlin Huybrechts, par décret du 22 août 1907.

La mine du Djebel-Touireuf est située à 25 kilomètres au
Nord-Ouest du Kef; le gisement est constitué par des cassures
minéralisées en calamine et galène dans des calcaires intercalés
des marnes nummulitiques.

En 1910, on est parvenu à reconnaître, dans le périmètre de la
concession, l'existence d'un gisement de carbonate de plomb
avec une teneur au-dessus de la moyenne. La masse minéralisée est très compacte, et promet un tonnage appréciable.

La production de la mine a été jusqu'ici insignifiante
(204 tonnes en 1908 et rien en 1909), mais avec la nouvelle
découverte, l'exploitation va se poursuivre activement.

19° *Mines du Djebilet-el-Kohol.*

Le gisement du Djebilet-el-Kohol, situé à 25 kilomètres de
Moghrane, fait partie de la chaîne qui, par le Bou-Khornine et
le Ressas, atteint le Zaghouan pour se relier ensuite, par le
Djouggar et le Bargou, au massif central.

Cette chaîne est formée par le soulèvement du calcaire jurassique, mettant cette dernière couche en contact avec celles du
Crétacé et de l'Éocène. C'est au contact avec les marnes éocènes
que se trouve le gisement du Djebilet-el-Kohol.

Il a fait l'objet d'une concession (zinc et plomb) de 298 hectares qui a été instituée, par décret du 14 juin 1902, en faveur de MM. Vivian and Sons, de Swansea (Angleterre).

Les minerais exploités se composent principalement de galène argentifère. Après un traitement mécanique, ces minerais ont une teneur de 60 0/0 de plomb et renferment 150 à 250 grammes d'argent à la tonne.

Les concessionnaires ont exploité ce gisement qui, jusqu'a ces derniers temps, n'avait donné que des résultats incertains; mais les recherches poursuivies sans relâche ont abouti à la découverte d'une couche de minerai compact s'étendant sur une largeur de plusieurs centaines de mètres, laissant à découvert un tonnage approximatif de 30.000 tonnes de minerai marchand de plomb et calamine.

Suivant les *Tableaux statistiques* la mine du Djebilet-el-Kohol a produit : 45 tonnes en 1903, 37 tonnes en 1905, 47 tonnes en 1908 et 30 tonnes en 1909, avec un nombre respectif d'ouvriers de 14, 14, 4 et 18.

20ᵃ *Compagnie minière Franco-Tunisienne.*

Un permis de recherches au Djebel Kebouch avait été accordé à la Compagnie Minière Franco-Tunisienne. Le décret approuvant la convention portant concession de cette mine date du 8 mars 1911.

Le gisement du Djebel-Kebouch est situé dans la région du Kef et la concession a été accordée pour plomb, zinc, cuivre, fer et métaux connexes.

Un tonnage important (40 à 50.000 tonnes) y a été reconnu; en dehors de ce tonnage, il y existerait de 6 à 8.000 tonnes de carbonate de plomb ne nécessitant aucun traitement.

Suivant le rapport du conseil d'administration à l'Assemblée générale du 27 juin 1912, la société poursuivait la mise en valeur de sa concession en procédant à l'aménagement de la mine et aux installations extérieures, édification de maisons pour le logement du personnel et des ouvriers et constructions diverses, création d'un chemin jusqu'à la voie ferrée, l'installation d'un câble transporteur entre la mine et l'atelier de préparation mécanique et d'enrichissement, adduction d'eaux, etc.

Après la mise en marche de la laverie, la Société pourra livrer annuellement 5 à 6.000 tonnes de minerai de plomb de bonne teneur.

L'exploitation de la mine du Kebouch se fera surtout à ciel ouvert.

o°o

21° Société des mines de Fedj-el-Adoum.

La concession de Fedj-el-Adoum (zinc, plomb et métaux connexes) située à 14 kilomètres au Sud-Ouest de Téboursouk, a été instituée, par décret du 14 mai 1894, en faveur de M. Joseph Faure; par décret du 24 janvier 1912, la mine a été transférée à la *Société des mines de Fedj-el-Adoum.*

Le gisement est constitué par le contact minéralisé de la formation calcaire du Crétacé supérieur, avec une assise triasique à alternance de gypse et de marnes. Le filon-couche, ainsi formé est puissant et d'une grande étendue. La mine est exploitée à ciel ouvert et par des travaux souterrains en même temps. Il existe à la mine un puits de 75 mètres de profondeur et une descenderie de 35 mètres de longueur; les galeries de la mine ont une longueur de 450 mètres. La mine est desservie intérieurement par un chemin de fer Decauville.

La mine produit des calamines et des galènes. La teneur des calamines est d'environ 40 à 50 0/0 de zinc; la teneur des galènes d'environ 70 à 75 0/0 de plomb avec 200 grammes d'argent.

La production de la mine est actuellement d'environ 2.000 tonnes de galène par an.

D'après les statistiques de la Direction générale des Travaux publics, la mine de Fedj-el-Adoum a produit en minerais : en 1903, 1.383 tonnes; en 1905, 1.494 tonnes; en 1908, 654 tonnes et en 1909, 535 tonnes avec un personnel respectif de 151, 358, 132 et 65 ouvriers.

En 1911 il y avait 65 ouvriers, dont 12 Européens et 53 indigènes.

Actuellement, la Société de Fedj-el-Adoum occupe environ 200 ouvriers, presque tous indigènes.

DE KEPPEN.   6

En 1912 on préparait sur la mine l'installation d'une laverie qui permettra de porter la production à 6.000 tonnes par an.

La mine est desservie par la voie ferrée de Kalaât-es-Senam, à laquelle elle est reliée par une bonne route de 20 kilomètres, à la gare de Krib, distante de 138 kilomètres de Tunis, port d'embarquement des produits de la mine.

o°o

22° *Société nouvelle des mines de Zaghouan.*

La concession de Zaghouan (zinc et plomb) est située à environ 60 kilomètres au Sud de Tunis, dans le massif de Zaghouan, un des accidents géographiques les plus remarquables de la Tunisie et où prennent naissance les sources qui alimentent la ville de Tunis et ses environs.

La superficie de la concession est de 2.717 hectares; elle a été instituée par décret du 13 décembre 1894.

Le Djebel Zaghouan est constitué par des calcaires jurassiques surmontés, au Nord-Ouest, par les couches du Crétacé inférieur.

La mine de Zaghouan se trouve à l'extrémité Sud-Ouest du massif, et à une faible distance de la crête. L'exploitation se fait sur deux amas de calamine en roche dans des poches calcaires.

Les installations extérieures de la mine sont assez intéressantes. Le minerai est descendu aux fours de calcination au moyen de câbles aériens.

La mine de Zaghouan a produit en minerai : en 1908, 1.407 tonnes et en 1909, 775 tonnes, avec un personnel de 76 et 79 ouvriers.

Le minerai est transporté par charrettes à Moghrane et, de là, dirigé par la voie ferrée sur le port de Tunis.

o°o

23° *Mine du Djebel-el-Akhouat.*

La concession du Djebel-el-Akhouat (zinc et plomb) d'une superficie de 840 hectares est située à environ 20 kilomètres au

Sud de Teboursouk. Elle a été instituée, par décret du 25 juin 1896, en faveur de M. Montgolfier et amodiée le 1er janvier 1898 à la Société de la Vieille-Montagne. Cette amodiation a pris fin en mai 1894. Par décret du 17 janvier 1913, la concession dite *El-Akhouat* est transférée à M. de Sain-Didier.

La concession du Djebel-el-Akhouat comprend un gisement important de calamine ferrugineuse, dont la teneur moyenne en zinc métallique ne dépasse pas 24 0/0. La calamine est mêlée de calcaire et présente souvent une teneur en fer de 5 à 7 0/0, qui s'accroît au voisinage de la surface.

La mine du Djebel-el-Akhouat a produit en minerai : en 1908, 1.024 tonnes et en 1909, 1.161 tonnes.

Les produits de la mine sont transportés par essieux à la station d'El-Akhouat et de là, dirigés par chemin de fer sur le port de Tunis.

o°o

24° *Société anonyme de Nebida pour l'exploitation des mines.*

Constituée en 1896, la Société de Nebida fusionna le 1er juillet 1908 avec la Compagnie minière Tunisienne en acquérant la mine de Sakiet-Sidi-Youssef et tout l'avoir de cette Société et prit alors le nom de *Société anonyme de Nebida pour l'exploitation des mines,* dont le siège social est à Corphalie-lez-Huy (Belgique).

La concession de Sidi-Youssef (zinc et plomb) d'une superficie de 660 hectares, est située dans le caïdat et contrôle civil du Kef, sur la frontière algérienne, à 45 kilomètres du Kef et à 52 kilomètres de la ville algérienne de Souk-Ahras. Elle a été instituée par décret du 27 novembre 1898 en faveur de la Société civile Dargent et Pascal, et transférée le 5 mars 1899 à la Compagnie minière Tunisienne (Société belge). En 1908, la mine a été achetée par la Société de Nebida.

Le gisement de Sidi-Youssef du système filonien bien déterminé se trouve dans le Crétacé. Les épontes sont principalement formées de marnes et de calcaires marneux. Il y a deux systèmes de filons : les filons Nord-Sud perpendiculaires à la stratification, et les filons Est-Ouest interstratifiés. Cinq de ces filons sont parfaitement reconnus jusqu'à la cote 688, soit

50 mètres de profondeur sous la plaine : ce sont trois filons Nord-Sud (l, ll et lll) et les deux filons Est-Ouest (filon de l'Ouest et filon croiseur).

Le gisement est reconnu en profondeur par un puits principal de 3ᵐ,20 de diamètre et par un travers-banc Est-Ouest de 600 mètres de long.

D'importants gisements zincifères et plombifères y ont été reconnus. Ledit puits a actuellement 70 mètres de profondeur; on approfondit ce puits de 60 mètres, de façon à créer un sixième étage d'exploitation.

La Société de Nebida ayant décidé de doter la mine d'installations modernes, tous les appareils qui y existaient devaient être désaffectés.

L'exhaure est maintenant assuré par trois pompes Sulzer dont deux peuvent élever chacune 25 mètres cubes d'eau à l'heure et la troisième 75 mètres cubes, à 140 mètres de hauteur. Le puits a été surmonté d'un châssis à molettes de 15 mètres de hauteur. Pour l'extraction des minerais, on a installé un treuil pouvant extraire 200 tonnes en dix heures de la profondeur de 140 mètres. Le tout est actionné électriquement.

En 1910 et 1911 on a installé sur la concession de Sakiet-Sidi-Youssef une station centrale actionnée par trois générateurs multitubulaires de Naver de 250 mètres carrés de surface de chauffe alimentant deux machines Curliss, de 450 chevaux chacune, qui commandent deux alternateurs triphasés de 250 kilowatts effectifs (300 kilow. ampères) à 50 périodes, 375 volts et tournant 375 tours.

Chaque machine commande également une excitatrice de 25 kilow. 200 volts (225—600 tours), qui fournit en outre le courant d'excitation et le courant pour l'éclairage.

La répartition de la force motrice est la suivante : laverie nouvelle, 270 HP; éclairage, 50 HP; moteur d'extraction, 80 HP; pompe de la condensation et de l'alimentation, 50 HP; ancienne laverie, 50 HP; pompe d'épuisement, 50 HP; four Oxland, 10 HP; moteur d'atelier 10 HP; séparateurs électromagnétiques, 50 HP; ventilateurs, 50 HP; soit au total, 670 HP.

Cette importante installation a été prévue pour une production annuelle de 14 à 15.000 tonnes de minerais marchands dont un tiers plomb et deux tiers zinc.

Les nouvelles installations ont été achevées en janvier 1911 et leur mise au point, très délicate surtout pour les appareils de laverie, ont demandé plusieurs mois, leur réglage ne pouvant se faire que par de nombreux essais et tâtonnements.

La nouvelle laverie pouvant traiter un minimum de dix tonnes de minerais à l'heure, est venue augmenter de beaucoup le travail de l'ancienne laverie qui ne peut traiter que de deux à trois tonnes de minerais à l'heure. La première de ces laveries traite les minerais plombo-blendeux, et la seconde les produits plombo-calaminaires.

Le minerai traité aux laveries est un mélange intime de trois sulfures : pyrite, blende et galène. Les deux premiers, ayant à peu près la même densité, se séparent difficilement, ce qui empêche d'obtenir des blendes d'une teneur supérieure à 35 0/0. Dans le but d'augmenter cette teneur, la Société a aménagé une préparation électro-magnétique pouvant traiter 40 tonnes en 24 heures, et qui est destinée à enrichir la blende produite à la laverie, — blende que la grande quantité de pyrite appauvrit.

La mine possède en outre un four à cuve et un four Oxland pour calciner les calamines crues.

La mine de Sakiet-Sidi-Youssef produit des calamines calcinées à 34 0/0 de zinc, des blendes à 39-45 0/0 de zinc, des galènes à 60-62 0/0 de plomb, des carbonates de plomb à 40 0/0 de plomb et 400/600 grammes d'argent.

La mine de Sakiet-Sidi-Youssef a produit :

Exercices.	Calamines calcinées.	Blendes.	Galènes.	Carbonates de plomb.
	Tonnes.	Tonnes.	Tonnes.	Tonnes.
1905	3.820	»	1.733	»
1906	4.714	20	1.759	94
1907	2.354	39	1.405	700
1908 (1er semestre)(1).	386	26	362	231
1908-9	694	984	1.116	524
1909-10	2.125	473	1.519	282
1910-11	1.621	2.553	2.261	346
1911-12	1.933	5.860	2.204	24

(1) L'exercice social de la Société de Nebida commence le 1er juillet et se termine le 30 juin.

La mine Sakiet-Sidi-Youssef a occupé, en 1909, 350 ouvriers, comprenant 110 Européens, principalement des Italiens, et 240 indigènes.

En 1911, le nombre d'ouvriers était d'environ 500, dont 350 indigènes.

La Société de Nebida assure tous ses ouvriers contre les accidents du travail.

Elle a organisé dans ses mines un service sanitaire ayant à la tête un médecin spécialement attaché à la mine, qui possède un hôpital et une pharmacie.

Toutes les habitations ouvrières appartiennent à la Société qui les loue aux ouvriers pour une somme minime pour pourvoir à l'entretien des locaux.

Par suite d'un accord avec l'administration de l'enseignement tunisien, la Société fournit le local pour une école, l'instituteur étant procuré par le Gouvernement.

La mine de Sakiet-Sidi-Youssef se trouvant éloignée de tout centre d'habitation, la Société a organisé une cantine où l'on vend des denrées alimentaires au prix de revient, assurant ainsi au personnel une bonne nourriture moyennant une dépense très modique.

Les produits de la mine Sakiet-Sidi-Youssef sont transportés par charrettes sur 52 kilomètres jusqu'à la gare de Souk-Ahras du chemin de fer Bône-Tebessa (en Algérie) pour être dirigés sur Bône, leur port d'embarquement.

o°o

25° Société française du Sidii.

La concession de la mine de Sidii (zinc et plomb), d'une superficie de 907 hectares, située dans la région du Kef, à 10 kilomètres de la gare de Ebba-Ksour, sur la ligne de Kalaât-es-Senam, a été instituée par décret du 12 août 1905 en faveur de MM. Desportes frères et P. Bedecarasburu, par décret du 22 octobre passée à M. Jacquencourt en 1906, et finalement transférée par lui à la Société française du Sidii, en 1907.

Le gisement de Sidii est constitué par des remplissages dans les calcaires du Crétacé supérieur; le minerai exploitable est évalué à 20.000 tonnes.

Une laverie est installée sur la mine ainsi qu'un four à calciner.

D'après les *Tableaux statistiques*, la production de cette mine a été de 167 tonnes en 1905 et de 219 tonnes en 1909.

Les minerais sont transportés par charrettes à la gare du Ksour, sur la ligne de Kalaàt-es-Senam, et de là dirigés sur le port de Tunis.

∘°∘

26° Société des Mines de Garn-Alfaya.

La concession de Garn-Alfaya (plomb, zinc et métaux connexes), d'une superficie de 264 hectares, située dans le contrôle civil du Kef, à environ 40 kilomètres au Sud-Sud-Ouest du Kef, a été instituée le 2 mai 1908 au profit de la *Société des Mines de Garn-Alfaya.*

En 1910, la Société a acquis encore la concession de Koudiat-el-Hamra, voisine de sa concession primitive.

Le gîte consistant en une cassure, dirigée à peu près Est-Ouest, minéralisée en calamine avec parties plombeuses, est reconnu sur une profondeur de 90 mètres.

Tandis que les étages supérieurs du gîte montraient des dépôts de calamine, presque exclusivement rocheux, l'aval de l'horizon minéralisé est devenu presque exclusivement menu, ce qui n'a laissé produire en 1910 qu'une petite partie de calamine en roche et a obligé à faire subir à la presque totalité de l'extraction une préparation mécanique et un enrichissement par lavage, impliquant une diminution de rendement, et un affaiblissement de teneur.

Un puits d'extraction de 90 mètres de profondeur dessert les différents étages tracés à 20 ou 25 mètres de distance les uns des autres, pour la sortie des produits de l'exploitation.

Les galeries d'allongement, tout en poursuivant la reconnaissance du gîte, préparent les chantiers pour l'abatage du minerai.

A proximité du puits d'extraction se trouve une laverie pour le traitement mécanique des menus, qui produit d'une part, des sables calaminaires pour la calcination et, d'autre part, des galènes prêtes à expédier.

La transformation du gîte en profondeur a eu pour conséquence [la nécessité de modifier radicalement la laverie, qui n'avait été conçue que pour traiter une minime partie de la production.

La laverie traite une moyenne de 10 tonnes de minerai par jour.

Deux fours à cuve calcinent les calamines grosses et un four Spireck est réservé à la calcination des menus et des sables calaminaires lavés.

La mine de Garn-Alfaya produit la calamine calcinée de 45 à 50 0/0 de zinc, et de la galène de 60 à 70 0/0 de plomb et 25 grammes d'argent.

La production de la mine a été la suivante :

	1909.	1910.	1911.	1912.
Calamine calcinée :				
de scheidage...........	2.018	757	722	»
de lavage.............	50	2.239	2.685	2.616
ENSEMBLE...............	2.068	2.996	3 407	2.616
Galène..................	510	701	910	2.311
TOTAL des produits marchands.	2 578	3.697	4.317	4.927

L'augmentation de la production de produits marchands, galène et calamine, provient exclusivement des améliorations apportées à la laverie de Garn-Alfaya.

La mine a occupé, en 1911, 188 ouvriers, dont 80 mineurs et manœuvres, et 108 trieurs, calcinateurs, forgerons, etc.

L'aménagement des travaux de la mine du Koudiat a révélé une intensité de minéralisation supérieure aux prévisions du début, avec une étendue de plus de 300 mètres en direction et une puissance qui varie de 6 à 15 mètres. Les calcaires sont injectés de galène, et après un scheidage grossier, fournissent de bons minerais de laverie d'une teneur rémunératrice.

La Société y a construit une laverie aménagée pour répondre au traitement de six tonnes de minerai brut à l'heure. On lui a assuré un mouvement économique tant par les anciennes haldes que l'on traite, que par les minerais produits dans le district.

Les constatations faites au gisement du Koudiat, étayées par

la régularité des rendements obtenus au lavage, ont amené
la Société à envisager le développement immédiat de l'usine
d'enrichissement dont la capacité va être doublée.

Pour établir l'équilibre économique bouleversé par la modification radicale en profondeur du gîte de Garn-Alfaya, il fallait
une double condition, savoir : augmenter le champ d'exploitation, afin d'opérer sur des masses plus importantes et constituer un outillage perfectionné de capacité adéquate. C'est ce que
la Société croit avoir résolu par ces installations du Koudiat.

D'après les rapports d'ingénieurs compétents, les gisements
de Garn-Alfaya et du Koudiat contiennent d'importantes
réserves de minerai évaluées à plus de 300.000 tonnes.

On estime que quand les installations mécaniques des deux
exploitations vont être terminées, l'ensemble de leur production pourra être porté à 12.000 tonnes par an de minerai marchand.

o^oo

27° Société anonyme « Les Mines réunies ».

La Société belge Les Mines réunies constituée à la fin de 1908
est propriétaire en Tunisie de la concession de Sidi-Amor-ben-
Salem, d'une superficie de 465 hectares [1].

Cette concession, située dans le contrôle civil du Kef, a été
instituée en faveur de la Société anonyme Belge-Française de
recherches minières en Afrique, par décret beylical du 16 juillet
1908, et cédée à la Société anonyme Les Mines réunies, par
décret du 17 février 1909.

La mine de plomb et métaux connexes de Sidi-Amor-ben-
Salem, située sur le versant Est du Djebel Slata et connue en
Tunisie plutôt sous le nom de Slata-Plomb, fut à une certaine
époque revendiquée par un groupe d'actionnaires de la Société
des mines de fer du Djebel Slata et Hameima. On savait en effet,
qu'on se trouvait en présence d'une richesse exceptionnelle ;
aussi certains actionnaires du Slata-Fer croyant y avoir des droits
n'hésitèrent pas à intenter un procès à leur Société. Les
demandeurs exigeaient de la Société Belge-Française, le trans-

---

(1) En outre, la Société Les Mines réunies avait pris en affermage deux mines de
manganèse en Portugal.

fert au profit de la Société des mines de fer du Djebel Slata et
Hameima, de la mine de plomb de Sidi-Amor-ben-Salem. Les
demandeurs furent déboutés et condamnés à des dommages et
intérêts. La mine de Sidi-Amor-ben-Salem fut donc reconnue
comme propriété appartenant à la Société *Les Mines réunies.*

Il a été reconnu sur la mine de Sidi-Amor-ben-Salem un
important gîte de plomb argentifère, dont l'affleurement se poursuit sur environ 3.000 mètres. Les travaux avaient reconnu
primitivement sur une profondeur de 12 mètres un panneau de
plus de 32.000 mètres carrés, avec une puissance de trois mètres,
soit près de 100.000 mètres cubes de minerais. C'est à cet
endroit que la Société a commencé l'exploitation, qui a fourni,
en 1909, 1.350 kilos de minerai fini par mètre cube de minerai
abattu.

En 1910, la Société a arrêté les travaux sur la mine de manganèse qu'elle possède au Portugal, pour concentrer son activité et toutes ses ressources à la mise en valeur et à l'exploitation de la mine de Sidi-Amor-ben-Salem. Elle y a effectué des
travaux sur le filon de plomb argentifère susmentionné, qui a
été reconnu sur un parcours de 400 mètres avec une puissance
de 7 à 15 mètres, ce qui permet de dire que le cube de minerai
s'est considérablement accru.

La mine de Sidi-Amor-ben-Salem est reconnue comme contenant un des plus beaux gisements plombifères de la Régence.

Il existe à la mine un puits d'extraction de 185 mètres de profondeur, ayant cinq étages, avec un développement à chaque
étage de 400 mètres. Un autre puits de service sert pour le passage des ouvriers.

A la fin de l'année 1912 la Société a commencé les travaux
préparatoires nécessités par l'armement complet d'un puits de
110 mètres et l'installation de 12 marteaux perforateurs et de
deux perforatrices.

La mine de Sidi-Amor-ben-Salem fournit deux qualités de
galènes argentifères; l'une obtenue à la laverie, a une teneur
de 50 à 55 0/0 de plomb avec une moyenne de 280 gramme
d'argent à la tonne; l'autre, obtenue par triage à la main, a une
teneur de 62 à 70 0/0 de plomb avec une moyenne de 300 à
400 grammes d'argent par tonne.

Quoiqu'il eût été mis en service, en 1910, une nouvelle

laverie à bras avec broyeur, on avait constaté qu'il était impossible de suivre la production, ce qui décida la Société à édifier une laverie mécanique des plus modernes, capable de passer dix tonnes de minerai à l'heure, et permettant ainsi de traiter la production journalière et de reprendre successivement les réserves accumulées. Cette nouvelle installation a commencé à fonctionner dans le courant de 1912.

Les stocks de minerai à laver qui ont été repris lors de la constitution de la Société et de ceux mis en réserve en 1909 et 1910 atteignaient à la fin de cette dernière année 40.000 tonnes qui, après lavage, doivent donner environ 12.000 tonnes de minerai fini titrant 58 0/0 de plomb, avec 300 à 350 grammes d'argent à la tonne.

Actuellement le minerai extrait de la mine est traité par un atelier de broyage; après le broyage les grenailles sont lavées par des cribles anglais; le schild et le schlamm — par les caissons allemands.

Dans le courant de l'année 1910 la Société a établi un chemin de fer Decauville et a creusé trois bassins et un nouveau puits qui atteint la profondeur de 100 mètres.

La production de la mine jusqu'au 31 décembre 1912, a été achetée par la Compagnie des minerais de Liége.

La production de la mine a été de :

en 1907 : 2.000 tonnes de galène à 67 0/0 de plomb et 395 grammes d'argent;

en 1908 : 5.000 tonnes de galène à 67 0/0 de plomb et 395 grammes d'argent;

en 1909 : 6.450 tonnes de galène à 59 0/0 de plomb et 365 grammes d'argent;

en 1910 : 4.982 tonnes de galène à 64,68 0/0 de plomb et 383 grammes d'argent;

en 1911 : 5.575 tonnes de galène à 68,75 0/0 de plomb et 404 grammes d'argent; et

en 1912 : 6.195 tonnes qui ont produit 5.792 tonnes sèches.

En 1911, travaillaient à la mine en moyenne 425 ouvriers, dont 185 mineurs et 240 manœuvres. Le salaire moyen était de 3 fr. 40 à 5 francs pour les mineurs et de 1 fr. 50 pour les manœuvres. En 1912, travaillaient en moyenne à la mine 5 à 600 ouvriers, manœuvres, trieurs, etc.

La mine de Sidi-Amor-ben-Salem est desservie par la gare

de Salsala, qui se trouve à 2 km. 500 de l'exploitation et par laquelle les produits de la mine sont expédiés à Tunis, leur port d'embarquement.

॰°॰

28° Société des mines de Charren.

La Société des mines de Charren a été constituée en novembre 1908, ayant pour objet la mise en valeur et l'exploitation des gisements de plomb argentifère situés sur le versant Nord-Est du Djebel Slata, à une altitude de 50 à 200 mètres au-dessus de la plaine avoisinante, et représentés par deux permis de recherches.

La mine de Charren est limitrophe de l'une des plus importantes mines de plomb qui existent en Tunisie, Sidi-Amor-ben-Salem qui appartient à la Société *Les mines réunies*.

La montagne est constituée en majeure partie par des calcaires durs, jaunâtres à la surface, gris clair ou bleu foncé, en profondeur, appartenant à l'étage d'Aptien.

Les travaux exécutés pour les recherches du gîte qui ont porté sur de nombreux affleurements ont démontré que la formation métallifère se présente sous trois aspects : filon de fracture, filon interstratifié et filon de contact.

Filon de fracture. — Trois filons situés dans les calcaires ont été étudiés en direction et en profondeur. Les travaux ont mis en évidence un tonnage que l'on dit important.

Filon interstratifié. — Ce filon prend l'allure d'une couche minéralisée en galène et parfois calaminaire.

Filon de contact. — Ce filon se détache du gîte principal de Sidi-Amor-ben-Salem et fait suite à la grande fracture du Djebel Slata. Cette faille qui n'est pas minéralisée en surface, l'est en profondeur. Son importance semble considérable, car les travaux démontrent qu'elle se continue dans la plaine avec une grande profondeur.

Les divers sondages entrepris, ainsi que les galeries de recherches paraissent ne pas laisser de doute sur la qualité et la quantité du minerai.

o°o

29° *Société commerciale et industrielle des mines de Bou Jaber*
(A. Charpin et E. Bellot).

La concession du Bou-Jaber (zinc et plomb) d'une superficie
de 630 hectares a été instituée par décret du 13 avril 1897, en
faveur de M. Charpin, et cédée par lui, le 15 octobre 1899,
à une société anonyme, *Société du Bou-Jaber*. Rétrocédée
à M. Charpin en 1905. Il a été constitué la *Société commerciale
et industrielle des Mines de Bou-Jaber*, à laquelle la concession
a été transférée par décret du 17 avril 1909.

Le Djebel Bou-Jaber qui s'élève comme un piton isolé au
milieu de la plaine des Ouled Boughanem, se trouve entre
Tebessa et le Kef. Les mines sont à cheval sur la frontière algéro-
tunisienne, mais leur partie la plus importante est en Tunisie
et, de ce fait, la concession est tunisienne.

On y trouve de nombreux puits anciens, d'où les Romains
extrayaient, dans la calamine, des boules ou noyaux de galène
argentifère.

Le gîte comprend une série d'amas calaminaires plus ou
moins importants alignés suivant une cassure sensiblement
Est-Ouest.

L'épuisement de l'amas principal avait fait abandonner les
travaux; mais après la rétrocession de la mine par l'ancienne
société, l'exploitation de ce gisement a été reprise dans le
courant de 1907.

Les résultats qui ont été obtenus par des travaux exécutés
depuis la nouvelle exploitation de ces gisements sont, paraît-il,
excellents; on y a constaté un fort tonnage de minerai, justi-
fiant la construction de vastes installations que l'on a édifiées
pour le traitement sur place des matières qu'ils renferment.

Les travaux sur la mine Bou-Jaber consistent en puits, descenderies, galeries et travers-bancs.

Les produits directs de l'exploitation sont : la calamine, la
galène, l'hématite, la barytine; accidentellement et en petites
quantités : cuivre gris et fluorine.

Les statistiques officielles mentionnent pour la mine Bou-
Jaber une production de minerais de 1.566 tonnes, en 1908, et de

1.108 tonnes, en 1909, avec un personnel respectif de 117 et 250 ouvriers.

Actuellement on estime la production de la mine de 40 à 50 tonnes par jour de minerais de zinc et de plomb.

Les propriétaires de la mine y ont établi une usine où sont traités les minerais de zinc ; tout l'ensemble de cette installation est du genre le plus moderne. Cette usine produit du blanc à zinc et fabrique des produits barytiques, tels que : sulfure de baryum, carbonate et sulfate de baryte précipités et tous produits barytiques.

En 1911, cette usine a produit environ 200 tonnes de blanc de zinc pendant la période d'essai.

Les mines de Bou-Jaber, y compris les ateliers de la nouvelle usine, occupaient, en 1911, 450 ouvriers, chiffre devenu insuffisant et qui a dû être augmenté depuis, jusqu'à 650 par suite de l'importance et du développement pris par les diverses branches de l'entreprise.

Il existe à la mine, une infirmerie et un service médical, de même qu'une assurance mutuelle sanitaire.

La mine de Bou-Jaber est reliée par une voie Decauville de $0^m,60$, de 7 km. 500 de longueur, à la gare de Kalaât-es-Senam, d'où ses produits sont acheminés à Tunis, leur port d'embarquement.

$_o{^o}_o$

30° Concession du Djebel-Serdj.

La concession du Djebel-Serdj, d'une superficie de 953 hectares, a été instituée pour l'exploitation de minerais de zinc, par décret du 27 novembre 1904 au profit de M. Dubois de Lestang et transférée à M. Hagelstein par décret du 12 juin 1909. Elle est située à 60 kilomètres Nord-Ouest de Kairouan et à 10 kilomètres au Sud du massif du Djebel Bargou.

Le gîte situé dans la partie inférieure du Crétacé affecte une forme filonienne dans une cassure, dont la minéralisation peut se suivre sur plus de 300 mètres en direction.

Les calamines crues triées ont une teneur en zinc variant de 35 0/0 dans les parties ferrugineuses du gîte, à 42 0/0 dans les parties normales. La teneur moyenne en zinc du minerai marchand, après calcination, peut être évaluée à 50 0/0.

Les statistiques publiées par la Direction générale des Travaux publics accusent pour cette mine une production de 3.166 tonnes, en 1905, avec un personnel de 123 ouvriers. Pour les années 1908 et 1909 les mêmes *Tableaux statistiques* mentionnent sur la mine du Djebel-Serdj un personnel de 298 et 25 hommes, mais ne donnent pas de chiffres de sa production.

Les minerais produits sont transportés par charrettes sur une distance de 73 kilomètres à Pont-du-Fahs et de là dirigés par la voie ferrée sur le port de Tunis.

o°o

31° *Société des Mines du Djebel-Mrilah.*

La Société des Mines du Djebel-Mrilah a été créée en juin 1909 pour exploiter huit permis de recherches, dont trois permis d'exploitation, sis au Djebel-Mrilah, contrôle civil de Thala. La Société a en outre acquis deux autres permis de recherches situés au Djebel Abeid à quelques kilomètres au Nord-Ouest du Mrilah.

Le Djebel Mrilah est situé à 20 kilomètres environ de la station de Hadjeb-el-Aïouan, sur la ligne de Sousse à Henchir Souatir ; cette station est à 125 kilomètres du port de Sousse.

Le gîte du Djebel-Mrilah se compose :

1° d'un gîte de plomb qui se présente sous forme de galène et de carbonate ;

2° d'un gîte de calamine,

et 3° d'un gîte de fer.

Les gisements sont distincts les uns des autres.

La Société a profité d'importants travaux exécutés antérieurement à sa constitution. Elle a trouvé des galeries d'un développement de plus de 500 mètres et cinq puits dont la profondeur varie de 10 à 30 mètres.

Ces travaux avaient recoupé un gîte de fer très important d'une teneur de 60 0/0 ; trois gîtes de calamine et plusieurs filons de plomb à proximité desquels d'anciens travaux romains attestent certainement la continuité et la richesse.

Des travaux de recherches exécutés par la Société ont fait constater la présence de filons de calamine et de galène contenant un tonnage appréciable de minerais.

Quant au gisement de fer, un tonnage important a été reconnu par une Société indépendante.

Enfin, profitant des sources abondantes qui se trouvent à proximité immédiate des chantiers, la Société a monté deux batteries de lavoirs pour le traitement des minerais de plomb.

Un four à griller la calamine permet de ne mettre à la vente la calamine qu'après l'avoir enrichie par la calcination.

Une bonne piste praticable à toute époque de l'année relie la mine au chemin de fer.

o°o

32° Société civile des Mines de Sidi-Mabrouck.

La région de Thala peut être classée parmi celles qui offrent un vaste champ à l'industrie minière, car elle possède des gisements métallifères d'une réelle importance.

Au nombre de ces gisements, on signale celui qui est exploité par la Société civile des Mines de Sidi-Mabrouck, dont le siège social est à Tunis.

On y rencontre de la calamine sur une grande surface et d'après les dernières estimations et les travaux faits, le tonnage de ce minerai en vue serait très important; le résultat des analyses ayant été concluant, les travaux de recherches ont été conduits activement et les bénéficiaires des permis ont obtenu du Service des Mines un permis d'exploitation.

L'extraction du minerai ne nécessite présentement que des installations provisoires qui seront complétées, lorsque la Société aura donné à cette affaire un plus grand développement.

o°o

33° Mine du Djebel-Trozza.

La concession du Djebel-Trozza (plomb, zinc et métaux connexes), d'une superficie de 855 hectares, a été instituée par décret du 22 août 1907 au profit du Syndicat de la mine du Djebel-Trozza.

La mine du Djebel-Trozza est située dans le contrôle de Kairouan, caïdat des Zlass, sur la route qui conduit à Hadjeb-el-

Aïoun et près de ce centre dont la gare, située sur la ligne de Sousse à Henchir-Souatir, dessert l'exploitation.

Les gisements, découverts en 1904, comprennent du carbonate de plomb, de la galène et de la calamine. Ces minerais titrent de 50 à 60 0/0.

Le tonnage de carbonate de plomb reconnu à la mine serait de plus de 50.000 tonnes; les livraisons effectuées ont atteint comme pourcentage, le titre de 54 à 63 0/0.

De vastes constructions ont été élevées sur les flancs du Djebel Trozza et destinées à tous les usages de la mine, qui est munie d'un outillage moderne.

D'un endroit autrefois désert, parcouru seulement par des animaux sauvages, l'installation minière a fait naître un village, où se meuvent aujourd'hui des centaines d'ouvriers.

Les minerais sont transportés par charrettes à la gare d'Hadjeb-el-Aïoun et de là par le chemin de fer au port de Sousse.

34° Société belge-française de recherches minières en Afrique.

Cette société possède actuellement la mine du Djebel-Touila.

La mine du Djebel-Touila, d'une contenance de 360 hectares, située à 50 kilomètres Sud-Ouest de Kairouan et à une dizaine de kilomètres de la station Sidi-Kader sur la voie ferrée de Sousse à Aïn-Moulares, a été concédée, par décret du 21 avril 1904 à la Société belge des mines de Touireuf et transférée à la Société belge-française de recherches minières en Afrique par décret du 22 août 1907.

Le gîte est constitué de calcaires du Crétacé moyen, encaissant des calamines riches qui, après calcination, atteignent une teneur de 50 à 55 0/0 de zinc.

L'exploitation de la mine a été très active pendant quelques années; elle a produit, en 1.904, 3.700 tonnes; en 1905, 1.053 tonnes; en 1906, 1.200 tonnes. Pour les années 1908 et 1909, les statistiques publiées par la Direction générale des Travaux publics ne mentionnent qu'une production de 25 tonnes de minerais avec trois ouvriers en 1908 et rien en 1909.

En 1913 on aurait commencé l'installation d'une laverie sur la mine de Touila.

Les produits de la mine étaient d'abord transportés par charrettes à la gare de Kairouan et sont maintenant destinés à la gare de Sidi-Kader.

o°o

35° Société anonyme des mines du Kef-Chambi.

Un décret beylical du 31 juillet 1912 a approuvé la convention en date du 24 juillet de la même année portant concession à la Société anonyme des Mines du Kef-Chambi des gisements de plomb, zinc et métaux connexes au lieu dit « Kef-Chambi » dans le contrôle civil de Thala.

Le siège d'exploitation est à environ 12 kilomètres au Nord-Ouest du village de Kasserine sur la ligne du chemin de fer de Sousse à Henchir-Suatir.

En mai 1909 il a été constitué à Paris une société anonyme pour l'exploitation de la mine Kef-Chambi. Il a été fait apport à la société de trois permis de recherches et la société a encore augmenté son domaine minier par l'achat de quelques autres permis.

Suivant les rapports du conseil d'administration de la société, le gisement du Kef-Chambi avait été l'objet d'études de plusieurs ingénieurs qui avaient conclu à sa grande importance. Les travaux effectués par la société ont permis de contrôler pratiquement ces appréciations.

Le gisement se présente sous forme de filons dont le remplissage utile est formé de galène, de baryte et de calcaire; la galène est disséminée sans ordre dans la masse.

Les affleurements s'étendent sur une longueur de plus de deux kilomètres et les travaux exécutés permettent d'affirmer que le gisement existe sur toute cette longueur. Des travaux effectués sur une longueur de 300 mètres de ces affleurements ont mis en vue environ 300.000 tonnes de minerai d'une teneur moyenne de 12 0/0 de plomb.

L'extraction du minerai peut se faire, en grande partie en carrière, puis par gradins, avec remblais.

Les permis Morali dont l'acquisition a été faite par la société sont situés au-dessous des permis d'origine et des travaux y ont montré la continuation de la minéralisation des niveaux supérieurs.

Le minerai extrait est amené par un chemin de fer de 5.500 mètres jusqu'à un câble transporteur de 1.500 mètres de longueur qui le descend à la laverie située au pied du Chambi et qui a été conçue pour traiter 100 tonnes de minerai brut par dix heures de travail.

Après enrichissement jusqu'à 65 0/0 de plomb, le minerai marchand est transporté sur charrettes à la gare de Kasserine, puis par chemin de fer jusqu'à Sousse, port d'embarquement.

Dans ses rapports, pour les exercices 1910 et 1911, le conseil d'administration de la société annonce que les années 1910 et 1911 ont été entièrement consacrées aux travaux de préparation et d'installation et énumère avec détails les travaux de recherches et de préparation exécutés à la mine, ainsi que les installations qui y ont été faites.

C'est surtout l'exercice de 1911 qui a été entièrement consacré aux travaux de construction de l'usine de préparation mécanique, à l'organisation des moyens de transport et à l'aménagement des chantiers d'abatage. Mais les travaux de plein air furent à maintes reprises arrêtés par suite d'un hiver très pluvieux, lequel a aussi entravé les derniers transports sur piste du gros matériel de la gare de Kasserine à la laverie.

Le minerai, après un premier triage très sommaire sur les chantiers, est envoyé dans les cheminées débouchant aux étages inférieurs, où des voies de roulage le conduisent aux trémies de départ de la voie ferrée.

En attendant la délivrance du décret de concession, la société a travaillé provisoirement sous le régime du permis d'exploitation ; celle-ci a commencé régulièrement en juin 1912, c'est-à-dire environ un mois avant la signature du décret de concession (31 juillet 1912). En tenant compte du temps nécessaire au réglage des appareils de préparation mécanique, on peut considérer que quatre mois et demi de l'exercice ont été régulièrement productifs et au 31 décembre 1912, la société avait livré 897 tonnes de minerai marchand à plus de 60 0/0 et il restait à la laverie 436 tonnes.

Le conseil d'administration de la société constate que la mauvaise qualité de la main-d'œuvre a rarement permis d'alimenter la laverie suffisamment pour dépasser 10 tonnes par jour.

Pour remédier à cette situation la société a organisé la perforation mécanique.

Au sujet de la main-d'œuvre le rapport du conseil d'administration de la société pour l'année 1911 constate que celle-ci est
en général d'un recrutement difficile à cause de l'éloignement
de la mine de toute exploitation analogue ; et elle était devenue
plus rare encore lors du choléra qui a sévi pendant l'automne
1911. La guerre italo-turque a fait, à ses débuts, déserter en
masse les chantiers assez voisins de la frontière, par les manœuvres tripolitains, qui rentraient chez eux pour combattre.

D'autre part la société s'est efforcée de former graduellement sur
place le personnel nécessaire pour la marche de la laverie, et
comme il a été constaté que les Arabes, surtout les enfants, se
mettent volontiers à ce travail peu fatigant et qui s'exerce à
l'abri, la société attend beaucoup de ce recrutement.

。°。

36° *Mine du Djebel-Chambi.*

L'affaire du Dejbel-Chambi est basée sur des permis de recherches accordés à M. Amblard et limitrophe à la concession du
Kef-Chambi. Des travaux de reconnaissances y effectués ont
démontré un certain tonnage de minerais de plomb de bonne
qualité dans un filon interstratifié. Un contact entre le Trias
et le Crétacé montre sous un chapeau dolomitique une épaisseur
de plus de 15 mètres de minéralisation plombeuse, constituée
par de la galène à gros cristaux. Cette minéralisation visible
sur une longueur de plus de 100 mètres, semble correspondre
à un épaississement dudit filon et se continuer à quelques centaines de mètres plus loin où le filon plus concentré présente
avec la galène de beaux cristaux de blende mielleuse. La présence de cette blende, qui est un minerai de profondeur, ne
laisse pas que de donner des belles espérances.

。°。

37° *Société Française des mines de zinc d'Aïn-Nouba.*

La concession d'Aïn-Nouba (plomb, zinc et métaux connexes),
d'une superficie de 621 hectares, a été instituée par décret du

21 août 1911 en faveur de la Société civile Jean Bauché et Albert Guillon et par décret du 4 octobre 1912 transférée à la Société française des mines de zinc d'Aïn-Nouba. La concession est située dans le contrôle de Thala à 12 kilomètres de la gare de Kasserine du chemin de fer de Sousse à Henchir-Souatir.

Le gîte d'Aïn-Nouba se trouve dans le Djebel Aïn-Nouba. Le gisement principal est constitué par une couche de calamine interstratifiée dans des bancs calcaires appartenant à l'étage senomanien. La ligne d'affleurement mesurée suivant l'allongement a 800 mètres de longueur. La couche de calamine est d'une extrême régularité et varie entre $0^m,25$ et $0^m,60$ d'épaisseur; elle renferme de la galène.

De nombreuses galeries prises à flanc de coteau découpent le gîte; le développement de ces galeries est de plus de 2.000 mètres. L'extraction se fait par dépilages, la couche étant horizontale.

Une petite voie Decauville à flanc de coteau du Djebel-Nouba amène tous les produits de l'extraction à la tête d'un plan incliné automoteur de 400 mètres de longueur qui aboutit à une laverie. Cette laverie mécanique se compose de concasseurs, broyeurs, bacs à pistons, cribles, tables pour les fins, etc.; elle a été mise en route vers le 1er janvier 1913 et au 30 juin on avait expédié 1.650 tonnes de produits marchands par le port de Sousse.

Il existe également sur la mine un four système Oxland et un four ordinaire à cuve.

La société compte produire 3.500 à 4.000 tonnes par année.

De nombreuses maisons pour le personnel ont été construites, ainsi qu'un laboratoire complet, bureau, magasins, forges, etc.

A la fin du mois de juillet 1913, le personnel total de la mine était de 130 hommes. La main-d'œuvre est entièrement indigène; le cadre étant composé d'Européens.

Le transport s'effectue par la gare de Kasserine et de là par la voie ferrée au port de Sousse.

La société a au port de Sousse un terrain sur lequel elle a installé un dépôt de calamine.

———

RENSEIGNEMENTS GENÉRAUX SUR :

1° La production des mines de zinc et de plomb;
2° Le mouvement commercial des minerais de plomb et de zinc.

La Direction générale des Travaux publics de Tunisie publie chaque année des *Tableaux statistiques* qui contiennent, entre autres un *Tableau des concessions des mines existant en Tunisie*. Ce tableau, à part les noms des concessions et des exploitants, l'objet, la date d'institution, la superficie et la situation géographique des concessions, contient dans ses deux dernières colonnes des renseignements sur le nombre d'ouvriers occupés et le tonnage de minerais extraits dans les concessions. Les relevés sur ces deux derniers points ne se font pas chaque année, mais par périodes irrégulières. Ainsi, nous n'avons pu extraire desdits tableaux les données sur la production des mines de zinc et de plomb que pour les années 1903, 1905, 1908 et 1909 que nous groupons dans un seul tableau.

Nous devons aussi remarquer que pour plusieurs mines les chiffres de production publiés par la Direction générale des Travaux publics ne correspondent pas aux données que nous avons produites dans les notices sus-indiquées et qui ont été extraites des rapports annuels des sociétés minières.

Production des mines de zinc et de plomb.

Nᵒˢ.	Noms des mines (1).	Tonnage de minerais extraits.			
		1903.	1905.	1908.	1909.
		Tonnes.	Tonnes.	Tonnes.	Tonnes.
1	Djebba................	1.081	947	1.419	946
2	Djebel-Ressas..........	13.504	15.337	13.509	14.720
3	Kanguet-Kef-Tout.......	5.172	6.187	6.795	6.592
4	Sidi-Ahmet............	3.115	3.648	2.056	3.346
5	Fedj-el-Adoum.........	1.583	1.494	654	535
6	Zaghouan..............	»	»	1.407	775
7	Djebel-el-Akhouat.......	702	»	1.024	1.161
8	Djebel-Bou-Jaber.......	»	»	1.566	1.108
9	Sidi-Youssef...........	2.874	11.014	4.730	4.212
10	Fedj-Assène...........	1.636	1.103	»	460
11	Djebel-ben-Amar........	3.565	8.350	2.205	4.636
12	Djebel-Azered..........	1.361	699	775	520
13	Kef-Lasfar.............	405	484	239	»
14	Béchateur.............	566	»	2.797	1.822
15	Djebel-Gheriffa.........	1.048	»	1.335	65
16	Djebel-el-Grefa.......	»	595	»	3.270
17	Djebel-Touireuf.........	270	»	204	»
18	Djebilet-el-Kohol.......	45	37	47	30
19	Saf-Saf...............	86	304	2.095	699
20	Oued-Kohol............	»	19	69	249
21	Bazina................	»	1.262	14.540	2.690
22	Djebel-Charra....	»	1.490	560	578
23	Djebel-Touila..........	»	1.053	25	»
24	Aïn-Alléga	»	»	580	1.712
25	Djebel-Serdj..........	»	3.166	»	»
26	Sidii.................	»	167	»	219
27	Djebel-Hallaouf........	»	»	3.157	2.733
28	Trozza................	»	»	403	2.197
29	Garn Alfaya...........	»	»	1.387	2.670
30	Sidi-Amor-ben-Salem....	»	»	2.310	5.502

(1) En outre les mines de Djebel-Hamera, Aïn-Khamouda et Djebel-Diss n'ont rien produit en 1903, 1905, 1908 et 1909.

Nous donnons ci-après dans deux tableaux dressés d'après les *Documents statistiques sur le commerce de la Tunisie*, les chiffres des exportations de minerais de zinc et de plomb de la Tunisie pendant les huit dernières années, 1905 à 1912, et ceci par pays de destination.

Exportation de minerais de plomb.

Pays de destination.	1905.	1906.	1907.	1908.	1909.	1910.	1911.	1912.
	Tonnes.	Tonnes.	Tonnes.	Tonnes.	Tonnes.	Tonnes.	Tonnes.	Tonnes.
France	7.301	8.917	8.271	4.652	9.616	4.985	5.779	4.503
Algérie	2.539	1.563	1.337	789	1.571	1.890	1.821	883
Angleterre	1.190	536	668	100	163	65	425	553
Belgique	5.635	5.626	7.266	13.184	12.319	15.437	17.765	18.615
Autriche	»	»	»	10	3.781	965	513	900
Allemagne	1.415	1.110	776	290	2.835	522	1.790	557
Italie	860	3.850	4.840	7.177	3.315	1.139	3.484	12.614
Espagne	1.800	»	»	1.908	3.750	3.624	4.533	7.827
TOTAUX	20.740	21.602	23.158	28.110	37.350	28.627	36.110	46.452
VALEURS, FRANCS	1.659.208	1.728.192	1.852.640	4.216.530	5.602.425	4.293.990	5.705.317	7.896.806

Exportation de minerais de zinc.

Pays de destination.	1905.	1906.	1907.	1908.	1909.	1910.	1911.	1912.
	Tonnes.	Tonnes.	Tonnes.	Tonnes.	Tonnes.	Tonnes.	Tonnes.	Tonnes.
France	6.395	4.212	4.559	9.460	7.174	8.541	10.052	9.299
Algérie	3.825	3.824	2.855	50	2.783	2.724	5.462	6.276
Angleterre	9.542	8.944	6.346	4.065	5.630	4.708	935	1.240
Belgique	13.052	8.558	15.926	12.343	15.987	16.892	13.966	17.864
Italie	»	491	2.831	1.790	»	6	1	»
Allemagne	235	1.030			2.192	3.488	3.980	400
TOTAUX	33.049	27.059	32.487	27.708	33.826	36.359	34.396	35.079
VALEURS, FRANCS	3.304.900	2.705.900	3.248.700	4.156.125	5.073.945	5.453.820	4.127.484	5.261.880

Une forte augmentation dans l'exportation des minerais de plomb, en 1909, a été provoquée, comme nous l'avons déjà mentionné plus haut, par l'exportation d'importants lots de terres plombeuses qui étaient restés en stocks depuis longtemps sur le carreau des mines. En 1910, l'exportation de minerais de plomb est revenue presque au chiffre de l'année 1908, mais pendant les deux dernières années, elle a sensiblement augmenté.

Si dans les deux tableaux que nous venons de produire, on voit figurer des chiffres d'exportation de la Tunisie en Algérie, tant de minerais de plomb que de minerais de zinc, c'est que, comme on a pu le voir plus haut, plusieurs mines tunisiennes situées à la frontière algérienne profitent pour l'exportation de leurs produits du chemin de fer de Tebessa pour les amener à Bône, leur port d'exportation. Mais ces minerais ne font que transiter l'Algérie et comme les pays de leur destination définitive ne sont pas connus, les chiffres des exportations de minerais tunisiens dans les autres pays demanderaient un correctif qu'il est impossible de calculer.

Voici maintenant de quelle manière se sont faites les exportations de minerais de plomb et de zinc par les principaux ports de la Tunisie pendant les années 1907 à 1912 :

Ports d'exportation.	1907.	1908.	1909	1910.	1911.	1912.
	Tonnes.	Tonnes.	Tonnes.	Tonnes.	Tonnes.	Tonnes.
a) *Exportation des minerais de plomb.*						
Tabarka.........	»	12,5	1.713	1.800	5.363	6.644
Bizerte..........	3.363	6.055	6.305	2.551	2.647	5.457
Tunis...........	18.458	19.764	25.675	21.258	23.586	28.841
Sousse	»	1.503	2.139	1.427	2.697	4.626
b) *Exportation des minerais de zinc.*						
Tabarka.........	»	»	»	»	»	1.500
Bizerte...... ...	1.285	3.693	1.840	1.850	3.265	2.285
Tunis...........	28.347	23.964	29.203	31.785	25.668	25.018

La Belgique tient la tête parmi les pays qui s'approvisionnent en Tunisie de minerais de zinc et de plomb; elle a reçu, en

1912, plus de la moitié des minerais de plomb et plus de 40 0/0 des minerais de zinc expédiés par la Tunisie.

La France prend le second rang tant pour les minerais de plomb, que pour ceux de zinc, mais en 1912 l'Italie l'a devancée quant aux demandes à la Tunisie des minerais de plomb.

L'Angleterre a demandé à la Tunisie principalement des minerais de zinc, mais leur exportation dans ce pays a fléchi de 9.542 tonnes en 1905, à 1.240 tonnes en 1912; pendant ce même laps de temps l'expédition de minerais de plomb en Angleterre avait presque tout à fait cessé, en 1910, pour renaître en 1912.

Les chiffres des exportations en Allemagne, tant pour les minerais de zinc, que pour les minerais de plomb, sont assujettis à des variations assez sensibles d'une année à l'autre, quoique en général la demande de ce pays en minerais de zinc tunisiens semblait avoir une tendance à se développer, quand tout à coup, en 1912, elle tombe à 400 tonnes contre 3.980 tonnes, en 1911.

L'Italie ne reçoit de la Tunisie que des minerais de plomb, en quantités variables, mais pendant les dernières années ses demandes de ce minerai sont en progression marquée. C'est aussi le cas de l'Autriche et de l'Espagne, mais les demandes de ces deux pays en minerais tunisiens paraissent plutôt occasionnelles.

$$\circ_{\circ}^{\circ}$$

Nous avons donné dans les deux tableaux sus-indiqués, avec le tonnage des exportations, aussi la valeur totale des minerais de plomb et de zinc exportés. On remarquera facilement que les chiffres de la valeur des minerais exportés pendant les cinq dernières années, 1908 à 1912, diffèrent bien plus de ceux des années précédentes que les chiffres du tonnage. Ce fait demande une explication.

Depuis quelque temps l'Administration tunisienne envisageait la nécessité de relever le prix en douane de l'unité pour un certain nombre d'articles. Cette réforme a été opérée en 1908.

L'évaluation en douane des prix des minerais a été aussi l'objet de rectifications qui ont eu pour effet d'élever, à partir de l'année 1908, sensiblement les valeurs, qui figurent aux statis-

tiques du commerce de la Tunisie. Pour les minerais de zinc, la
cote a passé de 10 francs les 100 kilos à 15 francs ; pour les minerais de plomb l'élévation a été de 8 francs à 15 francs.

o^oo

Nous tenons aussi à mentionner à cette place le régime des
minerais de plomb tunisiens à leur entrée dans la Métropole :

1° Les minerais contenant moins de 30 0/0 de plomb sont
exempts de droits de douane ;

2° Les minerais contenant plus de 30 0/0 de plomb, dont
l'importation a lieu « directement et sans escale par navire
français, et accompagnés d'un certificat d'origine délivré par
le contrôleur civil de la circonscription, visé au départ par
un receveur de douanes de nationalité française », bénéficient
du tarif minimum soit 1 fr. 25 les 100 kilos ;

3° Les mêmes minerais introduits sous pavillon étranger
supportent le tarif maximum, soit 1 fr. 50 les 100 kilos.

Ceci pour les exportations de minerais de plomb.

o^oo

D'autre part, les statistiques sur le commerce de la Tunisie
contiennent des chiffres d'importation dans la Régence de
minerais de plomb. Ce fait demande aussi une explication.

Avant la mise en marche de son usine la *Société métallurgique de Mégrine* avait adressé au Gouvernement tunisien une
demande relative à l'admission temporaire, en Tunisie, des
minerais de plomb provenant de l'étranger, pour être réexportés
sous forme de lingots.

Cette demande était fondée sur ce fait que les minerais
de plomb tunisiens ne remplissent pas les conditions nécessaires,
c'est-à-dire ne contiennent pas les proportions voulues de calcaire et de silice pour la fusion, d'où la nécessité de s'adresser à
l'étranger pour avoir des minerais remplissant cette qualité.

A la suite de cette demande a paru, en 1910, un décret du
Gouvernement tunisien autorisant l'admission temporaire des
minerais de plomb, décret dont le texte est ainsi conçu :

Art. 1er. — Les minerais de plomb importés dans la Régence pour être convertis en lingots par fusion avec les minerais de plomb tunisiens peuvent être admis temporairement en franchise des droits, sous les conditions déterminées par le décret du 27 mai 1905 et sous les conditions particulières suivantes :

Art. 2. — Les importateurs s'engageront par une soumission valablement cautionnée et sous les peines de droit, à réexporter, dans un délai maximum de six mois, les lingots provenant des lits de fusion.

Les quantités de plomb à représenter par les importateurs de minerais de plomb seront fixées d'après la richesse reconnue par l'analyse, au moment de l'importation de ces minerais.

Pour déterminer, dans les plombs présentés à l'exportation, la proportion de métal provenant des minerais importés sous le régime de l'admission temporaire, il sera établi par les soins de l'importateur, et sous le contrôle de la douane, un compte de tous les minerais traités dans chaque usine, en distinguant les minerais d'origine tunisienne et les minerais d'admission temporaire.

Les agents de l'Administration pourront pénétrer dans les usines, assister à toutes opérations, s'y faire présenter les livres, pièces de comptabilité et tous autres documents et procéder à toutes constatations utiles.

L'importation des minerais de plomb et la réexpédition des lingots obtenus ne pourront être opérées que par le bureau de Tunis.

Art. 3. — Le plomb provenant des lits de fusion pourra être déclaré pour la consommation, à la condition du paiement, dans le délai fixé pour la réexportation, du droit d'entrée applicable au plomb étranger entrant dans sa composition.

Art. 4. — Toute soustraction, toute substitution, tout abus constaté par le service des douanes, donneront lieu à l'application des pénalités et interdictions prononcées par l'article 5 du décret du 27 mai 1895.

Art. 5. — La Direction des Finances est chargée de l'exécution du présent décret et autorisée à y pourvoir, le cas échéant, par voie d'arrêtés réglementaires.

Sous le régime susmentionné les importations de minerai de plomb en Tunisie ont été les suivantes, pendant les trois dernières années :

Importations de minerais de plomb.

Pays de provenance.	1910.	1911.	1912.
	Kilogr	Kilogr.	Kilogr.
France.	5 901	1 980	46.340
Algérie	»	100.000	24
Espagne	5.613	13.237	12.620
			Turquie.
Autres pays	1.060	737	113
TOTAUX	12.574	115.954	59.097

Société métallurgique de Mégrine.

Le vœu, souvent émis, que la Tunisie entreprît la transformation des richesses naturelles qu'elle produit, a reçu une première satisfaction, en 1910.

A Mégrine, dans la banlieue de Tunis, est entrée en activité, dans les premiers mois de l'année 1910 une fonderie de plomb appartenant à la *Société métallurgique de Mégrine.*

Les usines de cette société ont pour but de traiter principalement les minerais de plomb de la Régence; leur construction commencée en juillet 1909, a été complètement achevée en dix mois et elles ont été mises en marche en mai 1910. L'usine peut traiter 40.000 tonnes de minerais par an.

Aménagées sur un terrain de 8 hectares les usines comportent :

Des parcs à estacades, pouvant contenir l'alimentation des usines pour deux mois, en minerais, combustibles, fondants et divers.

Deux fours à réverbères pour grillage pouvant traiter chacun 20 tonnes par 24 heures de minerai sulfuré.

Des fours convertisseurs spéciaux à l'étude et basés sur des procédés les plus récents de grillage soufflé, viendront compléter l'atelier de la première phase d'élaboration.

Deux fours de fusion à Water-Jacket à grand débit, du type le plus récent, pouvant réduire chacun 100 à 150 tonnes de lit de fusion par jour.

Des ateliers d'épuration, de désargentation et de raffinage pouvant traiter jusqu'à 20.000 tonnes de plomb par an et contenant : deux cuves d'épuration, une cuve de désargentation, une de liquation et un four à réverbère de liquation.

La force motrice nécessaire, environ 120 kilowatts, est fournie par l'usine de La Goulette.

L'usine est desservie par le port de Tunis et par le chemin de fer de la Compagnie Bône-Guelma. Un embranchement spécial relie l'usine à la ligne de Tunis à Sousse, près de la gare de Djebel-Djelloud.

Pendant le second semestre 1910, l'usine de Mégrine a produit 1.001 tonnes de plomb représentant une valeur de 337.700 francs.

Le personnel occupé a été de 62 ouvriers.

En 1911, l'usine a produit 5.159 tonnes de plomb doux et 363 tonnes de plomb d'œuvre d'une valeur de 1.767.040 francs. Le personnel occupé était de 120 ouvriers.

Pendant les quatre premiers mois de l'année 1912 cette usine a produit 1.789 tonnes de plomb doux et 146 tonnes de plomb d'œuvre représentant une valeur de 848.000 francs. Le personnel occupé a été de 120 ouvriers.

La marche de l'usine a été suspendue ensuite pour la construction : d'une station centrale à vapeur destinée à doubler la source d'énergie électrique, d'une deuxième prise d'eau du lac pour l'alimentation en eau de réfrigération de la station centrale comportant une génératrice à courant continu de 185 kilowatts sous une tension de 240 volts.

On a commencé la construction d'un atelier de convertisseurs pour compléter en le perfectionnant l'atelier de grillage et d'un deuxième atelier d'épuration avec deux réverbères de 60 tonnes de capacité, 2 cuves de zingage de 30 tonnes et leurs cuves de liquation auxiliaire, 2 cuves de coulée et leur dispositif de lingotage automatique.

Cet atelier sera capable d'épurer 60 tonnes de plomb d'œuvre par 24 heures.

Diverses autres installations : atelier de mélange, doublement de l'atelier des convertisseurs, épurateurs pour les fumées produites dans l'ensemble des appareils, sont prévues avant la remise en marche de l'usine.

ₒ°ₒ

Les *Documents statistiques sur le commerce de la Tunisie* nous apprennent que pendant les trois dernières années, ont été exportées par le port de Tunis les quantités mentionnées ci-dessous de plomb métal :

Exportation de plomb en masses, barres ou plaques.

Pays de destination.	1910.	1911.	1912.
	Tonnes.	Tonnes.	Tonnes.
France	250	4.525	1.776
Algérie	31	300	150
Belgique.................	»	186	297
Allemagne................	100	200	»
Roumanie.................	120	»	»
Totaux................	501	5 211	2.223

CHAPITRE IV

LES MINES DE FER

Situation géologique et caractère des gisements. — Notices sur les mines :

A. *Les mines de fer de la région du Nord*.
1° Compagnie des mines de fer de Kroumirie et des Nefzas.
2° Mine du Chou-chet ed-Douaria.
B. *Les mines de fer de la région du Kef*. Généralités. Convention de la Société du Djebel-Djerissa avec le Gouvernement tunisien.
3° Société du Djebel-Djerissa.
4° Société des mines de Djebel-Slata et Djebel-Hameima.
5° Société des mines de fer de Neheur.

Le commerce extérieur en minerais de fer.

LES MINES DE FER

Il existe, en Tunisie, de nombreux gisements de minerais de fer. Les mines de fer concédées sont au nombre de douze, dont huit au Nord de la Régence, à proximité de la mer et du port de Tabarka, et quatre dans l'intérieur du pays, dans la région du Kef. En outre, de nombreux permis de recherches pour gisements de fer sont accordés par le Service des Mines.

Dans sa *Note sur les gîtes miniers et les phosphates de la Tunisie* [1], M. Berthon, Directeur du Service des Mines de la

---

(1) Ginestous. *Esquisse géologique de la Tunisie*. — Annexe II. *Note sur les gîtes miniers et les phosphates de la Tunisie*, par M. Berthon.

Tunisie, donne la description ci-après du mode de gisement de minerais de fer :

« Les minerais de fer tunisiens sont constitués par des hématites manganésifères généralement remarquables par leur pureté (le soufre et le phosphore y sont relativement rares). Les gîtes des Nefzas contiennent un peu d'arsenic, d'autres contiennent un peu de plomb (Slata, Nebeur).

» Les principaux gisements sont les suivants :

» *Djebel Djerissa.* — Le gisement se présente sous forme de couche, dans les calcaires aptiens. Il paraît constitué par un soulèvement de calcaire Urgo-Aptien minéralisé à travers les terrains du Crétacé supérieur formant les plaines et les plateaux voisins. Ce calcaire repose sur les marnes et la substitution du fer au calcaire se fait, dans ce dernier, suivant une grande plage plongeant à l'Est comme le calcaire. L'épaisseur du minerai paraît très grande, environ 50 mètres, et le minerai est surmonté par des calcaires aptiens non minéralisés, en grande partie enlevés par érosion, ce qui laisse arriver au jour des affleurements considérables de fer; celui connu au Djerissa n'a pas moins de 9 hectares.

» *Djebels Slata et Hameïma.* — Les gisements sont constitués par de l'hématite brune remplissant des cassures dans le calcaire aptien et s'épanchant parfois à la surface. Le minerai est une hématite brune un peu phosphoreuse et sulfureuse à l'Hameïma, un peu plombeuse au Slata, mais pure en soufre et phosphore.

» *Nebeur.* — Les gisements de Nebeur comportent deux amas d'hématite manganésifère reposant sur le Trias et des couches interstratifiées dans un îlot de Crétacé isolé sur le Trias.

» *Gîtes de la Kroumirie et des Nefzas.* — Ils sont formés de lentilles isolées situées entre les marnes et le grès de l'Éocène supérieur.

» *Gîte de Douaria.* — Il se rattache aux précédents et se présente sous forme de couches interstratifiées reposant sur les marnes avec les grès numidiens au toit. Sa puissance moyenne est de 5 mètres pour la partie principale du gisement. Le recouvrement est très faible ».

Nous donnons ci-après quelques notices sur les mines de fer des deux régions de la Tunisie : a) région du Nord et b) région du Kef.

A. — Les mines de fer de la région du Nord.

1° Compagnie des mines de fer de Kroumirie et des Nefzas.

Cette société, constituée en septembre 1906, a reçu par deux décrets beylicaux, du 8 avril 1907, l'attribution, d'une part, des concessions de mines de fer de Ras-el-Radjel, Bou-Lanague, Djebel-Bellif et Ganara à elle transférées par la Compagnie des minerais de fer magnétique de Mokta-el-Hadid, d'autre part, des concessions de mines de fer de Tamera, Bou-Chiba et Oued Bou-Zenna à elle transférées par la Société anonyme des mines de fer des Nefzas. Elle est en outre entrée en possession de terrains qui lui avaient été apportés en propriété par la Compagnie de Mokta-el-Hadid.

Les quatre premières des concessions susnommées constituant les mines de Kroumirie sont situées sur le territoire des Mekna (près Tabarka), et ont une superficie totale de 3.407 hectares. Les mines des Nefzas contenant les trois autres gisements, situés près des concessions précédentes, dans le contrôle civil de Béjà, occupent une superficie de 2.030 hectares.

« Géologiquement, dit M. Roberty [1], les minerais de Tabarka paraissent sous une forme spéciale, se rattacher à l'ensemble des gisements complexes sulfurés en profondeur, oxydés à la superficie, dont la présence a été reconnue sur différents points du Nord-Est algérien. Ces minerais se présentent en lentilles très irrégulières et très discontinues, mais d'apparence générale interstratifiée, au-dessous des grès, dits numidiens, de l'Éocène supérieur et au-dessus d'un système marneux rattaché au même étage.

» Au-dessus se développe par places (Bou-Lanague, Djebel-Bellif, Ganara, etc.), un conglomérat à gros éléments calcaires, reliés par un ciment ferrugineux. Le minerai de fer est généra-

(1) K. Roberty. *L'industrie extractive en Tunisie, Mines et carrières*, Tunis, 1907.

lement resté en saillie, ce qui lui donne, au sommet des collines, un aspect de blocs uniformes ».

Les gisements de la Compagnie des minerais de fer de Kroumirie et des Nefzas, ont une longue histoire, qui peut être ainsi résumée :

Les gisements de fer dans la région située entre Tabarka et le cap Serrat, avaient fait l'objet de deux concessions, accordées, l'une à la Compagnie des minerais de fer magnétiques de Mokta-el-Hadid, par convention du 1er mars 1884, l'autre au Comité des études des mines de Tabarka (auquel s'est substituée plus tard la Société des mines de fer des Nefzas), par convention du 26 mars suivant.

La Société de Mokta était tenue, de par sa convention de concession, de construire un chemin de fer à voie d'un mètre, reliant le gisement concédé à Tabarka et d'établir un port en cet endroit. De même le Comité d'études des mines de Tabarka devait construire un port au cap Serrat et un chemin de fer y aboutissant. Ce chemin de fer devait, en outre, se relier au chemin de fer de la Compagnie de Mokta-el-Hadid. Les cahiers des charges des deux concessions stipulaient en outre que si, à partir du 13 octobre 1887, l'extraction annuelle restait pendant trois années inférieure à 50.000 tonnes la déchéance pourrait être prononcée. Bien qu'aucune tentative d'exploitation n'ait été faite, l'Administration n'a pas cru devoir se prévaloir de cette clause; il lui a semblé que les conditions peu favorables du marché du minerai de fer suffisaient à justifier cette inaction.

Aussi aucun groupe financier ne s'étant présenté pour prendre lieu et place desdites deux compagnies, le Gouvernement tunisien estima qu'il convenait d'engager des négociations avec elles en vue de faciliter, dans l'intérêt général du pays, la mise en valeur de cette partie du sous-sol de la Régence.

Une des causes pour lesquelles les deux compagnies laissèrent leurs concessions inexploitées fut aussi la découverte de la présence de l'arsenic insoupçonné d'abord.

L'avidité avec laquelle on rechercha à la fin du siècle dernier les minerais riches, en vue de l'épuisement prochain de Bilbao; les progrès du traitement métallurgique, qui permet d'utiliser les minerais arsenicaux; l'adoption définitive d'un projet de chemin de fer devant relier la région des Nefzas au port de Bizerte, distant de 100 kilomètres, — sont venus attirer de nouveau l'attention sur ces gisements.

A la suite des négociations avec le Gouvernement tunisien, un décret du 30 octobre 1898 abrogeait au regard de la Société des mines des Nefzas, la convention du 26 mars 1884, et concédait à nouveau à cette société, aux conditions ordinaires (0 fr. 10 par hectare et 5 0/0 du produit net), les gisements de Tamara, Bour-Chiba et Oued-Bou-Zenna.

La ligne de Bizerte aux Nefzas, étant parmi celles dont la construction devait se faire sur l'emprunt de 40 millions de francs autorisé par la loi du 30 avril 1902, une convention du 15 février 1906, approuvée par décret beylical du 30 mars suivant, portant concession à la Compagnie Bône-Guelma, classa la ligne à voie normale des Nefzas comme embranchement de celle de Djedeïda à Bizerte.

Dans le but de fournir au port de Bizerte le fret de retour grâce auquel les navires charbonniers pourraient assurer le renouvellement du stock de houille qu'il est indispensable de constituer sur ce point pour la marine de guerre, et aussi pour la marine marchande, le Gouvernement tunisien, en abrogeant par le décret du 9 avril 1906, la concession instituée en 1884 en faveur de la Compagnie de Mokta-el-Hadid, a passé avec cette dernière une convention nouvelle par laquelle il lui maintient la concession des quatre gisements de Ras-el-Radjel, Bou-Lanague, Djebel-Bellif et Ganara, et s'engagea en même temps à prolonger à ses frais, jusqu'au voisinage des mines la ligne en construction de Mateur aux Nefzas; la Compagnie, de son côté, devant diriger ses minerais sur Bizerte, à tarif réduit.

Se proposant d'exploiter en commun les sept gisements qui leur appartenaient, la Société des mines de fer des Nefzas et la Compagnie de Mokta-el-Hadid ont, en octobre 1906, constitué une société nouvelle, la *Compagnie des mines de fer de Kroumirie et des Nefzas*.

En attendant l'achèvement de la ligne du chemin de fer, la nouvelle Compagnie s'occupa de questions relatives premièrement aux mines proprement dites, ensuite au transport des minerais jusqu'à la mer et enfin à leur embarquement.

Le programme des travaux d'aménagement des gîtes ne pouvant pas être établi avant la fixation définitive du tracé du chemin

de fer sur les concessions de la Compagnie, dont dépendent le
choix du niveau général d'exploitation et celui de l'emplacement
des stocks qui doit être fixé avant tout plan d'aménagement, les
travaux sur les concessions se bornèrent à des travaux de reconnaissance et au lever des plans: ils furent ensuite arrêtés.
En 1911 les travaux furent repris et on procéda à l'aménagement de la mine de Tamera de manière à être en mesure de
commencer l'expédition des minerais dès l'ouverture à l'exploitation de la ligne de Bizerte aux Nefzas.

En 1912, aussitôt après l'installation d'une laverie et d'un
câble transporteur pour la descente des minerais, a commencé
l'exploitation régulière de la mine, et on a commencé à
préparer un stock de minerai.

La Compagnie minière comptait primitivement sur l'achèvement des travaux du chemin de fer dans l'exercice 1908, comme
cela était prévu par l'Administration tunisienne, mais des difficultés d'ordre technique et financier en retardèrent la marche
et ce n'est qu'au 1er juillet 1913 qu'a été officiellement ouverte
à l'exploitation la seconde section de la ligne Mateur-les-Nefzas
aboutissant à la station de Tamera; mais l'expédition par wagons
de 30 tonnes du minerai accumulé dans le stock, sur le port
de Bizerte vià Mateur a commencé déjà le 15 juin à raison
de 150 tonnes environ par jour.

La question de l'embarquement des minerais de la Compagnie a été résolue par une convention conclue à la date
du 18 novembre 1907 avec la Société concessionnaire du port
de Bizerte, — convention approuvée le 5 décembre suivant par
la Direction générale des Travaux publics.

Par cette convention le port de Bizerte a concédé à la
Compagnie minière sur ses terre-pleins une superficie
de 11.400 mètres carrés présentant un front de mer de
220 mètres, devant des fonds de 7m,20. Ces terrains destinés à la
mise en dépôt et à l'embarquement des minerais sont situés à
proximité de la nouvelle gare du chemin de fer. L'emplacement maritime est favorable pour les manœuvres d'arrivée et de
départ des bateaux.

La convention a été faite pour une durée de trente ans
renouvelable à la volonté de la Compagnie minière.

L'embarquement des minerais va se faire provisoirement
à l'aide de petits wagonnets remplis à la main et culbutés dans

les cales des navires en les roulant sur des corps-morts reliés
au quai et contre lesquels les steamers viennent s'amarrer. Un
projet définitif d'embarquement est à l'étude.

°°°

2° Société anonyme des mines de fer de Douaria.

La concession des gisements de fer de Douaria, instituée
par décret du 25 septembre 1908 en faveur de M. Joseph
Chailley, a été par décret du 17 avril 1912 transférée à la *Société
des mines de fer de Douaria*. La concession d'une étendue de
1.125 hectares est située au lieu dit Chouchet-ed-Douaria, contrôle civil de Bizerte; elle se trouve aux confins des Nefzas,
à 65 kilomètres de Bizerte, où se fait l'embarquement du
minerai extrait de la concession.

Le minerai y représente un mélange d'hématite rouge et
d'hématite brune manganésifère titrant de 54 à 56 0/0 de métal.
On estime que la mine de Douaria pourra donner jusqu'à
200.000 tonnes de minerais par an.

Le tonnage probable de minerai dans la concession de Chouchet-ed-Douaria, d'après les travaux de reconnaissance, est
évalué à 8 ou 10 millions de tonnes; le minerai semble contenir
une certaine proportion d'arsenic qui en diminue la qualité, et
qui serait un danger réel pour la vente, si des conditions favorables n'en atténuaient les effets.

Les installations à la mine comportent entre autres un traî-
nage de 2.500 mètres par chaîne et câble, depuis le plateau de
Chouchet-ed-Douaria jusqu'à la gare de Sédjenane où les minerais sont déversés dans une grande trémie de 30.000 tonnes de
capacité, pour être ensuite chargés sur les wagons du chemin
de fer.

Les nécessités de la défense nationale n'ayant pas permis à
l'Administration d'autoriser l'exportation du minerai de ce gisement par son port naturel du cap Serrat, les minerais doivent
être exportés par le port de Bizerte; — la proximité de celui-ci
constitue au point de vue du transport un avantage appréciable.
La Société de Chouchet-ed-Douaria paiera pour le transport de
ses minerais jusqu'au port d'embarquement moitié moins que
les minerais de Djerissa et du Slata; la différence qui existera

dans le prix de vente à la tonne sera donc compensée par l'écart du prix de transport et ainsi sera tranchée la plus grosse difficulté.

On assure que la Société de Douaria aurait traité avec une compagnie industrielle (anglaise ou américaine) pour l'écoulement de toute sa production pendant une durée de dix ans. Ladite société industrielle aurait trouvé, dit-on, un procédé permettant l'élimination de l'arsenic que l'on trouve dans le minerai de Douaria.

Dans le port de Bizerte il a été accordé à la Société de Douaria un emplacement pour les installations nécessaires à l'embarquement des minerais.

L'exploitation de la mine a commencé dans le courant de l'année 1912 et les expéditions sur Bizerte ont commencé le 15 juin 1913.

o°o

B. — Les mines de fer de la région du Kef.

Près de la voie ferrée de Tunis à Kalaâ-Djerda, à une cinquantaine de kilomètres au Sud du Kef, ont été découverts d'importants gisements de minerai de fer de bonne qualité : le Djerissa, situé au 211ᵉ kilomètre et la Slata et Hameïma, situés à 40 et 45 kilomètres de ce même point. Les prospections qui y furent exécutées démontrèrent que ces trois gisements peuvent fournir 3 à 400.000 tonnes par an durant un demi-siècle; en même temps, il paraissait très probable qu'on trouvera d'autres gisements dans cette région, qui est très minéralisée.

Les minerais reconnus appartenant à deux puissantes sociétés, la Direction générale des Travaux publics a voulu faciliter le plus rapidement possible l'exploitation de ces minerais, qui devraient apporter à l'État tunisien un bénéfice de 2 fr. 33 par tonne exportée (soit 2 francs pour sa part de bénéfices dans le transport et 0 fr. 33 pour sa part dans le droit de port), s'est aussitôt entendue avec les sociétés minières afin de leur construire, aux frais du Trésor tunisien, les 45 kilomètres de voies ferrées nécessaires pour amener ces minerais à la grande ligne de Kalaâ-Djerda.

Par un nouveau projet, la Direction générale des Travaux publics résolut de faire embarquer ces minerais, non pas au port de Tunis, mais à La Goulette, à 10 kilomètres de Tunis, sur la berge sud du chenal qui relie le port de Tunis à la mer. Elle signa donc avec les sociétés intéressées un projet de convention par lequel elle s'engageait à construire à cet endroit un quai d'embarquement de 400 mètres de longueur et un chemin de fer de 10 kilomètres de longueur, partant de Bir-Kassa, aux portes mêmes de Tunis, et aboutissant au nouveau port à créer.

A La Goulette il fut procédé au dragage des bords du chenal à droite et à gauche des réservoirs de la Compagnie des pétroles, en vue de l'établissement des entrepôts de minerais de fer des Djebels Djerissa et Slata.

° °
°

Nous donnons ici un extrait de la convention passée par la Société du Djebel-Djerissa, le 26 avril 1906, avec le Gouvernement tunisien.

Art. 1er. — Le Gouvernement tunisien s'engage à ouvrir à l'exploitation pour le 1er janvier 1908 deux embranchements, l'un reliant les gisements du Djebel-Djerissa à la ligne de Tunis à Kalaat-es-Senam, l'autre se détachant de cette même ligne à la station de Bir-Kassa et se terminant au port de La Goulette, à l'entrée des terre-pleins affectés aux minerais.

Art. 2. — Les conditions générales d'établissement des deux embranchements seront celles de la ligne principale. L'exploitation en sera concédée à la Compagnie Bône-Guelma.

Art. 3. — Les deux embranchements seront armés dès le 1er janvier 1908 du matériel de traction et du matériel roulant nécessaires pour un trafic de 150.000 tonnes entre la mine et La Goulette.

La Société du Djerissa aura la faculté de commander elle-même le matériel roulant, après acceptation des types par le Gouvernement tunisien et la Compagnie Bône-Guelma.

Art. 4. — Les fonds nécessaires pour la construction des deux embranchements et pour l'acquisition du matériel roulant et de traction sus-indiqués, seront mis par la société, sans intérêts, à la disposition du Gouvernement tunisien au fur et à mesure de ses besoins.

Cette avance, qui ne pourra pas dépasser 2.200.000 francs, sera remboursée à la société, d'après les disponibilités budgétaires, par le Gouvernement tunisien dans les trois ans qui suivront l'ouverture à l'exploitation des deux embranchements.

Dans le cas où à l'expiration de ce délai de trois ans des sommes resteraient dues à la société par le Gouvernement tunisien, il sera servi à celle-ci, jusqu'à complet remboursement du principal, un intérêt annuel de 4 0/0, sans que l'État puisse être tenu au paiement desdits intérêts, chaque année, au delà du produit de 1 franc par le nombre de tonnes expédiées dans l'année. Par contre, si ce produit est supérieur au montant desdits intérêts, le surplus sera versé à la Société du Djerissa, à valoir sur le remboursement des sommes pouvant lui rester dues.

Art. 5. — La société s'engage à exporter au moins 50.000 tonnes de minerai de fer dans les douze mois qui suivront l'ouverture des deux embranchements à l'exploitation et 150.000 tonnes chacune des années suivantes. Chaque fois qu'elle désirera réaliser un accroissement du tonnage annuel, elle devra en aviser le Gouvernement tunisien un an au moins à l'avance et mettre en même temps à sa disposition, à titre d'avance, une somme de six francs par chaque tonne comprise dans cette prévision d'accroissement annuel.

Le Gouvernement tunisien s'engage de son côté à fournir en temps utile le matériel nécessaire après entente avec la Société du Djerissa sur le type du matériel roulant. Il servira à la société au taux de 4 0/0 l'intérêt des avances ainsi faites par elle pour achat du matériel supplémentaire, sans toutefois être tenu chaque année de cet intérêt au delà d'un franc par chaque tonne en sus du tonnage annuel correspondant à l'armement précédemment réalisé. Les avances ainsi faites devront être remboursées à la société dans le délai de cinq années.

Le Gouvernement tunisien s'engage à affecter par priorité aux transports de la Société du Djerissa le matériel roulant acquis sur les avances fournies par la société, tant que ces avances n'auront pas été remboursées.

Art. 6. — Les tarifs appliqués à toute époque sur les deux embranchements seront les mêmes que sur la ligne principale.

Le prix de transport de la gare de Djerissa au Stock-Port, suivant stipulations du tarif spécial à intervenir, ne dépassera pas 6 fr. 50 par tonne, y compris les frais de gare, mais non ceux de chargement et de déchargement qui seront à la charge de la société. Ce prix ne comprend pas les droits d'usage des voies ferrées du port, mais il comprend la traction sur ces voies.

Art. 7. — Tant que la Société du Djerissa satisfera aux minima de tonnage prévu à l'article 5, un terre-plein spécial d'une surface d'environ 2 hectares, suivant convention de détail à intervenir avec la Compagnie des Ports, sera réservé à la Société à La Goulette.

Ce terre-plein qui devra être livré au plus tard le 1er septembre 1907, sera établi en bordure du canal ou d'un bassin à créer sur une longueur de 200 mètres qui sera réservée par priorité aux bateaux venant charger le minerai de la Société du Djebel-Djerissa.

o°o

Dans le courant de l'année 1907, les deux embranchements de Djerissa-Slata et Bir-Kassa-La Goulette, étaient étudiés, adjugés et poussés de façon à pouvoir être livrés au trafic dans les premiers mois de l'année 1908.

Effectivement le chemin de fer a été ouvert au transport des minerais à la date du 15 février 1908. Le tracé définitif, n'ayant pu être exécuté jusqu'à La Goulette en raison de difficultés inattendues soulevées par les administrations de la guerre et de la marine, on avait établi un raccordement provisoire de Radès à La Goulette, grâce auquel les minerais ont pu arriver jusqu'aux terre-pleins qui leur sont affectés sur la rive Sud du chenal.

Ce n'est qu'en 1909 que la ligne du chemin de fer direct de Bir-Kassa à La Goulette fut mise en service.

o°o

3° Société du Djebel-Djerissa.

La concession du Djebel-Djerissa (fer, manganèse), d'une superficie de 1.138 hectares, fut instituée, en 1891, en faveur de la Société anonyme des mines de Bou-Jaber et cédée par celle-ci à la société actuelle.

Le gisement du Djerissa, situé à proximité des mines de zinc et de plomb de Bou-Jaber, non loin de la frontière algérienne, dans la plaine de l'Oued Sarrath, à 50 kilomètres du Kef, est constitué, comme presque tous les gîtes de la région frontière, par un soulèvement de calcaire urgo-aptien minéralisé à travers les terrains du Crétacé supérieur qui formait les plaines et les plateaux. Le calcaire aptien repose sur un lit de marnes; la substitution du fer au calcaire s'est faite suivant une grande plage de fer plongeant à l'Est comme le calcaire. L'épaisseur de la masse de fer est très grande ; les traversées faites par divers puits indiquent une puissance variant de 40 à 52 mètres; la superficie qu'occupe ce gîte est de 9 hectares.

Le gîte renferme un mélange d'hématite rouge et d'hématite brune, parfois très manganésifère, placé à la partie supérieure de la montagne. Le tonnage en vue dépasse 12 millions de tonnes; le minerai est rocheux et dur; il est d'une régularité, d'une richesse et d'une pureté remarquables; il titre en moyenne 55,5 0/0 de fer à l'état sec et contient de 1,5 à 2 0/0 de silice, 3 à 4 0/0 de chaux et jamais plus de 2,5 dix-millièmes de phosphore.

La Compagnie de minerais de fer magnétiques de Mokta-el-Hadid possède environ les deux tiers des titres de la Société du Djebel-Djerissa et c'est elle qui a la direction technique et commerciale de cette entreprise.

Jusqu'au moment de l'ouverture de la ligne du chemin de fer au transport des minerais, c'est-à-dire jusqu'au 15 février 1908, la société ne pouvait pas commencer une exploitation régulière du gisement et se bornait à faire sur la mine des travaux préparatoires, des galeries d'évacuation des minerais, des voies pour le transport et la descente des minerais et les installations des stocks qui devaient permettre une réception et une reprise des minerais très économiques; les constructions nécessaires aux services généraux de la mine, tels que bureaux, direction, magasins, ateliers, infirmerie; au logement et à la vie du personnel, tels que maisons d'employés, maisons ouvrières, adduction d'eaux, bassins, réservoirs, et aux services d'intérêt général, tels que lavoirs, abattoirs, maison d'école, poste de police, etc. — en un mot tous les bâtiments et installations nécessaires pour constituer un important centre d'exploitation dans un pays absolument dénué de ressources où tout est à créer et indispensable pour assurer le recrutement et la conservation sur place du personnel correspondant à l'importance prévue de l'exploitation de la mine.

L'extraction du minerai à ciel ouvert fut commencée, au début de 1908, au sommet de la montagne à la cote 880 et se fait par gradins descendants de 5 à 10 mètres; de grands fronts d'abatage sont en exploitation régulière, ainsi que les puits, les galeries et deux plans inclinés automoteurs servant à transporter le minerai jusqu'au grand stock situé le long de la ligne du chemin de fer. Le minerai est chargé directement par culbutage des wagonnets de la mine, dans de grands wagons de 25 tonnes du Bône-Guelma.

Au commencement de l'année 1911, les chantiers d'extraction de la mine étaient en pleine activité et assuraient déjà une production moyenne de 1.100 tonnes par jour pouvant être portée à 1.500 tonnes et provenant de trois gradins.

Durant les trois dernières années, on travaillait des chantiers sur les gradins des cotes 867, 859 et 850, et, en 1912, on a commencé à préparer deux nouveaux gradins aux cotes 840 et 830.

Les recherches entreprises aux environs de la cote 800 ont prouvé l'existence d'un tonnage de minerai permettant d'assurer une extraction de 400.000 tonnes par an pendant plus de dix ans.

Pendant l'année 1912, on a commencé un grand travers-banc de reconnaissance à la cote 694 qui doit fixer la société sur l'état du gisement à ce niveau. De même on a commencé à tracer deux grands niveaux de roulage de la cote 800, destinés à desservir le nouvel étage 800-850, lorsque seront achevés les gradins 850 et 859 et qu'on sera amené à supprimer le plan incliné n° 2, réunissant la cote 850 à la cote 800.

Des essais de perforation mécanique ayant donné des résultats satisfaisants, la société a été conduite à faire une installation de moteur et de compresseur qui permettent de réaliser une économie de temps et d'argent dans l'abatage du calcaire stérile qui recouvre ou entoure le minerai.

Grâce à l'installation de perforation mécanique, les chantiers ont été poussés avec une telle activité, que la société a été amenée, en présence des heureux résultats fournis par cette installation, à la doubler pendant l'année 1912, de façon à se servir des marteaux pneumatiques aussi bien au minerai qu'au stérile.

Dans l'espoir de voir s'établir des familles qui se fixeront dans le pays, la société a procédé, en 1910 et 1911, à la construction de nouvelles habitations ouvrières, tant pour les indigènes que pour les Européens, en vue d'attirer et de réunir auprès de la mine une population ouvrière, qui s'y trouvera retenue par la régularité du travail et par les conditions de l'existence.

C'est dans ce même but que la société a entrepris des plantations d'arbres dans le village et à ses abords et développe le réseau d'irrigation. Elle a aussi construit une église, un hôpital, une cantine, des écoles, bureau de poste et télégraphe, etc.

Le nombre d'ouvriers occupés sur la mine était de 260 en 1908, 305 en 1909, 665 en 1910, 600 en 1911 et 876 en 1912.

Pendant les trois dernières années, le nombre d'Européens et d'indigènes occupés sur la mine était le suivant :

En 1910...............	203 Européens et	462 indigènes.
— 1911...............	227 —	373 —
— 1912...............	276 —	600 —

Le contingent des indigènes se compose de Marocains, Tripolitains et Kabyles. Les Européens sont principalement des Italiens.

Le salaire journalier moyen payé aux ouvriers était de 3 fr. 30, en 1910.

La production de minerai de fer sur la mine de Djebel-Djerissa a été de :

115.239 tonnes.........................	en 1908
153.136 —	— 1909
278.232 —	— 1910
321.182 —	— 1911
402.185 —	— 1912

La production de la mine est assurée pour longtemps avec un prix de revient aussi réduit que possible. Elle va être portée à 500.000 tonnes en 1914.

Nous avons déjà dit que pour le transport des minerais le chemin de fer a été ouvert à la date du 15 février 1908. Dès le commencement il a assuré avec une grande régularité le transport des minerais jusqu'au point d'embarquement de la société à La Goulette. Les arrivages quotidiens réglés primitivement sur le taux de 225 tonnes par jour, ont été portés à 500 tonnes en 1909, à 750 tonnes au commencement de l'année 1910 ; ils se faisaient au début de l'année 1911 au taux de 900 tonnes par jour pour atteindre dans le courant de l'année, 1.000 tonnes. Ce chiffre s'est maintenu en 1912 ; en 1913 il a été porté à 1.250 tonnes.

L'occupation des terre-pleins au port de La Goulette a été régularisée par une convention passée le 19 février 1908 entre la société minière et la Compagnie des ports de Tunis, Sousse et Sfax, et quoique cette occupation fût encore loin d'être

complète, — l'incertitude de la société au point de vue admi-
nistratif, ne lui ayant pas permis de faire les installations
mécaniques indispensables pour assurer des manutations économiques, non plus que les installations maritimes nécessaires
pour assurer l'embarquement rapide des minerais, — la
société a réussi à charger et expédier, trois semaines après
l'ouverture du chemin de fer un premier vapeur, qui est parti,
le 7 mars 1908 pour Glasgow avec 2.650 tonnes de minerai; il
a été suivi par un second vapeur destiné à Maryport (Angleterre)
et un troisième à destination de Rotterdam, et nous verrons de
suite de quelle manière s'est développée depuis, l'expédition des
vapeurs chargés de minerais de la société et le tonnage des
minerais embarqués.

En 1909, la société a procédé aux installations à terre pour le
déchargement des grands wagons et le stockage; un accumula-
teur en ciment armé capable de contenir 50.000 tonnes de
minerai a été construit, ainsi qu'un pont roulant électrique
de 50 mètres de portée destiné à la mise en stock des minerais.
Ces installations sur les terre-pleins de La Goulette pour le
dépôt en stock et les manutentions des minerais ont été mises en
service dans les premiers mois de l'exercice 1910.

Le tonnage des minerais embarqués et expédiés aux acheteurs
était de :

60.324 tonnes......................	en 1908
142.564 —	— 1909
257.617 —	— 1910
288.920 —	— 1911
397.930 —	— 1912

La Société du Djerissa a fait ses expéditions de minerais aux
destinations suivantes :

	1908.	1909.	1910.	1911.	1912.
	Tonnes.	Tonnes.	Tonnes.	Tonnes.	Tonnes.
Angleterre........	36.640	39.863	224.399	197.476	190.470
Allemagne........	20.254	102.701	33.218	91.444	207.460
Italie............	3.430	»	»	»	»
Totaux........	60.324	142.564	257.617	288.920	397.930

En Angleterre, les minerais ont été expédiés pendant les dernières années sur les ports de Middlesbrough, de Tyne-Dock, Janow, West Hartlepool, et Glasgow, et pour l'Allemagne sur le port hollandais de Rotterdam.

Le tonnage embarqué par jour ne dépassait pas 1.000 tonnes au début de 1909; il a pu atteindre 1.700 tonnes, grâce aux améliorations successives apportées aux installations de déchargement des wagons et de mise en cale.

En attendant l'exécution d'une installation définitive mécanique, l'embarquement des minerais avait été assuré par deux grues à vapeur flottantes sur pontons.

L'installation de l'embarquement par courroie a été achevée pendant le premier trimestre de l'exercice 1912, et dès le 1er avril, on a pu supprimer les deux anciennes grues et démolir l'appontement. Grâce à l'embarquement par courroie on a pu abaisser sensiblement le prix de revient et charger les bateaux avec une régularité et une rapidité très appréciées des armateurs; on est arrivé à charger dans une même journée des bateaux portant plus de 5.500 tonnes [1].

Le tonnage de minerais expédiés a été chargé en 1908 sur 19 vapeurs; en 1909, sur 41 vapeurs; en 1910, sur 71 vapeurs; en 1911, sur 77 vapeurs; et en 1912, sur 104 vapeurs, d'un tonnage moyen de 3.826 tonnes.

Le tonnage des vapeurs venant charger les minerais se trouvant limité par le faible tirant d'eau existant le long de l'appontement de la Société du Djebel-Djerissa, celle-ci pour remédier dans une certaine mesure à cet inconvénient a passé (en 1910) un contrat de fret de durée avec une société d'armement qui a affecté à son service des vapeurs spéciaux pouvant, avec le tirant d'eau existant, transporter jusqu'à 5.500 tonnes de minerai par voyage. La création de cette entreprise de navigation qui porte le nom de *Tunisienne Steam Navigation Cy Ltd*, a été provoquée par la Compagnie de Mokta-el-Hadid dans le but de faciliter le transport des minerais, surtout au départ de La Goulette. Cette société a fait construire cinq vapeurs de formes spécialement adaptées aux besoins des sociétés minières afin de les mettre à leur service pour tous

---

(1) On trouvera la description des installations de la Société du Djebel-Djerissa dans la notice que nous donnons plus bas sur le port de Tunis-La Goulette.

les voyages de Méditerranée en mer du Nord et de les utiliser
au mieux pour les voyages en sens inverse.

Les trois premiers vapeurs sont entrés en service dès la fin de
leur armement dans le milieu de l'exercice 1910.

L'expérience très encourageante du premier exercice a
conduit cette société à faire construire deux autres vapeurs
d'un tonnage légèrement supérieur, lesquels sont entrés en
service en 1912.

Dès le début de l'expédition de ses minerais, la Société
du Djebel-Djerissa les avait répartis entre plusieurs acheteurs
de manière à faire connaître leur qualité à différentes usines
qui pourraient s'en servir et déjà dans son rapport sur l'exercice
de l'année 1909, le Conseil d'administration de la société a pu
constater le fait que les minerais produits au Djebel-Djerissa
étaient entrés dans la consommation courante de grandes
usines d'Angleterre et d'Allemagne qui emploient des minerais
purs dans leurs fabrications.

⁂

Nous reproduissons ci-dessous quelques lignes caractéristiques de
l'article de M. Jacques Lacour-Gayet, *Chemins de fer de Tunisie*,
publié dans la *Revue des Deux Mondes* du 15 mai 1911 :

« Les deux noms de Bizerte et de Gafsa, un port de guerre
unique, une merveilleuse affaire de phosphates, résument assez
exactement ce que l'opinion courante connaît en France de la
Tunisie. Il est une richesse naturelle du sol tunisien que cette
opinion ignore généralement, malgré l'appoint qu'elle fournit
depuis quelques années au budget du Protectorat et au trafic de
ses chemins de fer; ce sont les minerais métalliques, et, au premier rang d'entre eux, le minerai de fer. Actuellement c'est
sur la ligne de Tunis à Kalaâ-Djerda, la plus ancienne du
réseau minier construit sur les fonds d'emprunt — elle a été
ouverte en 1906, — qu'il faut étudier l'extraction du minerai
de fer, industrie récente, mais singulièrement prospère. Deux
gîtes sont en exploitation, rattachés tous deux au même embranchement, le Djerissa et le Slata. A lui seul, Djerissa donne au
chemin de fer près de 1.000 tonnes par jour.

» Djerissa est le Metlaoui du Centre Tunisien, mais un Metlaoui où il neige parfois l'hiver. Village créé de toutes pièces avec son église, son dispensaire et son terrain de jeux, dans un fond de vallée solitaire et dépouillé, il est dominé par la silhouette brune du Djebel Djerissa, la montagne de fer, que la pioche et la dynamite découpent par pans et par tranches, du sommet à la base. Autrefois escarpée, la pointe est devenue plateau, et de mois en mois sous l'effort des mineurs, le plateau s'abaisse. Un va-et-vient de wagonnets, mus par la pesanteur, garnit les flancs abrupts de la montagne en démolition et accumule à son pied, dans de vastes entonnoirs ou *trémies*, les blocs d'hématite. A la base des trémies, des orifices faciles à obturer, malgré la pression formidable des blocs entassés, dominent la voie du chemin de fer. Deux ou trois fois par jour, les wagons vides passent sous les entonnoirs et la cascade de minerai s'y déverse bruyamment dans un poudroiement rouge. La nuit suivante ou le lendemain matin au plus tard, les trains de minerai, qui atteignent jusqu'à 1.000 tonnes sur leur dernière section, arrivent au terre-plein de La Goulette, à la sortie du lac de Tunis. Les wagons, longs cercueils en tôle que les gens du chemin de fer et de la mine appellent *torpilleurs*, sans doute pour leur forme oblongue et renflée, sont amenés un par un à l'estacade de déchargement. Leurs parois latérales, montées sur charnières, s'entr'ouvrent, et le contenu du wagon glisse sur les deux plans inclinés du fond en dos d'âne pour tomber en quelques secondes de chaque côté de la voie. Recueilli dans de vastes cuves, le minerai est déposé sur un terre-plein en ciment armé, d'où un jeu de wagonnets et de tapis roulants le portera au navire en chargement. Comme à la mine, une poussière rouge embue l'atmosphère, colore les rails, les pierres, la tôle des wagons, s'attache aux vêtements, à la peau, aux cheveux des manœuvres.

» Le triage, le déchargement et la réexpédition des wagons prennent parfois moins d'une matinée et presque toujours les trains vides sont de retour aux *coulottes* de chargement moins de quarante-huit heures après en être partis ».

o°o

Société des mines de Djebel-Slata et Djebel-Hameïma.

Les gisements de minerai de fer de Djebel-Slata et Djebel-Hameïma appartiennent à une société belge du même nom.

Les concessions de Djebel-Slata (625 hectares) et de Djebel-Hameïma (690 hectares) ont été instituées par décret du 2 janvier 1906 en faveur de M. Léon van der Rest et transférées le 26 mai suivant à la Société anonyme de Djebel-Slata et Djebel-Hameïma.

Le gisement de Djebel-Slata est distant de 40 kilomètres de Djerissa, et de 12 kilomètres de Majouba. Le gisement de Djebel-Hameïma est situé à une distance de 25 kilomètres de Majouba.

Les deux gisements se trouvent dans le Crétacé inférieur et ont une allure identique. Les gîtes sont constitués d'hématite plus ou moins manganésifère et se présentent sous forme de gros amas traversés par des stratifications calcaires.

Au Djebel Slata le minerai, entièrement libre de phosphore et de soufre contient outre une proportion considérable de manganèse, encore quelque peu de plomb. Des poches de minerai de plomb qui se rencontrent dans le gisement de fer sont faciles à exploiter séparément et ce sont elles qui ont été l'objet d'une exploitation par les Romains dont on trouve encore des vestiges de travaux importants.

Les analyses du minerai de Slata ont donné une teneur moyenne de 52,81 0/0 de fer, 2,70 0/0 de manganèse, et 0,35 0/0 de plomb.

Au Djebel Hameïma les analyses du minerai ont donné les teneurs moyennes ci-après : 59,26 0/0 de fer, 1,72 0/0 de manganèse, 1,25 0/0 de silice, 3,22 0/0 d'anthydrite phosphorique et 0,96 0/0 d'anthydrite sulfurique.

La puissance reconnue de ces deux gisements est de 6 millions de tonnes pour le Slata et de 5 millions de tonnes pour l'Hameïma. Dans ce dernier gisement 3 millions de tonnes de minerai peuvent être exploitées à ciel ouvert.

Après qu'eut été constatée la puissance indiquée du gisement de Slata, pendant l'exercice 1910-11, une nouvelle masse de minerai homogène d'une teneur moyenne supérieure à 50 0/0 et sans impuretés fut mise à jour. Pendant l'exercice suivant, la Société a poursuivi l'étude de cette importante lentille de minerai et les constatations qui ont été faites ont donné toute satisfaction tant pour la quantité que pour la qualité. Cette lentille reconnue sur 40 mètres de hauteur présente un tonnage en vue de plus de 500.000 tonnes, analogue au minerai de la concession voisine de Djerissa. A ces renseignements, le Conseil d'administration de la Société ajoute dans son rapport pour l'exercice 1911-12, que l'exploitation du minerai nouvellement découvert a commencé et qu'il est très apprécié par la clientèle.

Tous nos efforts pour nous procurer des renseignements plus détaillés sur le fonctionnement de la Société des mines de Djebel-Slata et Djebel-Hameïma étant restés vains, nous ne pouvons communiquer ici que les chiffres de la production du minerai de fer sur la mine de Slata, seule en exploitation jusqu'à présent, et de ses expéditions que nous extrayons des rapports annuels du Conseil d'administration de la Société.

Voici ces chiffres :

	Production.	Expéditions.
Exercice 1908-09..............	44.785 tonnes.	48.303 tonnes.
— 1909-10..............	78.336 —	76.605 —
— 1910-11..............	79.370 —	80.712 —
— 1911-12..............	82.904 —	83.086 —

Les minerais extraits par la Société sont exportés par le port de La Goulette. On trouvera plus bas, dans le chapitre x : « Les principaux ports de la Tunisie et leur trafic en produits de l'industrie extractive », la description des installations que la Société en question possède dans le port de La Goulette pour le magasinage et l'embarquement de ses minerais.

Dans les limites de la concession de Slata deux permis de recherches de plomb, zinc et métaux connexes ont été accordés à la Société des mines de Djebel-Slata et Djebel-Hameïma par la Direction générale des Travaux publics et un de ces permis de recherches a été transformé en permis d'exploitation.

Les recherches de plomb se présentent favorablement, la

Société a expédié pendant l'exercice 1910-11 à titre d'échantillon un premier lot de 30 tonnes qui a donné à l'analyse
51,25 0/0 de plomb, avec 1.057,5 grammes d'argent à la
tonne.

L'extraction du minerai de plomb pendant l'exercice 1911-12
a été de 138 tonnes qui ont été vendues. Ce minerai titrait
55,275 0/0 de plomb, avec 1.018 grammes d'argent à la tonne.

o °o

Société des mines de fer de Nebeur.

La mine de fer de Nebeur, d'une contenance de 1.310 hectares, située dans le contrôle civil du Kef, à 25 kilomètres au
Sud de Souk-el-Arba, a été concédée par décret du 11 janvier
1906, à la Société civile des mines de fer de Nebeur et transférée par celle-ci à la Société des mines de fer de Nebeur, par
décret du 5 mars 1907.

Suivant les renseignements publiés sur cette mine, le gisement de minerai de fer se trouve au contact du Crétacé supérieur et du Trias; l'allure générale du gîte représente une
superposition de couches de minerai au nombre de sept, réparties sur une hauteur verticale de 75 mètres. Le minerai d'une
grande pureté, est une hématite manganésée de très bonne
qualité chimique; sa teneur varie de 50 à 52 0/0 de fer avec
3 à 5 0/0 de manganèse; il y a même des masses de 58 à 60 0/0
de fer.

Il y aurait un cube à extraire de 6 à 8 millions de tonnes et sa
plus grande partie serait exploitable à ciel ouvert. Ce tonnage
a paru suffisant pour justifier la construction d'un chemin de fer
spécial d'environ 135 kilomètres de longueur pour donner la
possibilité d'exporter les minerais extraits.

Au sujet de cette richesse du gisement de Nebeur, nous reproduisons un passage des explications qui ont été fournies par le
Directeur général des Travaux publics à la Commission nommée
en 1910, par la Conférence Consultative, à l'effet d'établir un
rapport sur le projet d'emprunt qui était soumis à cette assemblée.

Voici ce passage :

« On a dit que le chemin de fer de Nebeur ne rapporterait

rien. La mine a été étudiée. Le Chef du Service des Mines a déclaré qu'elle pouvait donner 230.000 tonnes pendant vingt ans et payer le tarif de 5 fr. 50. On l'a prétendu trop optimiste. Un nouveau chef de service a fait une nouvelle inspection. Son rapport a été moins optimiste sur certains points. Mais il déclare que ce gisement contient au moins 2 millions de tonnes, peut-être même beaucoup plus. C'est donc un trafic assuré, etc. ».

Le Gouvernement tunisien ayant décidé la construction d'un chemin de fer de Mateur à Bejà et à Nebeur, les conditions de transport des minerais sur cette ligne ont été réglées par une convention du 6 décembre 1907 entre le Gouvernement et la Compagnie du chemin de fer de Bône-Guelma et prolongement.

Une autre convention passée entre le Gouvernement tunisien et la Société des mines de Nebeur, le 10 décembre 1907, stipule :

a) Que la ligne sera armée d'un matériel suffisant pour un trafic de 200.000 tonnes de minerais ;

b) Que la société s'engage à exporter au moins 150.000 tonnes pendant la première année d'exploitation et 200.000 tonnes chacune des années suivantes ;

c) Que le tarif maximum sera de 5 fr. 50 par tonne sauf la taxe de voie ferrée au port de Bizerte. La traction sur lesdites voies est comprise cependant dans ce prix.

La Société, d'abord impressionnée favorablement par des rapports d'ingénieurs et par l'apparence des gisements, mit tout en œuvre pour obtenir du Gouvernement tunisien la construction aussi rapide que possible de la voie ferrée, mais différents obstacles s'y opposaient. Et au moment où la ligne du chemin de fer de Nebeur était sur le point d'être achevée, on s'est aperçu et on a acquis la certitude, après de sérieuses recherches, que la mine n'est pas exploitable au point de vue technique, la qualité et la quantité du minerai ne répondant pas aux espérances que l'on avait fondées.

o °o

Le commerce extérieur de la Tunisie en minerais de fer.[1]

Dans le commerce extérieur de la Tunisie, les minerais de fer jouent un rôle important. Ils figurent à l'importation comme à l'exportation.

Les statistiques douanières de la Régence donnent pour les importations des minerais de fer pendant les dernières années les chiffres suivants :

En 1910......................	1.288.312	kilos.
— 1911......................	4.454.509	—
— 1912......................	2.980.000	—

Les minerais de fer importés en 1911 étaient des provenances suivantes :

de France......................	88	kilos.
d'Algérie......................	3.000	—
d'Autriche......................	1.700.000	—
d'Italie......................	2.454.421	--

Toute la quantité de minerai de fer importée en 1912 provenait de l'Espagne.

On pourrait donc croire que les minerais de fer trouvent leur emploi dans l'industrie sidérurgique du pays. — Loin de là; la grande industrie sidérurgique n'existe pas en Tunisie et s'il y entre des minerais de fer, il s'agit là de résidus de pyrites grillées, importées par la Société métallurgique de Mégrine qui utilise ces résidus comme fondants pour la fusion des minerais de plomb.

Les minerais de fer extraits des mines de la Tunisie sont jusqu'à présent en totalité exportés et trouvent leur emploi exclusivement en Grande-Bretagne et en Allemagne.

Dans le tableau ci-après, nous groupons d'après les publications de la Direction des douanes tunisiennes les chiffres des exportations des minerais de fer depuis l'année 1908 — la première où ils ont pu arriver par le chemin de fer à Tunis-La Goulette qui est leur port d'embarquement [1].

Pays de destination.	1908.	1909.	1910.	1911.	1912.
	Tonnes.	Tonnes.	Tonnes.	Tonnes.	Tonnes.
France	»	»	»	»	2
Algérie.	»	800	»	»	»
Grande-Bretagne. . . .	45.357	117.270	198.679	237.805	269.735
Pays-Bas	20.411	102 256	133.538	124.978	218.420
					Tripoli.
Italie	8.530	»	»	»	1
Suède	»	»	»	»	3.600
Total, tonnes.	74.298	229.326	332.217	362.783	491.758
Valeur, francs. . . .	1.114.489	3.304.891	4.152.726	4.353.396	6.392.858

Il est incontestable que les quantités de minerai de fer mentionnées dans les statistiques tunisiennes comme étant exportées aux Pays-Bas n'y ont fait que transiter. Dirigés sur le port hollandais de Rotterdam, ils remontent de là le Rhin pour alimenter les hauts fourneaux allemands de la Westphalie. Aussi nous constatons dans les statistiques du commerce extérieur de l'Empire d'Allemagne les chiffres ci-après des importations de minerai de fer en provenance de la Tunisie :

En 1909 . . . .   69.434 tonnes.
— 1910 . . . .   120.949   —
— 1911 . . . .   66.191   —
— 1912 . . . .   130.581   —

D'autre part les statistiques du mouvement commercial dans le port de Rotterdam accusent pour le minerai de fer les quantités suivantes comme importées de Tunisie :

En 1908 . . . .   6.970 tonnes.
— 1909 . . . .   101.284   —
— 1910 . . . .   138.598   —
— 1911 . . . .   128.443   —
— 1912 . . . .   243.205   —

tous ces minerais ayant été réexpédiés en Allemagne.

[1] En 1907, il a été expédié de Tunisie en Belgique 351 tonnes de minerai de fer, évaluées à 10.542 francs.

Les chiffres du tableau des exportations de minerai de fer de la Tunisie démontrent que celles-ci sont en croissance marquée, de manière qu'on est en droit de supposer qu'au moment où les mines de fer de la Tunisie auront reçu le développement projeté, leurs produits prendront une certaine place, à côté de ceux de l'Algérie, dans les importations de la Grande-Bretagne et de l'Allemagne, pays qui jusqu'à présent sont les seuls consommateurs de ces minerais, la France ne demandant pas encore à son protectorat ces minerais, de même que les producteurs de fonte de Belgique n'ont pas encore porté leurs regards sur les minerais tunisiens pour alimenter leurs hauts fourneaux.

o^oo

En ce qui concerne la qualité des minerais exportés, d'après la revue *Stahl und Eisen*, les minerais tunisiens importés en Allemagne en 1911 et en 1912 avaient une teneur moyenne de 50 0/0 de fer, ce qui les mettait sur le même rang que les minerais d'Espagne, de Grèce et d'Algérie. Dans leur teneur en fer métallique, les minerais venant en Allemagne de Tunisie ne cédaient qu'à ceux de Russie (Kriwoi-Rog), 60 0/0 et de Suède, 64,3 0/0, ces deux pays n'exportant que les minerais riches.

CHAPITRE V

AUTRES PRODUITS DU RÈGNE MINÉRAL

———

Cuivre. — Manganèse. — Arsenic. — Pétrole. — Sel. — Carrières.

———

Cuivre.

Très peu de recherches pour cuivre ont été faites jusqu'à présent en Tunisie, mais il faut croire que ce métal s'y rencontrera aussi abondamment qu'en Algérie et, en particulier, dans la région zincifère et plombifère qui va de Tebessa à Bizerte.

La seule mine de cuivre concédée, dans la Régence est celle de *Chouichia*, située dans le contrôle de Souk-el-Arba à 15 kilomètres au Nord de cette ville.

La concession de Chouichia d'une contenance de 543 hectares a été instituée par décret du 29 décembre 1904 en faveur de M. Paul David.

Le gisement de Chouichia est semblable à ceux de l'Algérie; il comprend un chapeau d'hématite cuivreuse dans des calcaires.

Le minerai, presque exclusivement carbonaté aux affleurements (azurite et malachite), paraît se présenter sous la forme de boules ou d'imprégnations dans des marnes et calcaires altérés; il contient au maximum de 5 à 6 0/0 de cuivre, mais paraît constituer une masse assez importante.

La mine possède des fours de fusion dans lesquels on obtient par le traitement des minerais pauvres des produits d'une teneur moyenne de 55 0/0 de cuivre; les minerais riches sont vendus directement après un triage sommaire.

Les tableaux des concessions de mines existantes en Tunisie, publiés par la Direction générale des Travaux publics accusent pour la mine de Chouichia une production de 853 tonnes en 1905 et 214 tonnes en 1908.

Pendant les dernières années, les travaux de cette mine ont été suspendus.

∘°∘

Manganèse.

La découverte de minerai de manganèse est de date récente; elle n'a donné lieu, à ce jour, à aucune concession. Il existe cependant un gisement dans la région de Ghardimaou où le minerai est constitué par la pyrolusite presque pure titrant de 45 à 50 0/0 de métal.

Il existe aussi d'autres affleurements de minerai de manganèse dans le Sud de la Régence au Batoum près de Gabès et dans le Nord dans les Nefzas.

∘°∘

Arsenic.

Un seul gisement d'arsenic a été découvert en 1909, près de Ghardimaou. Le minerai est un mélange de réalgar et d'orpiment injecté dans une masse gréseuse.

∘°∘

Pétrole.

Le pétrole existe aussi en Tunisie, sans qu'on ait encore pu déterminer s'il se rencontre en quantités exploitables.

Nous croyons ne pouvoir mieux faire que de donner ici sur la question de l'existence du pétrole dans la Régence le résumé d'une communication faite, au commencement de l'année 1911, par M. Berthon, chef du Service des Mines, dans une séance de l'Institut de Carthage. Cette communication contient des renseignements sur les sondages exécutés dans les régions où la structure du sol permet de supposer l'existence de puissantes réserves souterraines.

M. Berthon a cité les points suivants où les indices indéniables de la présence du pétrole ont été constatés, notamment : Potinville, Grombalia, Djebel Kebbouch (près du Kef), Bou-Debbous (près de Testour), Djebel Ahmar (près de Tunis), Sloughia, Djebel Maïana (près de Tébourba), massif du Kédel, Aïn-Rhellal, îles Cani, etc.

Ces indices — suintements d'huile minérale, de liquides bitumineux à odeur caractéristique, de gaz inflammable — ont été rencontrés lors du percement du tunnel de Bou-Tiss, au forage du Bargou, où a eu lieu une flambée accidentelle, et à travers la galerie d'adduction des eaux du Djebel Ahmar.

A l'aide de coupes géologiques, M. Berthon a montré les relations des terrains pétrolifères avec ceux qui les avoisinent, et il a insisté sur la liaison qui paraît exister entre les suintements pétrolifères et métallifères algériens et tunisiens et les jointements gypso-salins triasiques.

« La présence de gisements plus ou moins importants », a dit M. Berthon, « paraît assez vraisemblable, mais il s'agit de savoir s'ils sont à 500 mètres ou à 3.000 mètres. Seules des recherches méthodiques et persévérantes permettront de résoudre cette question si intéressante pour le pays ».

Les recherches de pétrole se poursuivent en Tunisie avec une activité croissante et à la fin de l'année 1911, l'administration des Mines avait accordé plus de trente permis de recherches.

°_°°

Le décret du 29 décembre 1913 sur les mines classe explicitement parmi les substances concessibles considérées comme mines, *les gîtes de bitume, asphalte, pétrole et autres hydrocarbures.*

.Le droit de rechercher et d'exploiter ces substances ne peut donc être exercé qu'en vertu de permis de recherches ou de concessions délivrées, après enquête par la Direction générale des Travaux publics.

‎٭
٭ ٭

Nous croyons utile de joindre à ces renseignements un tableau sur les importations en Tunisie des différents produits de l'industrie pétrolifère qui permettra de se rendre compte de la valeur qu'aurait pour la Régence la découverte dans le pays de sources de pétrole exploitables, en plus des incalculables intérêts que le pays pourrait tirer de l'exportation des produits de l'industrie pétrolifère.

Importations en Tunisie des produits de l'industrie pétrolifère.

	1907.	1908.	1909.	1910.	1911.	1912.
	Hectolitres.	Hectolitres.	Hectolitres.	Hectolitres.	Hectolitres.	Hectolitres.
1) *Huiles raffinées* :						
France.......	121	11	5	33	1	2
Algérie........	1	3	3	3	1	4
Angleterre.....	»	1	1	1	1	»
Autriche.......	»	»	»	»	2.443	»
Italie........	360	4.858	»	»	»	»
Roumanie	22.643	19.803	»	28.859	»	2.486
Russie........	49.165	77.224	59.542	41.452	62.182	101.207
États-Unis.....	30.004	29.446	37.016	70.103	61.430	17.172
TOTAL, hectol.	102.294	131.337	96.567	140.451	126.057	120.871
VALEUR, francs.	861.813	1.025.112	776.835	1.113.331	944.340	1.041.557
2) *Essences* :						
France........	706	53	733	32	125	79
Algérie........	5	12	5	1	»	100
Italie	1.481	2.118	»	»	»	»
Roumanie......	1.100	828	5.798	3.478	»	9.814
États-Unis.....	1.152	829	3.926	4.828	5.215	4.202
Autres pays....	468	11	»	»	»	»
TOTAL, hectol.	4.912	3.851	10.462	8.339	5.340	14.195
VALEUR, francs.	70.743	58.089	119.270	105.032	72.263	257.585
3) *Huiles lourdes et résidus de pétrole* :	Kilogs.	Kilogs.	Kilogs.	Kilogs.	Kilogs.	Kilogs.
France........	491.685	618.707	460.947	373.874	429.851	650.298
Algérie........	5.560	27.910	217	3.890	15.308	10.117
Allemagne.....	2.771	3.591	16.945	11.221	32.393	10.562
Angleterre.....	24.183	227.869	206.459	261.484	337.234	58.569
Autriche.......	64.937	45.106	48.386	26.972	79.084	81.724
Belgique.......	41.552	34.752	47.384	28.970	56.674	46.627
Italie	44.247	34.343	20.001	44.251	32.928	67.566
Roumanie......	24.400	»	»	3.430	1.629	105.959
Russie........	53.893	44.587	85.598	142.429	132.782	132.574
Suisse........	4.887	»	798	1.996	1.000	»
États-Unis.....	324.597	378.349	539.736	544.165	781.897	1.013.829
Autres pays....	2.558	9.987	105	10.276	894	1.992
TOTAL, kilogs.	1.085.270	1.422.201	1.426.576	1.452.958	1.901.674	2.180.417
VALEUR, francs.	248.035	357.450	374.789	328.718	519.809	521.057

C'est donc plus d'un million et demi de francs que la Tunisie a dépensé pendant les dernières années pour s'approvisionner en produits de l'industrie pétrolifère.

o°o

Conformément à un décret du 5 septembre 1905, sont réservés exclusivement à l'importation du pétrole et de ses dérivés, des huiles de schistes et de goudron, essences et autres hydrocarbures liquides, les ports de Bizerte, La Goulette, Tunis, Sousse et Sfax. Ces mêmes produits peuvent être importés par tous les bureaux de douane de la frontière algéro-tunisienne.

Voici les quantités des produits de l'industrie pétrolifère reçues dans les ports sus-indiqués de Tunisie :

	1907.	1908.	1909.	1910.	1911.	1912.
Bizerte.						
Huiles raffinées et essences.... *Hect.*	39	14	4	90	63	67
Huiles lourdes et résidus de pétrole. *Kil.*	61.041	27.558	34.229	45.806	233.782	178.859
Tunis et La Goulette.						
Huiles raffinées. *Hect.*	101.663	131.331	96.558	140.252	123.612	118.379
Essences..... *Hect.*	2.669	3.774	9.652	7.852	5.215	13.854
Huiles lourdes et résidus de pétrole. *Kil.*	796.678	1.086.826	1.070.453	1.138.011	1.367.337	1.616.642
Sousse.						
Huiles lourdes et résidus de pétrole. *Kil.*	50 074	65.020	52.934	34.882	59.848	54.721
Sfax.						
Huiles raffinées et essences.... *Hect.*	438	8	7	551	2.443	2.486
Huiles lourdes et résidus de pétrole. *Kil.*	164.272	228.657	249.983	211.808	203.801	293.326

°₀°

Sel.

Pour terminer l'examen des richesses minérales de la Régence, nous signalerons encore l'industrie du sel, laquelle n'a jusqu'ici concerné que l'exploitation du sel marin quoiqu'il y existe des gisements de sel gemme susceptibles d'être mis en valeur.

Relativement récente en Tunisie l'industrie salinière paraît devoir prendre un développement important. En effet, le littoral tunisien, par la configuration de son sol, par sa situation climatologique, exposé qu'il est à l'action simultanée des vents et de la chaleur, se trouve dans les meilleures conditions pour la création de salines artificielles. Si l'on tient compte en outre du bon marché relatif de la main-d'œuvre, de la facilité de plus en plus grande des voies de communication et des moyens de transport, on peut avancer que l'industrie du sel en Tunisie paraît assurée d'une prospérité particulière.

Mais il y a une ombre au tableau et nous la signalons plus bas !

L'exploitation du sel fait, ainsi que la vente du sel, l'objet d'un monopole de l'État, lequel, pourtant, n'est pas un obstacle à la libre fabrication de la soude par des particuliers.

L'exploitation du sel est assurée soit par l'État, soit par des particuliers, qui ne peuvent entreprendre une pareille exploitation qu'en vertu de concessions accordées à la suite d'études autorisées par la Direction générale des Travaux publics.

Ces concessions d'un type unique sont accordées pour une période de trente ans et sous la condition expresse que tout le sel extrait sera exporté. La redevance à payer au Trésor tunisien est de 0 fr. 10 par tonne de sel exporté, avec un minimum annuel, plus une redevance superficiaire généralement établie à raison de deux francs par hectare de saline.

Les salines de *Lorbeus* (Le Kef), *Porto-Farina*, *La Princesse* (La Goulette), *Sidi-el-Hani, Moknine, Kerkennah, Melah* (Zargis), *Chott-el-Djerid* sont exploitées par l'État.

Quant aux salines concédées à des particuliers, on trouve dans le tableau ci-après l'état de ces concessions au 31 décembre 1912 et le tonnage exporté pendant l'année 1912.

Désignation des salines(1).	Noms des concessionnaires.	Surface approxi- mative.	Minimum de la redevance.	Tonnage exporté en 1912.
		Hectares.	Francs.	Tonnes.
Saline du Soukra (con- trôle de Tunis).	M. Bonnet.....	5.300	5.000	150
Saline de Soliman (°) (contrôle de Grombalia).	Société des sali- nes de Soliman.	310	1.000	»
Saline de Megrine (con- trôle de Tunis).	M. Bongarts Lebbe........	60	1.200	790
Saline de Kerkennah (contrôle de Sfax).	Société des sali- nes de mer de Tunisie.......	2.700	3.000	»
Saline de Sidi-Salem (°) (contrôle de Sfax).	M. Novak	444	1.000	»
Saline de Ras-Dimas (con- trôle de Sousse).	Société des sali- nes de mer de Tunisie.......	170	1.400	1.019
Saline de la Sebkha-de- Sidi-el-Hani (°) (con- trôle de Sousse).	M. Wilhelm ...	22.000	1 500	»
Saline de Ben-Rayada (Zouïla) (contrôle de Sousse).	M. Épinat.	110	1.400	21.905
Saline de Kniss (contrôle de Sousse).	M. Demange.	500	1.400	3.870
Saline de Halk-el-Men- zel (°) (contrôle de Sousse).	Société des sali- nes du bassin de la Méditer- ranée	970	1.000	»
Saline de Assa-Djeriba(°) (contrôle de Sousse).	Société des sali- nes de Hergla.	1.900	1.000	»
Saline de Sahaline (°) (contrôle de Sousse).	M. Schloesing..	800	7.600	»

(1) Les salines marquées d'un astérisque (*) n'étaient pas en exploitation.

Dans le tableau ci-après sont groupés les chiffres de la pro- duction du sel en Tunisie à partir de l'année 1897, séparément pour les salines exploitées par la Direction des Monopoles, et pour les salines concédées en exploitation.

Production du sel en Tunisie.

Années.	Direction des monopoles.	Salines concédées.	Production totale.
	Tonnes.	Tonnes.	Tonnes.
1897	8.100	»	8.100
1898	7.300	»	7.300
1899	8.850	»	8.850
1900	9.160	»	9.160
1901	9.500	7.400	16.900
1902	9.500	12.100	21.600
1903	8.600	10.200	18.800
1904	11.500	12.100	23.600
1905	11.600	41.300	52.900
1906	10.800	51.800	62.600
1907	11.300	66.900	78.200
1908	16.700	132.900	149.600
1909	10.100	108.300	118.400
1910	10.400	189.300	199.700
1911	6.813	56.963	63.776
1912	9.821	82.391	92.212

Le plus grand producteur de sel marin en Tunisie a été la *Société des Salines de mer de Tunisie*. Les trois concessions qu'elle possédait étaient situées sur la côte Est de la Régence; la première, celle de *Ras-Dimas*, d'une superficie de 300 hectares, à 8 kilomètres de Mahdia et à 50 kilomètres de Sousse; — la seconde, celle de *Kniss*, d'une superficie de 500 hectares, à 2 kilomètres de Monastir; — enfin, la troisième, celle de *Kerkennah*, située dans une île dont elle a emprunté le nom, y occupe une superficie de 3.000 hectares.

La production des salines de ladite société était évaluée en 1908-09 à 129.500 tonnes. En 1909, par suite des pluies, la quantité de sel recueillie ne fut que de 78.000 tonnes.

Le fléchissement de la production totale du sel en Tunisie en 1911, était provoqué principalement par l'arrêt de l'exploitation des salines Ras-Dimas, Kniss et Kerkennah, dont la concessionnaire la *Société des Salines de Tunisie* était mise en liquidation dans les premiers jours de l'année 1911.

M. Demange, fils de M. Demange qui fonda ladite Société et en était le Président du Conseil d'Administration, ayant acquis les droits sur ces salines, a constitué une nouvelle société en commandite sous la même raison sociale *Salines de Tunisie*.

M. Demange fils a apporté à la nouvelle société le bénéfice de l'acquisition qu'il a faite des concessions de Kniss, Ras-Dimas et Kerkennah et du port de Kerkennah, etc., résultant des contrats d'amodiation intervenus avec le Gouvernement tunisien.

Les résultats du fonctionnement du monopole du sel pendant les seize dernières années sont groupés dans le tableau ci-après :

Années.	Vente des sels des monopoles.	Produit du monopole des sels.
	Francs.	Francs.
1897	735.853	674.789
1898	784.178	728.935
1899	795.690	725.032
1900	805.139	732.393
1901	827.623	752.968
1902	821.091	756.621
1903	920.637	837.810
1904	961.579	874.562
1905	935.920	848.794
1906	1.008.313	913.611
1907	995.868	903.635
1908	984.440	891.534
1909	1.060.997	961.005
1910	958.614	868.402
1911	1.058.292	957.969
1912	1.025.000 (1)	925.477

(1) Chiffre approximatif.

Il résulte des chiffres de ce tableau que les ventes du sel ont passé de 735.853 francs en 1897 à 1.058.292 francs en 1911, ce qui représente une augmentation de plus de 324.000 francs ou de 44 0/0. En même temps on voit que le monopole du sel rapporte à l'État tunisien des sommes importantes dont le montant est passé de 674.789 francs en 1897 à 957.968 francs en 1911, ce qui représente une augmentation de plus de 282.000 francs ou de 42 0/0 en quinze ans.

o°o

Ainsi que l'ont établi des analyses officielles, le sel tunisien convient très bien pour la conservation du poisson; sa composition ne laisse rien à désirer, et il est notamment indemne de matières insolubles. C'est grâce à ces qualités que le sel tunisien a été apprécié sur les grands marchés de consommation et il fait déjà concurrence à celui d'Italie, d'Espagne et de Portugal qui jusqu'ici ont toujours joui du monopole d'alimenter les pêcheries du Nord de l'Europe.

o°o

Nous avons vu que la production du sel par les particuliers ne peut être basée que sur son exportation, — la vente du sel dans l'intérieur du pays leur étant défendue. De cette façon l'exploitation du sel en Tunisie dépend uniquement des débouchés que ce produit peut trouver à l'extérieur. Mais ici aussi les producteurs du sel subissent des entraves. C'est ainsi qu'ils ne peuvent vendre leur sel ni en France, ni en Algérie où le sel importé est frappé d'un droit de douane quasi prohibitif. L'Italie, l'Espagne, les pays Méditerranéens sont fermés eux aussi. Il faut donc pour trouver des débouchés au sel tunisien aller au loin dans des pays auxquels il est bien difficile de faire parvenir, sans grever de frais exorbitants une marchandise pauvre qui a déjà dû subir, pour son embarquement en Tunisie, plusieurs manipulations assez coûteuses.

En fin de compte, il faut aussi prendre en considération que le sel ne peut pas être transporté dans des bateaux en fer, mais demande des coques en bois, ce qui complique encore le problème par l'emploi de navires spéciaux et généralement de faible tonnage. Pour pouvoir transporter le sel dans des conditions favorables de bon marché, il faudrait aussi qu'il constituât un fret de retour; or, jusqu'à présent le sel tunisien ne va que

Exportation de Tunisie de sel marin, sel de salines ou sel gemme.

Pays de destination.	1905.	1906.	1907.	1908.	1909.	1910.	1911.	1912.
	Tonnes.	Tonnes.	Tonnes.	Tonnes.	Tonnes.	Tonnes.	Tonnes.	Tonnes.
France.........	»	60	39	10	478	596	324	245
Algérie.........	260	160	100	5	430	160	610	971
Allemagne......	»	»	»	»	300	»	»	737
Autriche........	»	2.482	1.695	8.060	14.639	13.369	12.720	11.028
Belgique........	»	»	»	473	5.864	9.076	9.874	6.508
Bulgarie........	»	»	9.183	7.924	6.343	2.060	»	380
Danemark.......	2.279	»	»	»	»	»	»	»
Grèce..........	»	»	»	2.000	»	26	»	6.928
Italie..........	»	»	18.213	14.772	19.086	27.370	11.697	21.114
Norvège........	»	6.885	11.056	2.100	14.865	11.671	18.967	2.016
Suède..........	3.176	»	»	»	»	810	2.298	3.312
Roumanie.......	2.500	»	»	»	7.563	4.285	2.548	»
Russie.........	»	563	»	»	»	»	»	»
Sénégal........	1.041	»	»	»	30	»	»	»
Colonies françaises	»	»	»	»	»	»	»	»
Pays-Bas........	»	»	»	»	»	1.528	»	»
Autres pays.....	»	»	»	»	»	»	59	6.005
TOTAUX.......	9.256	10.153	40.285	35.345	69.598	70.951	58.097	59.244

dans des pays qui importent dans la Régence peu de marchandises en général et celles-ci se bornent principalement au bois de construction.

Les chiffres comparatifs ci-dessus pour les huit dernières années permettent de se rendre compte des débouchés que trouve le sel tunisien (Voir le tableau à la page 148).

Les pays scandinaves, notamment la Norvège et la Suède, sont devenus dans ces dernières années les plus grands consommateurs du sel tunisien; ils absorbent plus de la moitié de la quantité totale exportée de la Tunisie. L'Autriche et la Belgique reçoivent aussi de la Tunisie des quantités importantes de sel.

Les ports par lesquels se fait principalement l'exportation du sel sont : Mahdia, Monastir et Sfax. Pour les six dernières années on trouve dans le tableau ci-après les chiffres des exportations du sel par ces ports :

Années.	Mahdia.	Monastir.	Sfax.
	Tonnes.	Tonnes.	Tonnes.
1907	19.348,4	14.162,4	6.774,5
1908	7.599,2	11.755,9	15.984,3
1909	29.774,1	24.713,8	14.639,1
1910	31.449,5	24.753 »	14.588,4
1911	32.155,4	25.331 »	1,1
1912	24.149,5	7.307 »	20.814,3

En plus les *Documents statistiques sur le Commerce de la Tunisie en 1912* nous apprennent que pendant cette année il a été exporté 6.000 tonnes de sel par le port de Tunis.

***

Un important gisement de sel gemme, d'un tonnage évalué à 20 millions de tonnes, a donné lieu à des travaux de prospection développés, au Djebel Hadifa, dans la région de Gabès.

o°o

Carrières.

En dehors des exploitations de phosphates qui comptent parmi les carrières, en maints endroits de la Régence sont exploitées des carrières de pierres de différente nature : gypse, marbres, matériaux de construction, calcaires, chaux hydraulique, etc.

Les carrières appartiennent au propriétaire du sol et leur exploitation est réglementée par le décret du 1er novembre 1897.

Le nombre des carrières déclarées était de 236 en 1911, et de 258 en 1912, — toutes à ciel ouvert.

Le *gypse* qui sert à la fabrication du plâtre abonde en Tunisie, principalement dans le Sud, où il se présente en masses puissantes, dans les terrains Crétacés et Éocènes; dans le Nord, on rencontre un certain nombre de pointements gypseux accompagnés de marnes bariolées et de dolomie. Ces gypses sont rattachés à l'étage triasique.

Il existe actuellement plusieurs exploitations importantes de gypse, situées au voisinage des voies ferrées, non loin de Tunis.

Les carrières de *marbres* sont assez nombreuses dans le Nord de la Régence. En particulier il faut citer les carrières d'onyx de Djebel-Oust et celles de Djebel-Aziz, à une trentaine de kilomètres de Tunis; le Djebel Dissa, à Gabès, donne des calcaires marbroïdes rougeâtres.

Le marbre de Chemtou, aux environs de Ghardimaou était depuis l'antiquité recherché dans le monde entier. Déjà exploitées par les Romains, les carrières de Chemtou ont été, en 1883, l'objet d'une tentative d'exploitation sur une grande échelle. Un embranchement de quatre kilomètres a été construit pour amener les produits de l'exploitation à la gare d'Oued-Meliz, sur la ligne de la Medjerda. Malheureusement les travaux ont dû être arrêtés en 1890, à cause des veines ferrugineuses et calcaires qui sillonnent les marbres et les rendent cassants.

Les *matériaux de construction* sont répartis en de nombreux points sur le territoire de la Régence. Les carrières les plus

connues sont celles du Keddel et du Gattouna (près Soliman)
qui, depuis l'époque romaine, fournissent des pierres de taille
à la ville de Tunis; les carrières romaines de Béja et les latomies
d'El-Aouaria (Cap Bon), d'où ont été extraits, aux époques phé-
nicienne et punique, les matériaux employés à Carthage; les
carrières d'Achkeul à Bizerte, de Korbous qui produisent surtout
des grès supra-nummulitiques et des pavés.

Calcaires et chaux hydraulique. — La région du Bou-Kornine, près de Tunis, fournit d'excellents calcaires pour la fabrication de la chaux hydraulique et du ciment. Il convient de citer
en particulier les carrières de Hammam-Lif et celle de la ferme
Potin, à Bordj-Cédria.

Les terres à poterie se trouvent à Nabeul; les terres colorées
à Béja et à Souk-el-Arba.

Le tableau ci dessous résume la production des carrières en
1911 et 1912 :

Production des carrières.

Nature des substances extraites.	1911. Production.	1911. Valeur.	1912. Production.	1912. Valeur.
	Tonnes.	Francs.	Tonnes.	Francs.
Pierre à bâtir. Pierre de taille tendre.	9.868	210.484	5.250	231.000
Pierre de taille dure...	7.665	206.155	3.565	205.000
Meulière et moellons...	378.992	883.051	178.478	1.026.250
Sable et gravier.............	183.631	341.553	146.666	330.000
Chaux grasse	22.952	390.184	9.619	363.600
— hydraulique	21.300	617.700	11.000	693.000
Ciment	5.000	210.000	3.095	260.000
Plâtre	13.600	269.979	7.894	300.000
Argile pour briques et tuiles...	6.175	10.497	6.071	15.300
— à faïence et à poterie...	3.738	5.607	3.000	6.300
Pavés....................	3.598	36.555	1.750	42.000
Dalles....................	1.339	24.731	625	27.000
Matériaux pour ballast et empierrement	588.520	1.341.825	433.000	1.300.000
TOTAUX.............	1.246.379	4.548.321	810.013	4.799.450

QUATRIÈME PARTIE

CHAPITRE VI

LES PHOSPHATES DE CHAUX

Généralités. — Philippe Thomas et sa découverte des phosphates. — Production et consommation mondiale de phosphates. — Géologie et caractère des gîtes de phosphates de chaux de la Tunisie. — L'enrichissement des phosphates. — Le transport des phosphates de chaux.

A. — Phosphates du Centre de la Tunisie : 1° Société des Phosphates Tunisiens.

2° Société des Phosphates d'Aïn-Tagael, Bou-Gamouche.

3° Société d'études et d'exploitation de phosphates en Tunisie (gisements de Bir-Lafou).

4° Société « La Floridienne ».

5° Société française des Phosphates de Gouraia.

6° Société française des Phosphates agricoles.

7° Gisements de Sra-Ouertan.

8° Gisements de phosphates du Chaketma.

9° Société des Phosphates du Dyr.

10° Société des manufactures de glaces et produits chimiques de Saint-Gobain, Chauny et Cirey.

B. — Phosphate du Sud-Tunisien : 11° Société des Phosphates de Maknassy.

12° Gisements de phosphates de Méhéri-Zebbeus.

13° Compagnie des Phosphates et du chemin de fer de Gafsa.

14° Gisements de phosphates du Djebel-Mdilla.

Fabrication des engrais phosphatés.

LES PHOSPHATES DE CHAUX

En abordant la question des phosphates de la Tunisie, nous ne pouvons mieux faire que de reproduire dans nos premières lignes les paroles que le Président de la République, M. Fallières, a prononcées à Metlaoui, au banquet qui lui a été offert, le 23 avril 1911, à sa visite aux mines de Gafsa. M. Fallières a tenu à montrer l'intérêt qu'il portait au développement de l'industrie tunisienne et en particulier de l'industrie des phosphates, en répondant à un toast en son honneur prononcé par M. Pellé, directeur général de la Compagnie des Phosphates et du chemin de fer de Gafsa :

« J'éprouve une vive satisfaction », a dit M. Fallières, « à me trouver ici, au centre d'une grande industrie française, et je vous remercie des paroles aimables que vous venez de m'adresser.

» Là où régnait autrefois la solitude, loin de toutes les communications avec l'extérieur, presqu'en dehors du monde civilisé, de hardies entreprises ont mis au jour des mines de phosphate dont les produits ont occasionné une véritable révolution dans le monde de l'agriculture.

» On voit par là ce que l'on peut attendre de l'esprit d'initiative, du calcul dans le dessein et de la persévérance dans l'action que rien n'arrête ni ne décourage.

» Je rends un hommage mérité aux hommes d'avant-garde, savants et ingénieurs, à la science intuitive et au cœur vaillant, qui ont montré à tant de volontaires du travail la route sur laquelle ils se sont résolument engagés après eux.

» Que vous avez bien fait de garder leurs noms ! Il est juste de les redire chaque fois que l'occasion s'en présente et surtout de les retenir.

» Je me fais honneur d'avoir appartenu à l'agriculture et personne ne peut attester avec plus de conviction et de sincérité que moi que l'emploi des phosphates, sous des formes diverses, a servi et sert encore à multiplier les forces productives de la terre et à pousser à des rendements qu'on ne connaissait pas avant leur emploi.

» C'est la fortune publique qui en a été augmentée et ce n'est rien exagérer que de dire qu'il faut mettre au rang des plus ingénieux inventeurs, ceux qui ont fait sortir des flancs des roches désertiques ou des gisements enfouis dans le sol, une des principales sources de la prospérité économique des pays civilisés.

» Quels avantages pour la Tunisie que d'être un des plus grands facteurs de la production générale des phosphates et combien nous avons le droit d'en être fiers!

» Combien surtout nous devons nous féliciter de voir la main d'œuvre, depuis des siècles sans emploi, trouver l'utilisation de ses forces latentes, dans une industrie dont les salaires mettent les ouvriers à l'abri des disettes ou des effets des mauvaises récoltes! »

Comme on le voit, le Président de la République a constaté l'énorme importance de l'industrie phosphatière de la Tunisie.

Et maintenant, en suivant le conseil de M. Fallières de « redire chaque fois que l'occasion se présente » le nom du savant auquel la Tunisie doit la plus grande partie de sa fortune actuelle, — du *Père des phosphates*, — M. Philippe Thomas, nous n'hésitons pas à reproduire ici en quelques lignes l'histoire bien connue, et bien souvent répétée des découvertes de cet homme modeste.

Ce fut en 1885 que Philippe Thomas, vétérinaire principal de l'armée, entreprit l'exploration géologique du Sud-Tunisien, en compagnie de MM. G. Rolland et Le Merle. Au cours de ce premier voyage, Philippe Thomas constata dans le massif de Gafsa, entre la ville sainte de Kairouan et les *chotts* salés, la présence d'immenses bancs de phosphates. Il signala immédiatement sa découverte dans une note que le professeur Albert Gaudry se chargea de présenter à l'Académie des Sciences.

On y lit les lignes suivantes :

« Certains indices paléontologiques me donnent la conviction qu'on retrouvera les phosphates sur tout le versant sud-est de l'Aurès ».

L'année suivante, en mars 1886, Philippe Thomas entreprit une seconde campagne, dont les résultats, proclamés au Congrès de l'Association française pour l'avancement des sciences, à Nancy, le 14 août suivant, confirmèrent de point en point les enseignements de la première.

Dans une communication ultérieure à l'Académie des Sciences, le 30 janvier 1888, Philippe Thomas affirmait l'existence en Algérie de gisements de phosphates probablement aussi riches que ceux de Tunisie, puisque le gîte devait s'étendre, à l'en croire, sur plus de 700 kilomètres, jusqu'à Boghar.

Pendant plusieurs années consécutives Philippe Thomas a poursuivi son œuvre de façon à vider la question et à faciliter la tâche aux ingénieurs. Nombreux sont les documents qui attestent, de façon à ne pas laisser place au moindre doute, non seulement que la découverte des phosphates tunisiens et algériens fut exclusivement sienne, mais qu'il en avait mis l'étude au point avec assez d'exactitude et de précision, et avec un assez grand luxe de détails, pour permettre d'inaugurer immédiatement les besognes utiles.

C'est à ses travaux, en effet, et à ses indications que la Tunisie et l'Algérie doivent d'avoir connu l'existence des trésors que recèle leur sous-sol sous les espèces de prodigieux gisements de phosphates.

Et M. Émile Gautier, auquel nous empruntons ces renseignements, en parlant de l'idée d'ériger un monument à Philippe Thomas, s'exprime ainsi dans un article publié dans le *Journal :*

« Songez que le phosphate, c'est quelque chose comme de la fertilité divisible et mobilisable, comme de l'énergie végétative, comme du pain, de la viande et du vin « en puissance ». — Songez que, grâce à Philippe Thomas, la France n'est plus tributaire de l'étranger pour un produit dont la consommation ne cesse de croître dans le monde entier, et que l'agriculture internationale est, au contraire, devenue, par un heureux retour des choses, tributaire, de ce chef, de l'Afrique française. — Songez que 1.400 kilomètres de chemins de fer, qui n'auraient pas pu être construits si le transport des phosphates ne leur avait assuré un trafic rémunérateur, sillonnent aujourd'hui des régions qui, voici vingt-cinq ans, se différenciaient à peine du désert, auquel elles confinent. — Songez que sur une seule de ces lignes (Metlaoui-Gafsa-Sfax), circulent tous les jours, d'un bout de l'année à l'autre, seize trains de phosphates.

» En vérité, je vous le dis, c'est une révolution autrement féconde que la découverte des champs d'or du Transvaal ou du Klondyke, et son auteur n'aura pas volé le monument que la reconnaissance du genre humain n'aurait pas manqué d'élever à la mémoire de l'humble artisan qui, jadis, découvrit la houille, si son nom n'avait malheureusement sombré dans l'oubli ».

o^oo

Voici, pour les neuf dernières années, la production mondiale de phosphates :

Production mondiale de phosphates de chaux en milliers de tonnes métriques.

Pays.	1904.	1905.	1906.	1907.	1908.	1909.	1910.	1911.	1912.
France	423,6	476,7	469,4	431,2	485,6	397,9	301,6	290 »	278 »
Belgique	202,5	193,3	152,1	181,2	198 »	205,3	180 »	190 »	195 »
Espagne	3,3	1,4	1,3	3,1	4,5	1,4	?	4,5	?
Suède	2,9	»	»	5,3	»	»	?	?	?
Norvège	1,5	2,5	3,5	1,8	1,8	»	5	11 »	11 »
Russie	20,3	20,6	13,9	15,5	15,6	13,2	14,7	45 »	45 »
Japon	»	1,5	3 »	1,7	0,7	3,8	?	3,8	?
Algérie	345 »	334,8	333,5	315 »	361,9	351,5	412,3	340 »	392,2
Tunisie	455,8	559,6	796 »	1.069 »	1.270 »	1.300,1	1.335,2	1.570,5	1.839 »
Égypte	—	—	—	—	—	—	2,2	?	46,1
États-Unis	1.904,4	2.135,4	2.085,6	2.251,5	2.413 »	2.503,2	2.724,8	3.209,3	3.131,4
Canada	0,8	1,2	0,9	0,7	1,6	1 »	1,3	?	?
Iles Christmas	71,8	97,1	90,6	110,4	109,1	105,5	137,7	158,4	162,3
Possessions hollandaises aux Indes	22,8	22,9	26,1	?	?	?	?	?	?
Océanie	20,3	20,6	13,9	?	268,8	315 »	302,2	253 »	349,8
Guyane française	?	?	?	?	»	9 »	?	?	?

En additionnant les chiffres de ce tableau, la production mondiale de phosphates de chaux aurait donc été :

en 1904.................... .... 3.475.000 tonnes.
— 1905.. . .. . 3.867.600   —
— 1906........ .... 3.989.800   —
— 1907..... .... 4.386.400   —
— 1908........... .... 5.120.600   —
— 1909.............................. 5.213.450   —
— 1910........ .... 5.402 300   —
— 1911..... .. .. 6 067.200   —
— 1912.......................... 6.449.800   —

Il y a donc eu en huit ans dans la production de phosphate une augmentation de près de 3 millions de tonnes ou de près de 90 0/0.

Ce développement considérable de l'extraction des phosphates de chaux est dû aux progrès rapides de la consommation des engrais chimiques par l'agriculture, notamment des superphosphates.

Après s'être surtout propagé en Europe, l'emploi des engrais phosphatés et notamment des superphosphates a commencé à se répandre en Amérique, en Australie et jusqu'au Japon.

Le tableau suivant montre la marche ascendante de la consommation mondiale des phosphates pendant la dernière décade :

Provenances.	1902.	1904.	1906.	1908.	1910.	1912.
	Tonnes.	Tonnes.	Tonnes.	Tonnes.	Tonnes.	Tonnes.
Europe............	1.920.000	2.248.000	2.472.000	3.557.000	3 399.000	4.182.900
Amérique...........	758.000	925.000	930.000	1.227.000	1.589.800	1.892.600
Asie, Océanie.......	39.000	85.000	199.000	297.000	354.600	392.700
CONSOMMATION MONDIALE..........	2.717.000	3.258.000	3.611.000	5.081.000	5.343.400	6.468.200

L'Europe, où se fait la plus forte consommation, est alimentée par les producteurs du monde entier. On peut se rendre compte par le tableau ci-après de l'origine des phosphates qu'absorbe le marché européen :

Provenances.	1902.	1904.	1906.	1908.	1910.	1912.
	Tonnes.	Tonnes.	Tonnes.	Tonnes.	Tonnes.	Tonnes.
Europe............	526.000	509.000	454.000	627.000	542.000	528.000
Afrique...........	524.000	793.000	1.053.000	1.599.000	1.586.000	2.166.700
Amérique.........	814.000	873.000	904.000	1.227.000	1.042.000	1.190.200
Océanie...........	56.000	73.000	61.000	104.000	229.000	298.000
CONSOMMATION EURO-PÉENNE........	1.920.000	2.248.000	2.472.000	3.557.000	3.399.000	4.182.900

Dans le tableau ci-après, nous nous sommes efforcé de déterminer la consommation des phosphates de chaux dans divers pays en groupant les chiffres de leur production, importation et exportation dans ces pays en 1911. Quoique très incomplet, faute de renseignements, ce tableau donne une idée du mouvement des phosphates de chaux dans le commerce mondial et met en comparaison leur consommation dans les principaux pays :

Consommation de phosphates de chaux, en 1911,
dans les principaux pays.

Pays.	Production.	Importation.	Exportation.	Consommation.
	Tonnes.	Tonnes.	Tonnes.	Tonnes.
Allemagne............	»	833.260	10.592	822.668
Autriche-Hongrie......	»	172.166	»	172.166
Belgique............	190.000	192.435	23.193	359.242
Espagne.............	4.500	476.180	»	480.680
France.............	380.000	740.370	31.430	1.088.940
Grande-Bretagne.......	»	493.415	»	493.415
Italie...............	»	479.043	»	479.043
Russie.............	45.000	152.000	1.080	195.920
Algérie.............	332.897	»	362.779	?
Tunisie.............	1.566.350	»	1.539.400	?
États-Unis..........	2.428.552	19.320	1.246.571	1.201.300
Japon.............	3.800	228.450	»	232.250
Océanie............	456.000	?	?	?

o°o

Mais les chiffres que nous venons de produire dans le tableau ci-dessus ne peuvent renseigner sur la consommation de l'agriculture des différents pays en engrais phosphatés, car il se fait un important commerce international non seulement de phosphates naturels, mais aussi de superphosphates, et, en plus, il faut encore prendre en considération la consommation des scories de déphosphoration, lesquels jouent un grand rôle dans l'agriculture de plusieurs pays.

Pour n'en donner qu'une faible idée nous donnons ci-après quelques renseignements sur le mouvement des superphosphates et des scories Thomas dans quelques pays de l'Europe.

La France, dont la production annuelle en superphosphate est évaluée à 1.600.000 tonnes, a importé, en 1911, 81.711 tonnes et exporté 252.373 tonnes de superphosphate.

L'Italie, dont la production en superphosphate dépasse un million de tonnes, en importe encore quelques dizaines de milliers de tonnes et en exporte une petite quantité. En outre il a été importé en Italie, en 1911, 114.149 tonnes de scories Thomas.

Pour l'Allemagne les chiffres des importations et des exportations, pour l'année 1911, sont les suivants : pour les superphosphates, 71.119 et 221.521 tonnes ; et pour les scories Thomas 403.673 et 498.437 tonnes.

Les statistiques de la Grande-Bretagne accusent, pour l'année 1911, les exportations ci-après : superphosphates 159.463 tonnes et scories Thomas 195.930 tonnes, avec une importation de ces dernières de 122.666 tonnes.

En Belgique les superphosphates et les scories Thomas ont produit le mouvement suivant : superphosphates — à l'importation 69.593 tonnes et à l'exportation 329.880 tonnes ; et les scories Thomas, à l'importation 117.902 tonnes et à l'exportation 549.904 tonnes.

La Russie a importé 177.000 tonnes de superphosphates et 157.000 tonnes de scories Thomas.

Les importations de l'Autriche-Hongrie ont été de 3.907 tonnes de superphosphates et de 145.465 tonnes de scories Thomas.

De ces quelques chiffres, il résulte que les engrais phosphatés produisent un important mouvement sur le marché mondial, dont la signification augmente encore bien plus, si on y ajoute le mouvement des matières premières qui ont servi à leur fabrication.

₀°₀

Après avoir donné ces renseignements généraux sur le rôle que jouent les phosphates de chaux dans l'agriculture et le commerce des différents pays, et de la place qu'y occupent les phosphates de la Tunisie et de l'Algérie, nous passons à l'étude spéciale des conditions dans lesquelles se trouve l'industrie phosphatière en Tunisie en donnant de courts aperçus sur la structure géologique des gisements phosphatiers, le transport des phosphates, leur enrichissement, la situation des exploitations des différentes sociétés, l'utilisation des phosphates dans le pays même, leurs exportations de la Tunisie et nous y joignons un chapitre à part sur le marché mondial des phosphates.

₀°₀

Géologie et caractère des gîtes de phosphates de chaux de la Tunisie.

Dans le chapitre sur l'orographie et la géologie de la Tunisie, on a pu voir que l'Éocène est le terrain phosphatifère de la Tunisie.

Voici ce que dit M. Ginestous, déjà souvent cité, sur la situation géologique et le caractère des gisements de phosphates de la Régence :

« L'Éocène inférieur (ou Suessonien) prend, en Tunisie, une importance capitale parce que c'est à lui qu'appartiennent les gisements de phosphates de chaux tunisiens. Les couches du Suessonien reposent en concordance de stratification sur les termes supérieurs du Crétacé.

» Le Suessonien se compose d'une alternance de lits de marnes et de bancs de phosphate, le tout couronné par une puissante assise de calcaire nummulitique dans le Centre tunisien, tandis que dans le Sud le couronnement est formé de calcaire crayeux surmonté de gypses.

» *Région des Kalaat :*

» La *Kalaat-es-Senam* est constituée par une immense dalle

de calcaire nummulitique supportée par la série des marnes formant la base de l'Éocène inférieur.

» C'est à la base de l'Éocène inférieur et au-dessus du calcaire blanc à silex que commencent les marnes et les calcaires phosphatés. On y distingue jusqu'à quinze couches différentes présentant une richesse variant de 12,28 à 60 0/0, sur lesquelles deux couches contiguës ayant une épaisseur totale de 3 mètres sont exploitables; leur richesse est de 58 à 63 0/0; au Kef-er-Rebiba, il n'y aurait pas moins de 6 millions de tonnes de phosphate marchand. A l'analyse, ces phosphates se montrent formés de grains, au centre de chacun desquels est une diatomée.

» *Aïn-Massa, Henchir-Resgui* (voisinage de la frontière). — Au-dessus des marnes crétacées, on rencontre un premier banc de *phosphate pulvérulent* de deux mètres de puissance; teneur, 66 à 69 0/0.

» Au-dessus et intercalés à des bancs de calcaire à silex, on trouve deux autres niveaux de phosphates de 15 centimètres d'épaisseur; le tout se termine par un calcaire phosphaté qui n'est pas le dernier terme de l'Éocène inférieur; ici les calcaires à nummulites ont disparu.

» *Kalaat-Djerda.* — Un niveau phosphaté riche de 60 à 63 0/0 surmonte les marnes gypseuses du Sénonnien. C'est un phosphate avec rognons de calcaire phosphaté et de nombreuses dents de poissons. Les couches de phosphate sont dans les marnes et leur épaisseur varie de 3 à 4 mètres. Ces marnes sont surmontées par 20 mètres de calcaire à Nummulites Rollandi.

» Le niveau phosphaté se poursuit au Sud du Koudiat Maïzila; il forme quatre couches, dont une de $2^m,10$ d'épaisseur, a une teneur de 46 à 49 0/0 et présente des lentilles enrichies à 67,87 0/0.

» *Djebel-Houd, Le Kef.* — Le gisement phosphaté se poursuit sur cette région qui appartient au même synclinal, mais ici les couches paraissent moins importantes.

» *Garn-Alfaya.* — Les marnes bleues, crétacées argileuses, gypseuses, très puissantes (150 mètres), passent insensiblement aux marnes Éocènes; elles se terminent par un niveau phosphaté peu important, au-dessus duquel viennent des calcaires à silex, à glauconie et mouches phosphatées. Après une série de calcaires plus ou moins siliceux, vient le calcaire à Nummulites

Rollandi, qui constitue une table de 40 mètres de puissance.

» On retrouve l'Éocène inférieur au Djebel Kebouch, au Kef-Beroum, au Koudiat-Barhela où il présente la même constitution qu'au Dyr-el-Kef. Il débute par des calcaires marneux blanchâtres, glauconieux et phosphatés au-dessus desquels est le niveau phosphaté. Ce niveau comprend un phosphate gréseux ($0^m,90$), des marnes à boulets de calcaire phosphaté ($1^m,20$), un phosphate avec lits de calcaire marneux ($1^m,30$), un calcaire phosphaté ($0^m,30$) ; l'épaisseur totale varie de $2^m,80$ à 3 mètres, mais la richesse n'est que de 19,2 à 19,7 0/0.

» *Sra-Ouertane.* — Le niveau phosphaté est formé par un ensemble d'alternances de marnes phosphatées, de marnes bleues et de calcaires avec nodules phosphatés (ces nodules sont en général des fossiles Cytherea, Venus, Cardita, dents de poissons). La richesse varierait de 40 à 50 0/0. Au-dessus viennent les calcaires avec lits de silex noirs qui à leur tour sont surmontés par le calcaire à Nummulite.

» On retrouve le même Éocène inférieur au Djebel Ayata, au Koudiat-Gonnara (teneur 49 0/0) et au pied du Djebel Bou-Haneche (49 0/0).

» *Kalaat-el-Harrat.* — On y rencontre quatorze couches de phosphate dont la richesse varie de 6,14 à 33,24 0/0.

» *Kalaat des Oulad-Aoun.* — Le niveau phosphaté se rencontre au-dessous des Kalaats de cette région : Kef-Manara, Kef-ech-Cheib (rognons de calcaires phosphatés).

» Le terme inférieur à marnes et calcaires phosphatés se réduit au Djebel Sakarna, au Raz-Si-Ali-ben-Oum-ez-zine, à la Kessera où l'on trouve encore quelques couches de phosphates importantes. A Raz-Si-Ali, un niveau phosphaté de 10 à 15 mètres d'épaisseur a fourni des échantillons titrant jusqu'à 60 0/0 ; à la Kessera un phosphate rouge grisâtre de $1^m,50$ d'épaisseur titre 24,30 0/0. Près d'El-Ksour, à Ahd-el-Melek, on rencontre un lit phosphaté intercalé dans les marnes peu au-dessous des calcaires à Nummulites Rollandi.

» *Facies des calcaires à Glabigerines sans Nummulites.* — Le synclinal d'Ellez montre le passage de l'un à l'autre facies. Tandis que sur le flanc Est on retrouve le type des Kalaat, sur le flanc Ouest c'est celui des calcaires blancs sans Nummulites.

» Dans ce facies les niveaux phosphatés sont surmontés par

des calcaires blancs. Mais, en général, le niveau phosphaté, quoique parfois assez riche, ne forme que des bancs peu épais. On le retrouve au Djebel Massouge, à la Rebaa-Siliana, au Bargou, au Serdj, au Djebel Oussclet, au Djebel Djebil, au Djebel Rhanzour, au Djebel Sfeïa, au Djebel Maïza, au Djebel Chakeur.

» En terminant cet exposé sur l'Éocène inférieur du Nord et du Centre de la Tunisie, on doit signaler ce fait *que dans le Centre on ne trouve de niveau phosphaté quelque peu riche qu'au-dessous des calcaires à Nummulites Rollandi.*

» *Éocène inférieur du Sud de la Tunisie :*

» Il a été étudié par Ph. Thomas[1] qui découvrit, dans la chaîne orientale de Gafsa, le gisement si important de phosphate de chaux aujourd'hui exploité par la puissante compagnie de Gafsa.

» L'Éocène inférieur forme une bande continue sur les deux versants, Nord et Sud, de la chaîne occidentale de Gafsa. Sur le versant Sud on le voit depuis Chebika jusqu'à Gafsa (soit plus de 80 kilomètres); on le retrouve au Nord-Ouest de Gafsa sur la lisière des djebels Bellil, Tebaga, Boudinar, Merata et Midès, au sud de Gafsa aux djebels Sehib, Rosfa et Berda. Dans la chaîne du Cherb Ph. Thomas a signalé aussi un niveau phosphaté, mais il l'attribue au Gault (Crétacé supérieur).

» L'Éocène inférieur se retrouve encore avec son niveau phosphaté aux djebels Nasseur-Allah, Sidi-bou-Gobrine et Touila.

» Dans ces régions, l'Éocène inférieur débute comme dans le Centre par des argiles noires salifères et gypseuses contenant fréquemment des nodules de limonite concrétionnée autour de fossiles. Dans les couches supérieures viennent s'interposer quelques bancs de calcaires marneux à Thersitées, Cerithes, Turritelles et Cardites. Au-dessus commencent les marnes et calcaires phosphatés que recouvrent dans le Sud-Ouest et le Nord-Est de puissants bancs de calcaires lumachelles.

» Dans le Sud, cet ensemble se présente en couches très redressées, desquelles les couches phosphatées très ravinées laissent saillir en murs verticaux les masses calcaires intercalaires. Les couches phosphatées y sont marneuses ou calcaires.

(1) *Gisements de phosphates de chaux des Hauts Plateaux de la Tunisie*, par Ph. Thomas (*Bulletin de la Société géologique de France*, 3e édition, t. XIX, année 1891, p. 390-407).

» Les couches marneuses sont de couleur brune avec nodules de calcaire phosphaté à la surface (nodules pauvres, 5 à 6 0/0), avec coprolithes riches en phosphate (70 0/0) et quelques rognons de strontiane. Ces marnes sont feuilletées et noduleuses avec filaments gypseux cristallins. Elles contiennent de nombreux débris de matière organique donnant lieu à une matière grasse indéfinie, des dents de poissons, des débris d'ossements. Ces marnes ainsi caractérisées se trouvent au Djebel Seldja, à Chebika, à Midès, à l'Oued-el-Aachen.

» Les couches phosphatées calcaires constituent les parties les plus importantes et les plus riches de la formation. Elles alternent avec les marnes, leur dureté est faible, leur couleur varie du gris jaunâtre au brun verdâtre. Le phosphate y est sous forme de grains fins arrondis à patine extérieure dure et brillante et à texture terreuse plus ou moins fibreuse, ils sont jaunes sur leur cassure; avec ceux-ci, il existe d'autres grains couleur vert d'herbe à texture écailleuse, d'apparence scoriacée, corrodée, semblable à la glauconie. La puissance de ces calcaires varie de quelques centimètres à 3 mètres et se maintient sur 50 et 60 kilomètres d'étendue. On compte vingt-cinq de ces couches sur le versant Sud de la chaîne orientale de Gafsa; dans les autres régions, ce nombre se réduit à deux ou trois. Leur richesse est de 60 à 65 0/0 de phosphate tricalcique.

» On aura idée de la richesse en phosphates de cette région par la note suivante que nous tirons d'un article de M. L. Pervinquière sur les phosphates tunisiens, publié dans la *Revue Scientifique* du 15 septembre 1905 : « Sur le versant méridional de la chaîne de Gafsa, il y a environ 6 millions de tonnes de phosphates riches [1], il doit y en avoir à peu près autant sur le versant septentrional. D'autres gisements, situés au Nord de cette chaîne, sont également riches en phosphates; d'autre part, on en connaît au Sud de Gafsa. Au début on a estimé la puissance de ces gisements à 30 millions de tonnes, ce qui est certainement au-dessous de la réalité [2]. Et encore ne s'agit-il là que du phosphate situé au-dessus du niveau de la plaine, mais les gisements

---

(1) « Il est aujourd'hui démontré que cette évaluation est de beaucoup inférieure à la réalité » (Ginestous).

(2) D'autres évaluations donnent plusieurs centaines de millions de tonnes.

A. DE K.

se continuent en profondeur et leur cube est pratiquement illimité.

» *Région de Maknassy.* — Entre le Djebel Mezzouna et le Djebel Gouleb affleure un anticlinal disloqué, où l'Éocène phosphatifère est largement développé; les travaux de reconnaissance y ont montré des couches exploitables dans la partie Sud, mais pauvres dans la partie Nord ».

L'enrichissement des phosphates.

Si d'une part, on sait que l'industrie des phosphates figure parmi les industries minières de la Régence comme la plus importante, d'autre part on sait également que dans le Centre et le Nord de la Tunisie, où la formation phosphatière est très répandue, en général les teneurs des phosphates sont trop faibles pour permettre une exploitation rémunératrice; les teneurs marchandes ne se rencontrent qu'en certains points. En effet divers territoires de la Régence renferment des gisements importants de phosphates d'une teneur variant de 45 à 55 0/0, c'est-à-dire manquant de la richesse indispensable qui donne aux phosphates la qualité marchande, les fabricants de superphosphates exigeant une teneur non inférieure à 58 0/0.

Par suite des cours défavorables qui ont pesé sur les phosphates durant plusieurs années, les milieux financiers avaient pendant un certain temps, cessé de s'intéresser à toute affaire de cette nature; mais depuis que s'est produite une légère reprise qui laisse une marge suffisante pour exploiter avec profit, on semble de nouveau les rechercher en Tunisie, mais à la condition *sine qua non* que ce soient des gisements dont les phosphates ont une teneur moyenne non inférieure à 58 0/0.

L'exigence d'une teneur minima de 58 0/0 pour les phosphates de provenance tunisienne rend ainsi inutilisable, comme matière d'exportation, une masse formidable de phosphates du Centre et du Nord. On a donc, par suite, été amené à rechercher les moyens de suppléer à l'insuffisance de la teneur des gîtes phosphatés afin de transformer les phosphates ne titrant que 45/50 ou 50/55 0/0, en phosphates titrant 60/65 0/0.

Les sociétés qui ont acquis en Tunisie des gisements de phosphates pauvres ont ainsi été amenées à étudier les moyens les plus pratiques et les plus économiques pour les mettre en valeur, notamment la possibilité de procéder sur place à leur enrichissement.

L'administration tunisienne a soumis cette opération à la réglementation suivante :

L'établissement dans la Régence, des usines ayant pour but l'enrichissement des phosphates de chaux, est soumis aux conditions suivantes :

Les demandes sont soumises à l'enquête réglementaire *de commodo et incommodo*, pendant un délai d'un mois, et sont autorisées, s'il y a lieu, par un arrêté du Directeur général des Travaux publics fixant les principales prescriptions à observer, qui peuvent se résumer ainsi :

1° Bien ventiler les ateliers;

2° En imperméabiliser le sol;

3° Fermer les ouvertures donnant sur la voie publique pour que la fumée n'incommode pas le voisin;

4° Opérer le mélange en vases clos, de même que le concassage et le blutage des phosphates;

5° Diriger les vapeurs acides dans une colonne de coke, de manière à les condenser.

En cas de calcination des phosphates, munir les fours d'une cheminée suffisamment élevée pour que la fumée n'incommode pas le voisinage.

Les formalités à remplir pour obtenir la concession d'eau nécessaire au lavage des phosphates sont les mêmes que celles énoncées ci-dessus, sauf cependant que la durée de l'enquête est réduite à 20 jours; en outre, le pétitionnaire doit justifier qu'il est propriétaire des terrains sur lesquels seront établies les installations hydrauliques projetées, ou fournir les autorisations écrites des propriétaires desdits terrains.

o^oo

Le traitement par l'eau des phosphates naturels, en vue d'augmenter leur teneur, est considéré depuis quelques années comme une opération industrielle pratiquement réalisable d'une part, et d'autre part indispensable au maintien, sur le marché européen, de certains phosphates de teneur moyenne trop faible.

La Direction générale des Travaux publics a été saisie, à ce sujet, de nombreuses demandes d'autorisation de prise d'eau.

Jusqu'à présent, tant qu'on le sache, ce n'est que la Société des Phosphates de Maknassy qui paraît avoir pratiquement résolu la question d'enrichissement des phosphates.

La Société des Phosphates de Maknassy fait subir à son phosphate un lavage à grande eau pour enlever une partie des matières stériles, et par suite obtenir un produit plus pur.

Cette opération nécessitant une grande quantité d'eau, la Société de Maknassy a capté une partie des eaux de l'Oued Lieben, petite rivière à débit permanent, coulant à quatre kilomètres environ des installations de la Société.

Le phosphate sortant de la mine est déversé dans des appareils où il est trituré en présence de l'eau; celle-ci entraîne la gangue qui cimente les grains de phosphate, et qui est d'un titre inférieur à celui des grains ou nodules.

On y obtient ainsi un produit régulier dosant 64 à 66 0/0 de phosphate de chaux, alors que le phosphate naturel passé aux appareils d'enrichissement n'a qu'une teneur variable de 52 à 60 0/0. Le produit obtenu est ensuite repris et séché mécaniquement. La texture physique permet de faire évaporer la presque totalité de l'eau, et d'expédier une marchandise contenant seulement 1 à 2 0/0 d'humidité.

Le phosphate ainsi livré par la Société de Maknassy est de la catégorie 63/68 et renferme moins de 1 0/0 d'oxyde de fer et d'alumine réunis.

En juin 1911, la Société de Maknassy a expédié à Sfax son premier chargement à destination de Hambourg; un échantillon de phosphate pris au départ a accusé un titre supérieur à 64 0/0. Dans le courant du mois d'août suivant, deux nouveaux navires ont été chargés par la Société de Maknassy à destination de ports français de l'Atlantique; ils contenaient 2.000 à 2.700 tonnes de phosphate d'une teneur de 63/68.

о о
о

Le transport des phosphates de chaux.

Comme d'une part tous les gisements de phosphates de Tunisie sont éloignés de la mer et, d'autre part, la consommation de

phosphates extraits du sous-sol de la Régence est presque nulle
dans le pays même, les produits des exploitations phosphatières
pour trouver leurs débouchés doivent subir un double transport
— par chemin de fer jusqu'au port d'embarquement et par mer
aux pays de destination.

En même temps les prix de vente des phosphates dépendent
de la situation du marché mondial et varient sous l'influence de
causes très différentes, et comme le transport de cette marchandise joue un rôle important, il est de très grande influence sur
les bénéfices que les phosphatiers peuvent tirer de leurs produits.

On voit donc que le double transport que doivent subir les
phosphates de la Tunisie pour arriver aux points de consommation représente une question de premier ordre et il est com-
préhensible que les producteurs ont le plus grand intérêt de voir
abaisser leurs frais de transport.

Si le fret maritime subit des variations perpétuelles qui dépendent de conditions très variables et qu'il est impossible de prévoir, le prix du transport par chemin de fer est déterminé
d'avance par l'Administration par des tarifs pour ainsi dire
fixes.

Nous voyons déjà que les fabriques d'engrais chimiques se
sont pour la plupart concentrées à proximité des ports maritimes
et sur des voies navigables pour faciliter ainsi l'arrivage des
matières premières pondéreuses et diminuer les frais de leur
transport. De leur côté les producteurs des matières premières
pour la fabrication des engrais chimiques, et notamment des phosphates naturels, ne pouvant exercer une influence sur le fret
maritime, tâchent d'obtenir des réductions sur le tarif de transport des phosphates par chemins de fer.

Il n'est dont pas étonnant qu'en Tunisie il soit mené depuis
quelque temps une campagne pour l'abaissement du tarif du
transport des phosphates du Centre tunisien sur les chemins de
fer de la Compagnie Bône-Guelma.

Dans le *Recueil général des tarifs des chemins de fer d'Algérie
et de Tunisie*, année 1911, le tarif spécial P. V. 22 *bis* concernant « amendements et engrais » contient les prix exceptionnels
à appliquer aux : « phosphates de chaux, en sacs ou en vrac »,
et aux : « superphosphates de chaux en sacs ». — Nous y lisons :

§ 1. *Chapitre B. — Ligne de Pont du Fahs à Kalaa-Djerda et embranchements et d'Aïn-Ghrasésia à Henchir-Souâtir.*

Par wagon chargé d'un poids correspondant à la limite du chargement ou payant pour ce poids.

0 fr. 04 par tonne et par kilomètre avec minimum de perception de 1 franc par tonne.

Chapitre C. — Par wagon chargé d'un poids correspondant à la limite du chargement ou payant pour ce poids.

De Sidi-Ayed à Tunis-Marine ou Tunis-Ville . . . .   4 fr. 37 par tonne.
De Kalaa-Djerda à Tunis-Marine ou Tunis-Ville . . . . . .   8 fr. 50   —
De Kalaat-es-Senam à Tunis-Marine ou Tunis Ville . . . .   8 fr. 50   —
De Salsala à Tunis-Marine ou Tunis-Ville . . . .   8 fr. 50   —
De l'embranchement particulier du kilomètre 240 + 626,70
   (embranchement d'Oued Sarrath à Kalaat-es-Senam)
   à Tunis-Marine ou Tunis-Ville . . . .   8 fr. 50   — (a)
De Henchir-Souatir à Sousse-Port . . . .   9 fr.   — (b)

(*a*) Ce prix de 8 fr. 50 comprend la taxe fixée par le tarif spécial P. V. n° 29 *bis*, pour indemniser la Compagnie de la fourniture et de l'envoi de son matériel sur les embranchements particuliers (ligne du réseau tunisien à voie étroite).

(*b*) Ce prix de 9 francs comprend 5 centimes pour frais de traction sur les voies du port de Sousse, mais ne comprend pas la taxe pour l'usage desdites voies.

C'est contre ce tarif de 8 fr. 50 par tonne applicable aux phosphates provenant des gisements situés sur la ligne de Tunis à Kalaa-Djerda, au delà de la station d'Ebba-Ksour, et sur l'embranchement de Kalaat-es-Senam, qu'étaient dirigées les réclamations des propriétaires des gisements phosphatiers du Centre de la Régence, — réclamations basées principalement sur la divergence des tarifs que la Compagnie Bône-Guelma pratique sur son réseau de la Tunisie et sur celui d'Algérie. Le tarif applicable en Algérie pour le transport des phosphates sur la ligne de Tebessa au port de Bône, — c'est-à-dire sur une distance pareille à celle de Kalaat-es-Senam et Kalaa-Djerda à Tunis, — est de 7 fr. 20 la tonne.

Le Gouvernement tunisien intéressé dans la question par la part de bénéfices qu'il prélève sur les recettes des chemins de fer concédés à la Compagnie Bône-Guelma, apporta une attention toute particulière à la situation. Il négocia avec ladite Compagnie une réduction du tarif de 8 fr. 50 que paie la tonne de

phosphate pour son transport des gisements au port de Tunis et
sur son insistance la Compagnie Bône-Guelma abaissait de
8 fr. 50 à 7 fr. 65 le prix de ses transports sur voie ferrée
moyennant certaines conditions à remplir par les expéditeurs,
notamment d'une régularité dans les expéditions.

Ces dernières conditions ont fait l'objet d'une « Annexe temporaire n° 2 au tarif spécial P. V. n° 22 *bis* » (applicable à titre
provisoire du 1er janv. 1911 au 31 déc 1911).

Le texte de cette Annexe est le suivant :

Ligne de Tunis à Kalaa-Djerda et embranchements.
Phosphates de chaux, en sacs ou en vrac.

Pour les expéditions effectuées pendant une période de six mois consécutifs, par trains réguliers périodiques, avec minimum d'un train
par semaine, composés de wagons de 25 tonnes, chargés d'un poids
correspondant à la limite de chargement, chaque train formant un
tonnage net d'au moins 300 tonnes ou payant pour ce poids, il sera
fait, sur le prix de 8 fr. 50 inscrit au § 1, chapitre C, du tarif spécial
P. V. n° 22 *bis*, une réduction de 0 fr. 85.

Cette réduction sera accordée à l'expéditeur par voie de détaxe, dans
les trente jours qui suivront le semestre considéré.

En outre à cette Annexe sont jointes des conditions particulières parmi lesquelles nous relatons les suivantes :

Un programme des expéditions à faire pendant six mois est établi
par la Compagnie du chemin de fer et si par le fait de l'expéditeur,
plus d'un sur quinze des trains prévus par ce programme doivent être
supprimés pendant le semestre, le droit à la détaxe cessera d'exister
pour la totalité des expéditions du semestre envisagé.

De son côté, la Compagnie se réserve le droit de supprimer un ou
plusieurs trains réguliers prévus par le programme à l'époque de la
campagne des céréales, qui est fixée du 1er juillet au 31 octobre.

Les restrictions introduites dans le nouveau tarif spécial pour
le transport de phosphates sur la ligne de Kalaa-Djerda, notamment le caractère temporaire qu'on lui a donné, et la forme de
détaxe dite de régularité attribuée à la diminution du tarif consentie par la Compagnie Bône-Guelma, n'ont pas pu satisfaire
les phosphatiers tunisiens qui réclament l'abaissement des tarifs
du transport au niveau de ceux qui sont applicables, sur la ligne
de Tebessa à Bône, en Algérie, où le tarif du transport des phos-

phates sur une même distance par la même Compagnie est fixé
à 7 fr. 20.

L'État tunisien qui est intéressé dans la question, en raison
de la rémunération qu'il doit appliquer à son capital de premier
établissement des voies ferrées, après avoir obtenu de la Compagnie Bône-Guelma une diminution de 0 fr. 85 sur les lignes
desservant les exploitations phosphatières du Centre tunisien, se
défend énergiquement contre un nouveau remaniement du tarif.

Nous croyons devoir exposer ici les deux thèses en présence
auxquelles M. le sénateur Pedebidou, dans son rapport sur la
Tunisie, a consacré quelques pages substantielles.

« Dans son ensemble, l'argumentation des phosphatiers peut
se résumer ainsi :

» La Compagnie des chemins de fer Bône-Guelma perçoit
environ 0 fr. 03 par tonne kilométrique. Or, ce prix est beaucoup trop élevé, si l'on songe que cette dernière Compagnie ne
supporte que les frais d'exploitation proprement dits et qu'elle
n'assume aucune charge financière, du fait de la construction
des voies ferrées, puisque l'État tunisien lui remet les lignes
entièrement construites et équipées, prêtes, en un mot, pour
l'exploitation. On aura un élément de comparaison quand on
saura que le coût de la tonne kilométrique pour les transports
de houille sur la Compagnie des chemins de fer du Nord
revient exactement à 0 fr. 0096, c'est-à-dire à moins de un
centime.

» En second lieu, on sait qu'il a été institué dernièrementu ne
prime de 0 fr. 85 par tonne, dite prime « à la régularité ». Or,
cette prime est insuffisante, et de plus, elle est essentiellement
précaire.

» La Tunisie a cependant le plus grand intérêt à maintenir et à
développer ses exploitations de phosphates. Si une grande compagnie comme la Compagnie des phosphates du Dyr venait à
fermer ses chantiers, outre l'effet moral déplorable que produi-
rait une semblable mesure, l'État perdrait de ce seul fait un
revenu direct, annuel, minimum de 1 fr. 77 + 0 fr. 50
× 100.000 tonnes = 227.000 francs, sans parler du préjudice qui
résulterait pour lui des diminutions de recettes du chemin de
fer et de la Compagnie des ports.

» A la thèse des phosphatiers s'oppose le point de vue tunisien.

» S'il est très exact que l'État ait le plus grand intérêt à voir se développer sur son sol de grosses exploitations de phosphates, en dehors de celle de la Compagnie de Gafsa, il ne peut pas ne pas se préoccuper de la part qui revient au Trésor. Or, les sociétés phosphatières paraissent demander au gouvernement du Protectorat de sacrifier cette part purement et simplement.

» C'est à tort que l'on a présenté comme entachée de précarité la prime à la régularité consentie par l'État tunisien. Il est dans l'intention formelle du gouvernement de la rendre définitive. C'est incontestablement l'intérêt commun des deux parties.

» D'après les dernières conventions en vigueur, on sait que le Bône-Guelma a droit à 0 fr. 024 par tonne et par kilomètre pour couvrir ses dépenses d'exploitation. Cela représente environ 6 francs par tonne pour une distance moyenne de 250 kilomètres. Les phosphatiers prétendent que ce tarif est excessif et ne correspond pas aux charges que la compagnie assume. Mais il ne faut pas perdre de vue que le charbon en Tunisie coûte à peu près le double de ce qu'il coûte sur les autres réseaux dont on invoque l'exemple. Il faut se souvenir, en outre, que sur ces réseaux, le trafic intensif a lieu à la montée comme à la descente, de telle sorte que les frais généraux sont couverts dans un sens comme dans l'autre. Il est loin d'en être ainsi sur les lignes tunisiennes où le trafic à la descente peut approximativement s'évaluer à un million de tonnes, mais où le trafic à la remonte est à peu près nul. Dans ces conditions, les 0 fr. 024 alloués au Bône-Guelma doivent être réduits de moitié environ ».

Sur le tarif de 7 fr. 65 (l'ancien tarif était de 8 fr. 50, mais la prime de régularité l'a abaissé de 0 fr. 85), la taxe de 6 francs par tonne laisse 1 fr. 65 à l'État. Comme le fait remarquer M. Pedebidou dans son rapport, « c'est là la rémunération qu'il applique à son capital de premier établissement; ce capital, pour la ligne de Kalaat-es-Senam, par exemple, n'est pas loin d'une trentaine de millions, dont l'intérêt et l'amortissement à 4 0/0 est de 1.200.000 francs par an; il faut plus de 700.000 tonnes de phosphate pour couvrir cette charge, et le trafic n'atteint pas encore ce chiffre; ainsi l'opération industrielle de la création de cette ligne n'est pas encore pleinement réussie. Or, l'État tunisien, qui ne touche aucune subvention ni garantie d'intérêt de la métropole, est bien obligé, de s'astreindre aux mêmes règles financières qu'un industriel qui fait valoir ses capitaux. Tant que l'industrie des phosphates ne sera pas pleinement assise et que la Tunisie sera dans la période de construction de son réseau, n'a-t-elle pas le devoir impérieux de ne consentir aucun abaissement inconsidéré de ses tarifs de phosphate ? »

Nous passons aux tarifs applicables aux transports par le chemin de fer de Gafsa, et nous voyons que la convention, intervenue le 15 août 1896, entre le Gouvernement tunisien et la Compagnie des phosphates et du chemin de fer de Gafsa contient (art. 16) la clause suivante sur les tarifs applicables aux transports par la voie ferrée :

Les tarifs maxima seront fixés par le cahier des charges.

Les tarifs appliqués au transport des phosphates seront, pendant toute la durée de la concession, les tarifs en vigueur, au même moment, sur la ligne algérienne de Bône à Tebessa.

Toutefois, le prix maximum à percevoir pour le transport desdits phosphates sera établi d'après les bases kilométriques du tarif de la Compagnie Bône-Guelma P. V. n° 42, homologué le 17 mai 1893, dans les conditions d'expéditions appliquées sur la ligne de Bône à Tebessa à l'époque de son homologation.

Dans le cas où le prix de transports résultant de l'application des tarifs ci-dessus stipulés serait supérieur à ce maximum, la différence entrerait en compte pour le calcul de la première redevance supplémentaire prévue à l'article 11 ci-dessus.

Néanmoins dans les tarifs des chemins de fer Sfax-Gafsa figure entre autres le tarif spécial P. V. n° 22, — Amendements, Engrais — parmi lesquels se trouve dénommé « le phosphate de chaux ». A toutes les marchandises qui figurent sous la dénomination générale « Amendements, Engrais », expédiées par wagons chargés de 9.000 kilog. au minimum est applicable le barème H, ainsi conçu :

Jusqu'à...... 50 kilomètres...... 0,06 par tonne et par kilomètre.
De.......... 51 à 100 — ...... 0,05)
De.. ...... 101 à 150 — ...... 0,04 (par chaque kilomètre
De.......... 151 à 200 — ...... 0,03 (en sus.
Au delà de... 200 — ...... 0,02)

Mais il est spécifié en outre que la moitié du chargement de chaque wagon n'est taxée, quelle que soit la distance, qu'à 2 centimes et par kilomètre, ce qui ramène les bases ci-dessus à 4; 3,5; 3; 2,5 et 2 centimes.

Finalement le tarif applicable aux phosphates de chaux par wagons complets sur la ligne de Sfax-Gafsa est donc dès maintenant identique à celui en vigueur sur la ligne de Tebessa à Bône, dont les phosphatiers du Centre tunisien réclament l'extension aux chemins de fer desservant leurs exploitations.

A. — PHOSPHATES DU CENTRE DE LA TUNISIE

Dans la région comprise entre la frontière algérienne, le Kef, Mactar et Thala, il existe de très nombreux gisements phosphatés, vestiges d'une couche continue qui devait s'étendre sur toute la contrée et qui a été affectée dans la suite par deux séries de plissements rectangulaires dirigés les premiers Sud-Ouest-Nord-Est (ce sont de beaucoup les plus importants), — les seconds — Sud-Est-Nord-Ouest. Dans toute la région s'est produit le phénomène de l'inversion des reliefs. Les *hamadas* calcaires qui forment les points dominants correspondent à des fonds de synclinaux nummulitiques.

Nous donnons ci-après de courtes notices sur les gisements du Centre de la Tunisie et les exploitations de phosphates de : Kalaa-Djerda, Kalaat-es-Senam, Aïn-Taga et Bou-Gamouche, Bir-Lafou, Salsala, Gouraya, de la Siliana, de Sra-Ouertan et de Cheketma.

⁰₀

1° *Société des Phosphates tunisiens.*

Constituée en mars 1904, la Société des Phosphates tunisiens a pour but d'exploiter des gisements phosphatiers situés au Centre de la Tunisie dont la concession lui était apportée par une maison italienne, Luigi-Donegani de Livourne.

Les gisements de Kalaa-Djerda exploités par la société sont

situés dans le contrôle de Thala, à environ 15 kilomètres Nord-Ouest de cette ville, sur la frontière algérienne, non loin des gisements de Tebessa, en Algérie.

Les phosphates de Kalaa-Djerda sont connus depuis 1893, époque à laquelle ils furent découverts par M. Bournat, receveur des douanes, à Haïdra; mais, comme ils se trouvaient compris dans des terrains relevant d'une fondation habous privée dont la possession a fait pendant plusieurs années l'objet de litiges, ces conditions ont empêché la poursuite des travaux de prospection et la mise en exploitation des gisements. Enfin, en juillet 1902, une sentence arbitrale ayant déterminé les droits respectifs des différents compétiteurs, ceux-ci se sont mis d'accord pour former une société anonyme laquelle, comme nous venons de le dire, a été définitivement constituée en mars 1904.

Il faut observer que quoique les gisements de Kalaa-Djerda se trouvent dans des terrains habous, le droit de leur exploitation ne tombait pas sous les dispositions de l'article 8 du décret du 1er décembre 1898 — qui soumettent à l'amodiation par voie d'adjudication l'exploitation des phosphates de chaux situés dans les terrains habous — vu que les travaux de prospection étaient entrepris avant la promulgation dudit décret.

Les gîtes d'exploitation de la société sont pour le moment au nombre de trois : Souetir, Sif et Kalaa-Djerda.

Le massif éocène de Kalaa-Djerda se trouve divisé en deux par une faille Sud-Est-Nord-Ouest, qui a amené les calcaires sénoniens en contact avec les calcaires nummulitiques. A l'Est de cette faille, se trouve le Djebel Sif, à l'Ouest se trouvent la table de Kalaa-Djerda et le Kef-Souetir.

Les gisements exploités par la Société des Phosphates tunisiens, ne le cèdent en rien comme richesse, à ceux de sa puissante rivale, la Compagnie des phosphates et du chemin de fer de Gafsa.

Quant aux réserves qui ne sont pas encore complètement connues, elles ne sont pas inférieures à 15 millions de tonnes.

Dès la constitution de la société elle s'est occupée de la question du transport des phosphates extraits de ses gisements et a signé une convention avec le Gouvernement beylical pour la construction, aux frais de l'État, d'un embranchement de chemin de fer reliant Kalaa-Djerda à la ligne que le Gouver-

nement avait décidé de construire de Pont-du-Fahs à Kalaat-es-
Senam. Par cette même convention le Gouvernement tunisien
s'est engagé à transporter 300.000 tonnes de phosphates par an.

Deux années s'écoulèrent jusqu'au moment où la société a
pu commencer l'expédition de ses phosphates. Pendant ce
temps elle a procédé à l'étude détaillée des gisements pour
déterminer les travaux à entreprendre pour la mise en valeur
des gisements de Souetir et du Sif, en vue d'être en état dès
l'achèvement de la construction du chemin de fer d'exporter
les phosphates produits par ses mines, et pour pouvoir arriver
à ce but elle n'a pas hésité à faire venir de Tunis par charrettes,
tous les matériaux indispensables.

D'autre part, par une convention avec la Compagnie des ports
de Tunis, Sousse et Sfax, la Société des Phosphates tunisiens a
obtenu sur les terre-pleins du port de Tunis un terrain d'une
superficie de 9.500 mètres carrés pour servir de dépôt à ses
phosphates en attendant leur embarquement.

Quant à la préparation de l'exploitation des gisements, la
société avait entrepris au Souetir et au Sif des travaux de
traçage. La couche ayant été reconnue sur une longueur
d'environ 1.200 mètres au Souetir et de 1.800 mètres au Sif
avec une épaisseur moyenne aux deux endroits de 2m,50 à
3 mètres, on y avait aménagé un premier niveau d'exploitation,
avec un certain nombre de descenderies et de galeries cheminées.

Telle était la situation des mines de la société quand com-
mencèrent les expéditions de phosphates, vers le 20 février 1906,
au moment où la ligne du chemin de fer était encore admi-
nistrée par le service de construction de la Compagnie Bône-
Guelma. Ce n'est que le 1er avril de la même année que la ligne
a été officiellement ouverte à l'exploitation et que des trains
réguliers ont circulé de la mine à Tunis. Aussi tandis que les
précédents exercices avaient pour but principal l'étude des
gisements et l'exécution des travaux préparatoires d'exploitation,
celle-ci a réellement commencé en avril 1906.

Nous nous efforcerons dans la suite, guidé par les rapports
annuels du conseil d'administration de la société, de présenter
un court récit sur les travaux exécutés par la société et les
conditions qui ont jusqu'ici dirigé la marche des affaires de
celle-ci.

A la section de Souetir, la galerie de roulage qui sert en

même temps de limite de séparation entre la continuation du gisement et le premier niveau d'exploitation avait atteint, au 31 décembre 1906, une longueur de 744 mètres.

Des descenderies, au nombre de six commencées aux affleurements du gîte aboutirent à la galerie de roulage. Quatre de ces descenderies étaient munies de plans automoteurs destinés à amener les phosphates des divers sous-étages au niveau de la galerie principale de roulage du premier étage d'exploitation. Sur une des six descenderies fut installé un treuil électrique.

En outre il a été construit quatre descenderies cheminées servant à l'aération des chantiers.

Les premiers sous-étages d'exploitation furent tracés à une distance de 20 mètres environ, quand il fut constaté que ces grands dépilages présentaient non seulement un danger pour la sécurité des ouvriers, mais encore ne constituaient pas une économie, car l'approche du sommet de la taille était coûteux et la perte en bois particulièrement élevée; il fut décidé de réduire la distance séparant deux sous-étages de 10 à 12 mètres.

En même temps qu'elle poursuivait le traçage au premier niveau d'exploitation, la société s'occupait de l'aménagement d'un deuxième étage. Le puits de Souetir fut approfondi de 13 mètres au-dessous de la recette du premier étage, mais une venue d'eau empêcha la continuation de ce travail.

Le développement des galeries au gîte de Souetir avait atteint déjà la longueur de 3.755 mètres fin décembre 1906; fin 1908, les travaux de traçage dans le phosphate étaient d'une longueur de 6.697 mètres.

Les moyens d'extraction au gisement de Souetir étaient assurés, depuis 1906, par un puits et deux descenderies. Le puits était armé d'un treuil électrique d'une puissance de 16 chevaux, avec lequel l'extraction en dix heures pouvait atteindre 600 berlines, contenant chacune un poids utile de 700 kilogs, ce qui représente une extraction de 400 tonnes en dix heures.

Les deux descenderies munies de treuils électriques pouvaient extraire chacune 200 tonnes en dix heures.

En conséquence la production journalière au gîte de Souetir était assurée pour un total de 800 tonnes.

Vu la situation du marché des phosphates, en 1908, le conseil d'administration de la société avait estimé qu'il valait mieux, au lieu de chercher à vendre à tout prix, modérer la production, en activant au contraire les travaux de traçage, de façon à pouvoir produire intensivement.

Pour pousser l'exploitation de la mine et pour obvier à la pénurie de la main-d'œuvre, il avait été décidé d'installer des perforatrices mécaniques dont chacune conduite par un bon mineur et deux aides indigènes serait à même d'effectuer un travail équivalant à celui de dix mineurs. Ces perforatrices ont été introduites peu à peu et mises en marche à la fin de l'année 1909.

Pendant cette même année on a commencé à la section de Souetir les travaux d'un nouveau puits destiné à faciliter le développement de cette section.

Trois forages de recherches exécutés en 1911 ont reconnu l'aval-pendage de la couche de phosphate du Souetir qui se prolonge sous la plaine sur une étendue de plusieurs centaines de mètres, suivant la pente. Ces forages ont permis d'escompter une augmentation du tonnage de plusieurs millions de tonnes de phosphate marchand.

Alors qu'on poursuivait, en 1911, activement la préparation du troisième niveau de Souetir, un coup d'eau d'une extrême violence se produisait, noyant tous les travaux de ce niveau. L'accident s'est produit au moment où le travers-banc principal venait d'atteindre les marnes qui se trouvent au contact de la couche de phosphate. La pompe installée au bas du puits, aidée par le tirage des bennes, ne suffisait pas à l'épuisement; l'eau montait jusqu'au deuxième niveau et l'aurait inondé sans la puissante installation d'épuisement prévue à ce niveau.

En 1912, on a terminé l'aménagement d'un deuxième sortage principal à flanc de coteau et d'une issue auxiliaire pour la reconnaissance de l'aval-pendage du gîte et la détermination du point d'implantation d'un nouveau siège d'exploitation.

La société ayant décidé de porter ses efforts sur l'exploitation de la section du Souetir, les travaux au Sif ont été restreints.

Les travaux exécutés pour le prolongement d'une galerie de roulage avaient rencontré, à 275 mètres de l'entrée, la grande faille, déjà reconnue par les travaux supérieurs. Cette faille, d'une largeur de 90 mètres, a été traversée par la galerie qui a retrouvé la couche de phosphate à 364 mètres. Des galeries

furent tracées sur quatre étages. Deux plans automoteurs ont
été installés mettant en communication le troisième et quatrième
niveau.

Installations communes aux exploitations. — Le Souctir et
le Sif sont reliés par un chemin de fer électrique qui amène
les phosphates en gare de Kalaa-Djerda, où a été construit un
quai devant servir à la fois pour le dépôt des phosphates secs
et leur chargement. Ce quai d'une longueur de 300 mètres est
aménagé de manière à permettre de culbuter le chargement des
wagons venant des mines directement dans les wagons du chemin
de fer Bône-Guelma. Il a été couvert par une série de six hangars
mesurant chacun 40 mètres de longueur et près de 17 mètres
entre les piliers. Dans les intervalles entre les hangars,
également couverts, sont installés les appareils de mise en dépôt
et de chargement.

La surface couverte est de 4.056 mètres carrés et on peut y
abriter de 20 à 30.000 tonnes de phosphate.

Vu le développement de la production, la voie extérieure qui
relie l'exploitation du Sif au centre de séchage a été doublée.

Par suite de la venue d'eau mentionnée plus haut, la société
était amenée, pour donner à l'exploitation le maximum de
sécurité, à formuler un imposant programme de nouvelles
installations mécaniques et d'épuisement; celles-là pour avoir
toujours la force motrice, celles-ci pour doter l'exploitation de
tous les engins nécessaires à l'épuisement des eaux. Ce programme a été immédiatement mis en exécution et, en 1912,
furent installées une nouvelle centrale électrique de 800 HP
et une série de pompes puissantes pour parer à l'affluence
des eaux.

Les hangars du quai n'étant pas suffisants pour assurer le
séchage des phosphates et considérant que l'approfondissement
des travaux devait avoir comme conséquence une augmentation sensible de l'humidité, la société a installé une batterie de
fours suffisant à sécher journellement de 1.000 à 1.200 tonnes
de tout-venant. Cette installation composée de quatre séchoirs
parallèles a été complétée par le concassage des phosphates.

Les fours à sécher sont du système « Diedrich ». Le phosphate venant de l'exploitation est culbuté dans une trémie
alimentant le concasseur; le produit broyé tombe dans une
fosse d'où il est repris par une noria qui alimente les fours. Le

tout est complété par un système de chargement automatique
sur les wagons de la Compagnie du chemin de fer Bône-
Guelma.

En 1912, les séchoirs, après plus de trois années de marche
ininterrompue ont nécessité une remise en état très complète.
En même temps, un nouveau séchoir a été construit et la
société a actuellement à sa disposition cinq séchoirs perfectionnés et puissants.

La force électrique nécessaire pour actionner les séchoirs, la
traction sur le chemin de fer électrique, les appareils d'extraction, les perforatrices est fournie par une usine centrale installée
près de la gare de Kalaa-Djerda, qui donne en même temps
l'éclairage à toute l'exploitation.

Elle se compose de trois moteurs à gaz pauvre d'une force
normale de 300 chevaux, actionnant trois dynamos à courant
continu.

Nous venons de dire que cette installation a été agrandie, en
1912, par une nouvelle centrale électrique de 800 chevaux.

Teneur des phosphates. — La teneur des phosphates varie entre
60 et 66 0/0 avec moins de 2 0/0 d'alumine et de fer au Sif,
tandis que ceux du Souetir ne contiennent que 1/2 0/0 de fer
et d'alumine. La section de Souetir est celle qui fournit le phosphate à haute teneur. En 1910, les livraisons ont donné une
moyenne de 60,45 0/0 pour le type 58-63 et de 64,58 0/0 pour
le type 63-68 et l'humidité, qui a varié entre 2 3/4 et 3 1/2 0/0
selon les saisons et les conditions spéciales atmosphériques, n'a
jamais dépassé 4 0/0.

Dans un de ses rapports annuels le conseil d'administration
de la société s'explique de la manière suivante au sujet de la
qualité des phosphates de Kalaa-Djerda. « S'il est exact, que les
phosphates de Kalaa-Djerda consomment une quantité d'acide
légèrement supérieure à celle qu'exige une autre provenance
tunisienne, il n'est pas moins vrai que ce léger défaut est largement compensé et au delà, par la qualité des supers qu'on tire
de ces produits, qui sont d'aspect beaucoup plus beaux, plus
blancs que les autres et surtout plus secs, toutes choses qui
constituent des avantages dont l'importance, au point de vue du
fabricant, dépasse de beaucoup les inconvénients d'une faible
augmentation d'acide. Et cela est tellement vrai que plusieurs consommateurs d'autres phosphates tunisiens en sont

arrivés à acheter des phosphates de notre société pour les mélanger et obtenir un produit se rapprochant plus des leurs. En Italie, notamment, où la société vend des quantités très importantes, le type du super obtenu par les phosphates de Kalaa Djerda fait prime dans certaines régions ».

La main-d'œuvre. — A Kalaa-Djerda où dans le temps quelques rares gourbis arabes rompaient seuls la monotonie du paysage, s'élève maintenant une cité ouvrière dotée des services publics les plus nécessaires.

Un grand bordj renferme les bureaux techniques et administratifs, les laboratoires, les logements du directeur et des employés mariés.

Des maisons ouvrières disséminées à flanc de coteau, sont destinées exclusivement au personnel européen et deux villages situés au Nord et au Sud composés de maisonnettes d'une seule pièce servent de logement aussi bien aux indigènes qu'aux ouvriers européens.

Plusieurs grandes maisons à l'usage des ménages ouvriers, contiennent des logements de deux chambres avec cuisine; d'autres, à dix chambres chacune, servent à loger les célibataires.

Une cantine, un lavoir avec buanderie, un abattoir, un poste de police, une recette-école y ont été construits. Une infirmerie accessible, non seulement aux ouvriers des exploitations minières, mais aussi aux indigènes de la localité, comprend une pharmacie, une salle de consultations et une salle de pansements. Un médecin y visite les malades plusieurs fois par semaine.

Une source captée et canalisée fournit l'eau nécessaire aux villages dans lesquels on a installé un certain nombre de bornes-fontaines; un puits fut foré et aménagé à 300 mètres de la cité. Le trop-plein provenant des réservoirs du Bône-Guelma est amené par une canalisation dans deux bassins situés aux environs de la station centrale, d'où l'eau est refoulée dans différents réservoirs.

Les rues et les places de la cité sont plantées d'arbres.

Toutes ces installations ont amélioré très sensiblement les conditions de bien-être et d'hygiène de la population ouvrière.

Pendant l'exercice de 1911 des difficultés de main-d'œuvre surgirent à cause du choléra. Pour empêcher le retour et la propagation d'épidémies, il a été décidé d'entreprendre des travaux d'assainissement, l'amélioration des logements existants et la construction de nouvelles maisons pour ouvriers européens et indigènes.

Dans un de ses rapports annuels le conseil d'administration de la société dit que la question de la main-d'œuvre est assez importante; les mineurs indigènes sont inexpérimentés; quant aux ouvriers blancs, il est difficile de les conserver, ce qui ne permet pas de les utiliser au « dressage » des indigènes.

Production des exploitations. — Dans le tableau ci-après sont réunis les chiffres de la production de la société, ainsi que ceux des ventes de phosphates.

Sections d'exploitations.	1906.	1907.	1908.	1909.	1910.	1911.	1912.
	Tonnes.	Tonnes.	Tonnes.	Tonnes.	Tonnes.		
Souetir...............	86.000	163.563	109.280	110.732	»	(1)	(1)
Sif...................	12.000	63.437	62.164	52.130	(1)		
Kalaa-Djerda..........	»	»	15.900	39.577	»		
Total........ ..	98.000	227.000	187.344	202.439	»	245.039	420.302
Expéditions à Tunis.....	83.310	186.796	197.000	191.900	182.000	230.810	309.172

(1) Il nous a été impossible de nous procurer le chiffre de la production de l'année 1910 de même que pour les deux dernières années les chiffres de la production des différentes sections d'exploitation.

L'année 1912 a été particulièrement importante pour la société. La production des mines a atteint un tonnage notablement supérieur à celui des années précédentes, soit 420.302 tonnes contre 245.039 tonnes en 1911; les expéditions de la mine sur Tunis se sont élevées à 309.172 tonnes contre 250.810 en 1911; les embarquements au port de Tunis ont atteint 302.833 tonnes contre 233.258.

La forte production de 1912 a permis à la société de constituer des stocks en proportion avec l'importance de ses ventes. Ces stocks au 31 décembre 1912 étaient de 113.907 tonnes contre 29.130 tonnes en 1911.

Les installations au port de Tunis. — Au port de Tunis sur les terre-pleins duquel, comme nous l'avons dit plus haut, la société avait obtenu un terrain d'une superficie de 9.500 mètres carrés, pour servir de dépôt de phosphates et pour les installations de chargement, de nombreuses difficultés de différente nature étaient à vaincre pour aboutir à un résultat favorable.

Premièrement le terrain affecté au dépôt de phosphates, malgré des précautions prises par la société, fléchissait plusieurs fois sous le poids des phosphates. La voie ferrée du port qui dessert ce dépôt suivait également les fluctuations du terrain.

Ensuite, c'est la construction d'une installation mécanique d'embarquement et de hangars sur le terre-plein qui a causé de grands ennuis à la société.

A la fin de l'année 1908, les hangars, dont la construction a été faite pour le compte de la société par un entrepreneur général, se sont effondrés en produisant des dégâts assez importants au transporteur construit par le même entrepreneur et destiné à assurer le chargement mécanique de phosphates. De ce fait surgit un procès. Ayant obtenu gain de cause dans ce procès, la société a exécuté la reconstruction desdites installations par ses propres moyens.

Nous donnons d'autre part[1] la description de ces installations d'embarquement de la Société des phosphates tunisiens, — description faite par M. Hermann, ancien directeur général de la Compagnie des ports de Tunis, Sousse et Sfax.

En attendant l'achèvement de ces installations l'embarquement des phosphates s'est fait au moyen de la main-d'œuvre ouvrière avec des couffins remplis au dépôt et transportés le long du bord sur des charrettes à bras. Cet embarquement était très coûteux (0 fr. 90 par tonne).

Débouchés. — L'écoulement des phosphates produits par la société a été assuré dès le début de leurs expéditions, entre autres, par une convention avec la *Unione Italiana fra Consumatori et fabbricanti Concimi e Prodotti chimici*, à Milan. Ce contrat assura pour une durée de cinq années à l'*Unione Italiana* le droit d'acquérir la moitié de la production en 1906, 140.000 tonnes en 1907 et 150.000 tonnes au minimum dans la suite.

La crise phosphatière se prolongeant en 1909, l'*Unione*

---

(1) Voir au chapitre x : *Les principaux ports de la Tunisie et leur trafic en produits de l'industrie extractive.*

Italiana a consenti pour une durée de huit années une nouvelle convention d'après laquelle cette société est considérée comme un client ordinaire, en ce sens que le prix de l'unité, le dosage moyen, la teneur, l'humidité et toutes autres conditions sont réglés suivant la formule habituelle des contrats de vente. D'après cette convention, la Société des phosphates tunisiens a vendu à l'*Unione Italiana*, 150.000 tonnes de phosphates par an jusqu'au 31 décembre 1917 à un prix fixe avec faculté pour la dernière de réduire cette quantité de 30.000 tonnes au maximum, mais à la condition de payer à la Société des phosphates tunisiens une indemnité de 2 fr. 50 par tonne non retirée. Par contre, à partir du 31 décembre 1917, l'*Unione Italiana* reste acheteur ferme de 150.000 tonnes par an, aux conditions de la formule du contrat originaire et en aucun cas l'*Unione Italiana* n'a le droit de revendre les quantités de phosphates qui lui ont été livrées; elle doit les consommer dans ses propres fabriques.

Voici d'après les rapports annuels de la société, les chiffres des quantités de phosphate expédiées à l'*Unione Italiana* depuis l'origine de la société (en tonnes) :

Années.	Unione.	Divers.	Total.
1906........................	79.309	3.084	82.393
1907........................	119.768	74.920	194.688
1908........................	149.220	45.543	194.763
1909........................	105.899	86.132	192.031
1910........................	81.299	101.039	182.338
1911........................	105.441	129.817	235 258
1912........................	»	»	302.833

Voici également par pays de destination le tonnage des phosphates expédiés par la société :

Pays de destination.	1906.	1907.	1908.	1909.	1910.	1911.	1912.
	Tonnes.	Tonnes.	Tonnes.	Tonnes.	Tonnes.	Tonnes.	Tonnes.
Allemagne......	»	»	1.814	6.800	10.887	27.287	26.109
Angleterre......	»	6.020	1.800	4.650	5.022	13.760	21.539
Autriche........	900	»	1.235	3.700	451	3.661	9.909
Belgique........	»	2.175	»	3.000	22.640	32.840	39.710
Espagne........	»	1.695	388	2.510	5.127	5.912	10.502
France.........	3.250	19.135	9.769	19.510	9.326	18.454	51.580
Hollande	»	2.370	»	3.000	»	9.993	8.255
Italie	73.160	160.557	180.114	144.740	125.550	118.070	116.304
Portugal........	»	»	»	1.000	»	»	14.825
Russie..........	»	»	»	1.100	3.333	2.163	»
Suède..........	»	»	1.459	»	»	2.112	2.568
Tunisie.........	»	»	»	»	»	»	1.527
TOTAL.......	77.310	191.952	196.579	189.010	182.338	235.252	302 828

o°o

A ces renseignements sur l'entreprise de la Société des phosphates tunisiens dans le Centre de la Tunisie, nous devons ajouter qu'en 1912 la société est devenue concessionnaire pour une durée de cinquante années de nouveaux et importants gisements dans le Sud tunisien, entre Gafsa et la mer — les gisements de Meheri-Zebbous et du Djebel-Abdallah, sur lesquels on trouvera plus loin des renseignements.

Pour montrer tout l'intérêt que présente pour la société l'acquisition de ces deux gisements, disons que sauf imprévu, elle espère être en mesure de produire par an, entre les gisements de Kalaa-Djerda et du Zebbeus, un minimum de 500.000 tonnes de phosphate susceptible d'être porté à 600.000 tonnes dès 1916.

o°o

2° Société des phosphates d'Aïn-Taga et Bou-Gamouche.

La Société des phosphates d'Aïn-Taga et Bou-Gamouche a été constituée à Tunis en 1907.

La société avait acquis en toute propriété des gisements phosphatiers, situés sur deux petites parcelles dénommées Aïn-Taga et Bou-Gamouche, enclavées dans le gisement phosphaté du Kef-Rebiba qui a été amodié à la compagnie du Dyr.

La teneur moyenne des phosphates de ces gisements serait de 60 0/0 ; mais cette teneur a été contestée et on a prétendu qu'il ne s'agissait que d'un gisement peu important (400.000 tonnes environ).

Les gisements étant situés près de la voie ferrée (1.500 mètres environ), la société avait relié les mines d'Aïn-Taga et Bou-Gamouche par des voies aériennes au réseau de la Compagnie Bône-Guelma, à proximité de Kalaat-es-Senam.

En 1908 la société a expédié en Espagne 1.300 tonnes de phosphates. En 1910 la Société des phosphates d'Aïn-Taga et Bou-Gamouche a fini son existence et les voies aériennes ont été vendues à d'autres sociétés minières.

o^oo

3° *Société d'Études et d'Exploitation de phosphates en Tunisie* (Gisements de Bir-Lafou).

Sur des terrains privés, traversés par la voie ferrée de Tunis à Kalaat-es-Senam, à environ six kilomètres des mines de ce nom de la compagnie du Dyr, se trouvent les gisements phosphatiers de Bir-Lafou (ou Bir-el-Afou). Ces gisements appartiennent à la Société française d'Études et d'Exploitation de phosphates en Tunisie.

Certaines difficultés touchant à la valeur des apports respectifs entre le groupe parisien et le groupe tunisien de la société ont retardé l'exploitation de ces gisements. Après avoir conclu avec les intéressés des arrangements qui ont fait disparaître toutes les difficultés, la société a procédé aux installations nécessaires à Bir-Lafou. Bien que n'étant encore qu'en période d'organisation, la société a expédié en 1909 — 2.885 tonnes, et en 1910 — 14.710 tonnes de phosphates, exportés par le port de Tunis. En 1911 les expéditions de la société ont atteint le chiffre de 28.637 tonnes; en 1912 elles étaient de 30.625 tonnes.

Les expéditions de phosphate de Bir-Lafou étaient dirigées sur les pays suivants :

Pays de destination.	1910.	1911.	1912.
	Tonnes.	Tonnes.	Tonnes.
Belgique.....................	500	»	
Danemark.....................	7.605	6.093	
France.......................	1.610	18.426	
Italie....	4.995	1.608	
Angleterre	»	1.255	
Total...................	14.710	27.382	30.625

La teneur moyenne des phosphates de Bir-Lafou est de 60 ; on affirme même qu'un chargement débarqué fin 1911 en Angleterre aurait donné 72,8 et que d'autres livraisons antérieures n'étaient pas de qualité moindre, en tout cas pas inférieures à 70.

o°o

4° Société « La Floridienne ».

A sept kilomètres de Slata, point terminus de l'embranchement de Djerissa-Slata du chemin de fer de Pont-du-Fahs à Kalaa-Djerda, se trouve le gisement phosphaté de Salsala, situé sur un terrain particulier et exploité par la société belge *La Floridienne* (Buttgenbach et Cie).

Au cours de travaux d'exploration entrepris par cette société, en 1906, elle a extrait environ 12.000 tonnes de phosphates d'une teneur moyenne de 51 0/0. Ensuite, à partir de 1907, la société a régulièrement fait des expéditions de phosphates dont le montant a été :

De 7.487 tonnes........... en 1907
— 8.408 — .... — 1908
— 16.035 — .. .. — 1909
— 11.865 — .... — 1910
— 27.965 — .... — 1911
— 11.775 — .... — 1912

Voici sur quels pays étaient dirigés les phosphates exportés par la société *La Floridienne*.

Pays de destination.	1907.	1908.	1909.	1910.	1911.	1912.
	Tonnes.	Tonnes.	Tonnes.	Tonnes.	Tonnes.	Tonnes.
Belgique..........	7.847	5.193	2.400	4.675	7.170	
France..........	»	650	2.210	»	1.750	
Italie	»	2.565	3.175	2.100	5.150	
Angleterre........	»	»	2.400	»	»	
Espagne..........	»	»	300	480	2.155	
Hollande	»	»	5.550	»	»	
Portugal..........	»	»	»	4.610	11.740	
TOTAL........	7.487	8.408	16.035	11.865	27.965	11.775

La société *La Floridienne* exporte les produits de son exploitation par le port de Tunis, dont la station de Salsala est distante de 229 kilomètres.

5° *Société française des phosphates de Gouraya.*

La station de Gouraya est située entre les stations Fedj-et-Tamer et Oued-Sarrath desquelles se détachent de la voie ferrée de Kalaa-Djerda les embranchements de Djerissa-Slata et de Kalaat-es-Senam.

A proximité de ladite station se trouvent les gisements de phosphates de Gouraya, situés dans une propriété privée et appartenant à la *Société italo-belge des phosphates de Gouraya.*

Des rapports excessivement contradictoires sur ces gisements présentés par différents ingénieurs belges, tunisiens et français donnent des évaluations bien différentes sur le tonnage de phosphates contenu dans ces gisements; 14, 12, 8 et 4 millions de tonnes. La teneur ne serait pas moins de 57 0/0, mais elle est assez variable si bien qu'une partie des phosphates aurait besoin de subir un enrichissement.

Dans le rapport qui a été présenté à l'assemblée générale du 3 mai 1910 de la *Société italo-belge des phosphates de Gouraya*, il est fait allusion à cette question d'enrichissement et il est dit que les expériences faites dans ce but ont donné d'excellents résultats. Le président de la société a ajouté que l'on peut tabler pour au moins la moitié du gisement, sur une production de phosphate enrichi à une teneur de 63/68 et même de 68/73 de phosphate tribasique.

Il s'agit bien entendu, des parties du gisement dont la teneur n'atteint pas la normale, puisqu'il est avéré que les autres parties fournissent du phosphate à teneur marchande. Il a été expédié des exploitations de Gouraya par le port de Tunis : 1.687 tonnes de phosphate, en 1910; 13.232 tonnes, en 1911 et 22.754 tonnes en 1912.

On sait que la loi belge interdit aux sociétés de faire des emprunts obligataires avant qu'elles aient réparti un dividende, ce qui n'a pas empêché la Société de Gouraya de chercher à contracter un emprunt d'un million; n'ayant pu y parvenir, elle s'est trouvée dans l'obligation de se mettre en état de liquidation à la date du 27 novembre 1911, et aussitôt après (le 30 janvier 1912), elle s'est constituée sous une autre raison sociale dénommée : *Société française des phosphates du Gouraya*.

∘°∘

6° *Société française des phosphates agricoles.*

Les gisements phosphatiers de Sidi-Ayed sont situés dans le contrôle civil du Kef, dans la vallée de l'Oued Siliana, sur la ligne du chemin de fer de Kalaa-Djerda, à proximité de la station Sidi-Ayed, dont la distance à Tunis est de 112 kilomètres. Plusieurs couches de phosphates y ont été reconnues, mais aucune d'elles ne paraît avoir une teneur moyenne de plus de 45 0/0. Seules les nodules atteindraient une teneur de 60 0/0.

Néanmoins ces gisements ont à diverses reprises attiré l'attention des chercheurs, ainsi que des hommes d'affaires.

La *Compagnie générale franco-africaine des phosphates de Sidi-Ayed*, à laquelle appartenait le gisement, n'ayant pas réussi, l'a cédé à la *Société des phosphates de Sidi-Ayed*, dont le siège était à Nantes. Celle-ci n'a pu vivre non plus; le 10 août 1904, une assemblée générale prononçait sa dissolution. L'affaire s'est compliquée ensuite, car le tribunal de Nantes a déclaré, le 10 juin 1908, la faillite de la société.

En 1909, on a monté une nouvelle société, la *Société des phosphates agricoles de la Siliana*. Par décision de l'assemblée générale extraordinaire du 15 octobre 1910, la dénomination de cette société a été changée en celle de : *Société française des phosphates agricoles.*

Des données plus précises sur cette affaire font défaut.

o°o

7° *Gisements de Sra-Ouertan.*

Au sud de Sidi-Ayed se trouvent les gisements phosphatiers de Sra-Ouertan.

Suivant M. Roberty le plateau des Ouertan est constitué par une large ondulation synclinale de calcaire nummulitique. En différents points du plateau, des ravinements ou des failles permettent d'apercevoir les couches phosphatées; mais c'est au Djebel Ayata, qui constitue l'arête Sud-Ouest du plateau, que les travaux de prospection entrepris en 1897, par le Service des Mines ont donné les résultats les plus intéressants. La formation phosphatée possède là une puissance d'environ 15 mètres. L'une des couches reconnues, puissante de $2^m,60$, a donné à l'analyse une teneur moyenne de 56 0/0.

On émet les opinions les plus diverses sur les gisements de phosphates de Sra-Ouertan.

Les Sra-Ouertan comportent une surface de production très variable, qui peut être classée en deux catégories : la première s'appliquant aux gisements pauvres, mais facilement enrichissables; la deuxième prenant la base d'une exploitation rémunératrice par suite de la teneur marchande du phosphate. On prétend que ces derniers pourraient fournir une production évaluée à 50 millions de tonnes.

o°o

8° *Gisements de phosphates du Cheketma.*

D'après M. Roberty, aux djebels Cheketma, Renkaba et au ras Sidi-Ali-ben-Oum-es-Zinne, près de Sbiba, dans le caïdat des Madjeurs, la formation phosphatée atteint une vingtaine de mètres de puissance.

Il y aurait dans ces gisements des phosphates de teneurs assez variables, quelques-uns plus de 60 0/0.

Un syndicat puissant qui s'est formé en vue de l'exploitation des phosphates du Cheketma se proposait de construire pour son propre compte, une ligne de chemin de fer ayant une longueur d'environ 100 kilomètres, qui relierait Ketma, gisement le plus important de ceux dont le syndicat s'est assuré la possession, avec la station de Hadjeb-el-Aïoun, de la voie d'Aïn-Moulares, à 125 kilomètres du port de Sousse.

Le Gouvernement tunisien, auquel le syndicat avait demandé la concession de cette ligne ferrée, n'y a pas accédé, reposant son refus sur ce fait qu'il ne peut permettre à une entreprise privée de se substituer à lui pour l'exploitation exclusive d'un chemin de fer, quelques avantages qu'on lui offre à ce sujet.

°°°

9° Compagnie des Phosphates du Dyr.

La Compagnie des Phosphates du Dyr a été constituée en juin 1899 pour exploiter les gisements de phosphates de chaux situés près de Tebessa (en Algérie).

Au commencement de l'année 1901, la compagnie avait amodié les gisements phosphatiers de Kalaat-es-Senam et de Kef-Rebiba, situés en Tunisie à mi-chemin entre Tebessa et le Kef, à quelques kilomètres de la frontière algérienne.

Les gisements de Kalaat-es-Senam et de Kef-Rebiba avaient fait l'objet, en 1899, d'importants travaux de recherches de la part de l'administration tunisienne. Ces travaux avaient établi qu'il existait à Kalaat-es-Senam une couche de $1^m,60$ de puissance moyenne titrant de 58 à 59 0/0 de phosphate tribasique de chaux.

Le tonnage exploitable pour la seule table de Kalaat-es-Senam était calculé à environ 3.800.000 tonnes.

Il était prouvé que géologiquement cette table constituait le prolongement, en Tunisie, du plateau du Dyr de Tebessa, où se trouvait l'exploitation de M. Crookston qui avait été acquise par la Compagnie des Phosphates du Dyr.

Au cours de l'année 1901, le Gouvernement tunisien avait continué les études entreprises pour l'exécution des lignes qui devaient constituer le second réseau tunisien. La première ligne à construire d'après le programme adopté, devait être celle du Pont-du-Fahs à Kalaat-es-Senam avec embranchement sur le Kef.

Les ressources budgétaires ne permettant pas de construire cette ligne sur les fonds du Trésor, le Gouvernement tunisien avait cherché une combinaison lui permettant de réaliser cette construction sans faire appel à un emprunt et sans engager, par une garantie, les budgets à venir.

La combinaison adoptée était la suivante :

Trouver un concessionnaire qui se chargeât de fournir le capital d'établissement de la ligne et d'en assurer la construction et l'exploitation.

Mettre en adjudication les phosphates de chaux de Kalaat-es-Senam appartenant à l'État et affecter aux insuffisances de recettes à prévoir au début de l'exploitation de la ligne :

1° les redevances consenties par les adjudicataires des phosphates ;

2° les bénéfices à réaliser sur la ligne de Tunis à Pont-du-Fahs du fait du trafic amené à cette ligne par la ligne projetée.

Un groupe financier se porta demandeur en concession et signa une convention à option ne stipulant ni subvention, ni garantie d'intérêt.

A la suite d'un ordre du jour voté par la Chambre des Députés soumettant au contrôle du Parlement les concessions de nouvelles lignes, la convention provisoire du chemin de fer de Pont-du-Fahs à Kalaat-es-Senam, avec embranchement sur le Kef, fut déposée à la Chambre des Députés.

Pendant le délai d'option, les gisements de phosphates de Kalaat-es-Senam avaient été amodiés à la Compagnie des Phosphates du Dyr moyennant une redevance de 1 fr. 77 par tonne avec obligation d'exporter annuellement un minimum de 100.000 tonnes.

A l'expiration du délai d'option les concessionnaires éventuels de la ligne firent connaître qu'ils ne consentaient à lever l'option que si le Gouvernement tunisien accordait une garantie d'intérêt à une partie du capital d'établissement de la ligne.

Cette proposition n'ayant pas paru acceptable, le Gouvernement tunisien reprit sa liberté d'action et prépara une nouvelle combinaison basée sur l'emprunt direct.

Ce projet reçut l'approbation du Parlement.

Aux termes de la loi du 30 avril 1902, le Gouvernement tunisien était autorisé à réaliser, au fur et à mesure de ses besoins, par voie d'emprunt une somme de 40 millions affectés exclusivement à la construction des lignes de chemins de fer ci-après :

1° Pont-du-Fahs à Kalaat-es-Senam, avec embranchement sur le Kef ;

2° Kairouan à Shiba ;

3° Bizerte aux Nefzas ;

4° Sfax au réseau de Sousse.

La ligne de Pont-du-Fahs à Kalaat-es-Senam qui dessert des vallées fertiles comprises entre Pont-du-Fahs et le Kef et aboutit aux gisements de phosphates de Kalaat-es-Senam offrait un intérêt de premier ordre et paraissait devoir être, au début, la plus productive des lignes projetées; pour ces motifs elle a été placée en tête du programme de 1902.

La construction de cette ligne aux frais du Trésor tunisien fut, par une convention en date du 7 octobre 1901, approuvée par un décret beylical du 5 mai 1902, concédée à forfait à la Compagnie Bône-Guelma.

La construction de la ligne de Pont-du-Fahs à Kalaat-es-Senam, avec ses embranchements sur le Kef et sur Kalaa-Djerda, d'une longueur totale de 233 kilomètres fut achevée en 1906, et c'est seulement à partir de cette année que la Compagnie des Phosphates du Dyr a pu exporter ses produits extraits du gisement de Kalaat-es-Senam. Pendant les années 1901 à fin 1905, la société a pris les dispositions nécessaires pour être en mesure de commencer une exploitation régulière aussitôt que la ligne ferrée serait ouverte.

Pour atteindre ce but, la compagnie avait décidé, en 1903, de réserver toutes ses ressources pour la mise en valeur des gisements de Kalaat-es-Senam. Pour cette même raison elle a été obligée de transporter les machines, broyeurs, séchoirs et en général tout son matériel à Tebessa en utilisant le chemin de fer de Bône à Tebessa, et pour arriver de ce point à Kalaat-es-Senam faire emploi d'une automobile routière.

L'exploitation du gîte de la table de Kalaat-es-Senam fut commencée par le percement d'un tunnel qui devait traverser la montagne dans toute sa longueur, de l'Ouest à l'Est. Cette galerie travers-banc d'une longueur de plus d'un kilomètre sert à la fois de galerie principale d'exploitation et de galerie de sortie des produits; les voies d'aménagement et autres qu'on a établies dans la couche même du phosphate, viennent s'embrancher sur cette galerie principale, dans laquelle sur une double voie ferrée circulent des chapelets de wagonnets. Cette installation permet de transporter très facilement le minerai aux broyeurs et aux fours de séchage placés à la sortie. Le phosphate pulvérisé est remonté par plusieurs monte-charges dans les séchoirs à vapeur, d'où il passe dans des séparateurs qui le classent par catégories de grosseur. Ensuite le phosphate est ramené dans des collecteurs représentant d'énormes trémies, d'où il est conduit dans des wagons de 30 tonnes, par un plan incliné de trois kilomètres de longueur, à la gare d'embarquement du chemin de fer Bône-Guelma.

Pour exploiter sa mine le plus économiquement possible, la compagnie a installé des machines perfectionnées qui permettent de manipuler des quantités importantes de phosphate avec un personnel restreint et par conséquent avec peu de frais.

Pour la production de la force motrice nécessaire à tous les besoins de l'exploitation, la compagnie emploie des machines à gaz pauvre et la transmission se fait par l'électricité.

Dans les galeries d'extraction, éclairées à l'électricité, on abat le phosphate à l'aide de perforatrices, activées par l'énergie électrique.

Nous avons dit que la concession de la société en outre du gisement de Kalaat-es-Senam comprend un deuxième gisement, celui du Kef-Rebiba.

Des recherches exécutées dans cette partie de la concession, ayant fait découvrir une couche de phosphate d'une teneur plus riche que celui de la table de Kalaat-es-Senam, la compagnie y a procédé, en 1906, à l'installation d'un second siège d'exploitation et ayant intérêt à pousser activement l'extraction à cause de la qualité du minerai, y a effectué des travaux importants.

Pour assurer le transport du phosphate extrait de ce gisement à l'usine de broyage et de séchage existant à Kalaat-es-Senam, on a établi une voie aérienne d'une longueur totale de 3.650 mètres avec stations de chargement et de déchargement au départ et à l'arrivée.

L'organisation de la mine de Kef-Rebiba était suffisamment avancée à la fin de l'année 1907, pour permettre à la compagnie de commencer les expéditions dès les premiers jours de 1908.

Les installations nécessaires pour l'exploitation de la mine de Kef-Rebiba furent complétées, en 1908, et notamment, en établissant une usine électrique qui fournit la force motrice pour les besoins de la mine.

Au commencement de l'exploitation de la table de Kalaat-es-Senam le gisement dans la partie attaquée ne s'est pas montré aussi régulier qu'on le pensait; aussi au début le phosphate rencontré était de qualité inférieure, mais l'amélioration de la qualité s'accentuait au fur et à mesure de l'avancement.

Au Kef-Rebiba, au contraire, dès le début on a rencontré une couche riche. Le phosphate extrait de ce gisement est d'une excellente teneur.

Au port de Tunis la compagnie a fait pour l'embarquement de ses minerais une installation importante sur le quai des phosphates, dont on trouvera la description plus bas (voir chap. x).

D'après les rapports annuels du conseil d'administration de la compagnie les expéditions des phosphates de la société sur le port de Tunis et les livraisons aux acheteurs étaient les suivantes :

Années.	Expéditions sur le port de Tunis.	Livraisons aux acheteurs.
	Tonnes.	Tonnes.
1906..	71.000	?
1907...	110.400	?
1908..	177.200	168.000
1909.............	124.400	126.000
1910.............	134.000	129.000
1911.............	119.000	122.000
1912.	143.000	plus de 150.000

Suivant des renseignements d'autres sources les phosphates de Kalaat-es-Senam exportés ont été expédiés aux destinations suivantes :

Pays de destination.	1906.	1907.	1908.	1909.	1910.	1911.
	Tonnes.	Tonnes.	Tonnes.	Tonnes.	Tonnes.	Tonnes.
Algérie.............	»	»	»	3.600	»	»
Allemagne..........	3.100	3.950	4.830	3.950	4.850	6.874
Angleterre..........	24.360	36.950	57.070	44.555	47.200	39.007
Autriche...........	»	600	2.230	4.000	580	»
Belgique...........	»	2.525	9.150	2.600	1.000	2.858
Espagne...........	4.000	1.378	1.150	6.350	6.175	10.088
France.............	37.950	61.030	79.716	25.850	40.410	27.866
Hollande..........	»	1.000	1.400	»	2.900	5.079
Italie	500	2.550	3.510	16.352	9.480	14.376
Portugal...........	»	1.110	»	1.000	1.500	»
Russie.............	»	»	3.500	2.500	8.100	8.139
Suède et Norvège......	1.850	»	2.250	»	4.250	»
Japon.............	»	»	»	»	»	8.443
Égypte.............	»	»	»	»	»	2.700
TOTAL............	71.760	111.083	164.776	110.757	126.445	128.729

Par décision prise dans une assemblée extraordinaire du 30 mai 1912, la Compagnie des Phosphates du Dyr a décidé de vendre le gisement de Kalaat-Rebiba à la Société de Saint-Gobain, moyennant un prix de 6 millions de francs.

Cette cession comprend, en dehors des droits d'exploitation sur le gisement du Kef-Rebiba, les constructions, le matériel affecté à l'exploitation et les contrats de ventes de phosphates à réaliser en minerai de cette provenance.

Pendant le deuxième semestre de 1912 la Compagnie des Phosphates du Dyr a procédé pour le compte de la Société de Saint-Gobain, au traitement et au chargement du minerai extrait par elle du Kef-Rebiba, tant pour ses besoins personnels que pour l'exécution des contrats de vente stipulés livrables en phosphate de cette provenance.

o°o

10° *Société des manufactures de glaces et produits chimiques de Saint-Gobain, Chauny et Cirey.*

Nous venons de dire que par décision d'une assemblée extraordinaire du 30 mai 1912, la Compagnie des Phosphates du

Dyr a cédé à la Société de Saint-Gobain, une partie de sa concession de Kalaat-es-Senam, notamment le gisement de Kef-Rebiba, qui s'étend sur 300 hectares. Ce gisement a été concessionné à la Compagnie du Dyr par voie d'adjudication moyennant une redevance de 1 fr. 77 par tonne extraite, avec minimum de 100.000 tonnes annuelles.

La cession du gisement de Kef-Rebiba à la Société de Saint-Gobain a été autorisée par décret beylical du 1er juin 1912.

La Société de Saint-Gobain a pris possession du gisement de Kef-Rebiba au mois de juin 1912; néanmoins pendant le deuxième semestre de 1912, la Compagnie du Dyr a procédé, pour le compte de la Société de Saint-Gobain, au traitement et au chargement du minerai extrait par elle du Kef-Rebiba, tant pour ses besoins personnels que pour l'exécution des contrats de vente stipulés livrables en phosphates de cette provenance et que la société a pris en charge.

On a évalué éventuellement le tonnage probable du gisement de Kef-Rebiba à 1.500.000 tonnes de phosphates, chiffre qui s'applique surtout à la qualité 63/68 qui est le titre principal de ce gisement; mais il est bon de remarquer qu'à côté et dans le périmètre de la concession, il existe du phosphate de 58/63, dont la quantité n'a pas encore été déterminée et que les travaux de recherches nouvellement entrepris ne tarderont pas à préciser.

On a pu lire plus haut que le Kef-Rebiba ne contiendrait pas moins de six millions de tonnes de phosphate marchand.

L'acquisition du gîte de Kef-Rebiba par la Société de Saint-Gobain a entraîné la création d'une nouvelle gare et l'installation de voies et bâtiments nécessaires à la préparation et au chargement des phosphates en provenance de ce gîte, aux environs du kilomètre 248 de la voie ferrée de Oued-Sarrath à Kalaat-es-Senam; ainsi que la construction d'une route et d'un transporteur aérien reliant ladite gare à la mine de Kef-Rebiba.

En 1912, il a été exporté de Kef-Rebiba 35.788 tonnes de phosphates par la Société de Saint-Gobain.

B. — PHOSPHATES DU SUD-TUNISIEN

A part les gisements de Metlaoui et de Redeyef qui se trouvent dans la concession de la Compagnie des Phosphates et du chemin de fer de Gafsa, et ceux d'Aïn-Moulares et du Djebel-Mrata, qui ont été amodiés à la même société, on connaît dans le Sud-Tunisien plusieurs gisements; tels les gisements de Maknassy, de Meheri-Zebbeus, du Djebel Rosfa et du Sehib, du Djebel Berda et, enfin, dans la région d'El-Ayaïcha.

Les gisements de ces trois derniers endroits, d'après les renseignements recueillis par M. Roberty, contiennent chacun un tonnage important, qui n'a pas encore été évalué avec précision, mais qui correspond sans aucun doute à plusieurs millions de tonnes.

Nous donnons ci-après de courtes notices sur les gisements de Maknassy, de Meheri-Zebbeus et du Djebel Mdilla, et des renseignements plus détaillés sur les gisements et les exploitations de la Compagnie des Phosphates et du chemin de fer de Gafsa.

o°o

11° Société des Phosphates de Maknassy.

Le gisement phosphatier de Maknassy est situé sur la ligne même de Sfax-Gafsa, à 123 kilomètres du port de Sfax et à 5 kilomètres environ à l'Est du village de Maknassy, petite agglomération de colons se livrant surtout à la culture de l'olivier.

Deux terrains que la société a acquis de M. Pattin à Maknassy, caïdat de Gafsa, d'une superficie totale de 442 hectares faisaient auparavant partie de la propriété domaniale dite *Bled Maknassy* et appartenaient à M. Pattin en vertu de l'acquisition qu'il en avait faite du domaine de l'État tunisien, comprenant, outre le sol, tous gisements de phosphates de chaux pouvant exister au sous-sol. Les deux tiers desdits terrains sont phosphatés, comme l'ont établi les travaux de reconnaissance effectués.

La couche de phosphate actuellement exploitée a une épaisseur de $1^m,40$ environ qui doit augmenter d'épaisseur avec l'avancement des travaux de direction. On la trouve à une pro-

fondeur d'environ 20 mètres au-dessous du niveau du sol; de là
elle s'enfonce avec une pente d'environ 15°. Toute l'exploitation
de cette couche doit donc se faire par galeries souterraines,
comme d'ailleurs c'est le cas dans les autres exploitations afri-
caines. Au demeurant, l'extraction minière à Maknassy est conduite sensiblement de même façon que dans les autres exploitations tunisiennes.

La caractéristique et l'originalité des installations de Maknassy consistent alors dans ce fait que, au lieu de livrer le phosphate brut après un simple séchage, la Société de Maknassy fait
subir à son phosphate un lavage à grande eau, qui a pour but
de l'enrichir en enlevant une partie des matières stériles, et par
suite d'obtenir un produit plus pur, se travaillant plus facilement lors de la fabrication du superphosphate.

Cette opération nécessitant une grande quantité d'eau, la
Société de Maknassy a capté une partie des eaux de l'oued Leben,
petite rivière à débit permanent, coulant à quatre kilomètres
environ des installations de la société, et qui va se perdre un
peu plus loin dans les sables de la plaine.

Le phosphate sortant de la mine est déversé dans des appareils
où il est trituré en présence de l'eau; celle-ci entraîne la gangue
qui cimente les grains de phosphate, et qui est d'un titre inférieur à celui des grains ou nodules.

On obtient ainsi un produit régulier dosant 64 à 66 0/0 de
phosphate de chaux, alors que le phosphate naturel passé aux
appareils d'enrichissement n'a qu'une teneur variable de 52 à
60 0/0. Le produit obtenu est ensuite repris et séché mécaniquement. Sa texture physique permet de faire évaporer la presque
totalité de l'eau, et d'expédier une marchandise contenant seulement 1 à 2 0/0 d'humidité; après ce séchage le phosphate marchand est expédié à Sfax, port d'embarquement de la société.

Le phosphate ainsi livré par la Société de Maknassy est de la
catégorie 63/68 et renferme moins de 1 0/0 d'oxyde de fer et
d'alumine réunis.

En juin 1911 la Société des Phosphates de Maknassy a expédié
à Sfax son premier chargement à destination de Hambourg;
d'autres chargements l'ont suivi.

A la suite des forts orages qui ont sévi au mois de novembre
1911, et au cours desquels de véritables trombes d'eau se sont
abattues sur tout le territoire de la Régence, causant partout

des dégâts importants, les gisements de Maknassy ont été particulièrement atteints et ont subi de graves dommages. Le mal causé par ce fait a paralysé pendant un certain temps le mouvement d'exploitation.

En 1911, la Société de Maknassy a exporté 14.161 tonnes de phosphates (d'autres sources fixent à 17.325 tonnes le chiffre des expéditions en 1911).

Les expéditions pendant l'année 1912 étaient de 33.265 tonnes (27.610 et 30.312 tonnes selon d'autres sources), qui étaient destinées aux pays suivants : Allemagne 12.662 tonnes, France 10.842 tonnes, Espagne 3.473 tonnes, Belgique 2.414 tonnes, Angleterre 2.398 tonnes et Italie 1.476 tonnes.

La teneur moyenne des expéditions des deux catégories de phosphates 58/63 et 63/68 était la suivante :

	Catégories.	
	58/63	63/68
Eau	3,46 %	3,05 %
Phosphate...............	59,34 —	64,78 —
Fer et aluminium..........	1,27 —	0,76 —

12° Gisements de phosphates de Meheri-Zebbeus.

D'après M. Roberty, le nom de *Zebbeus* désigne deux montagnes bien distinctes situées toutes deux à proximité de la ligne de Sfax à Gafsa, à peu près à mi-chemin entre ces deux localités.

Le Zebbeus sud, ou Zebbeus proprement dit, se trouve immédiatement au sud de la voie ferrée, à hauteur du kilomètre 115. Le Zebbeus nord, ou Djebel Meheri, se trouve à environ 15 kilomètres plus au nord, de l'autre côté de l'oued Maknassy.

Par un acte du 23 décembre 1897 la Compagnie des Phosphates et du chemin de fer de Gafsa avait acquis des droits sur le gisement du Djebel Zebbeus et a été reconnue inventeur de ces gisements.

Une note technique jointe au dossier annexe à l'avis d'adjudication des gisements domaniaux de phosphates de chaux du Meheri-Zebbeus donne les renseignements ci-après sur ces gisements.

La propriété domaniale dénommée Meheri-Zebbeus est située dans le contrôle civil de Gafsa, à une distance moyenne de 12 kilomètres au Nord du village de Maknassy, gare du chemin de fer de Sfax à Gafsa, située à 123 kilomètres de Sfax.

La superficie de la propriété qui faisait, le 21 février 1912, l'objet de l'adjudication est de 1.132 hectares.

Les phosphates du Meheri-Zebbeus se présentent en couches dans l'Éocène inférieur reposant sur les calcaires supérieurs du Sénonien.

Les gisements de phosphates qui ont fait l'objet de l'adjudication comprennent :

1° la partie du gîte du Meheri situé au Sud du parallèle de Sfax ;

2° la partie ouest et nord-ouest du gîte l'Abdallah.

Le Djebel Meheri se présente sous forme d'une cuvette triangulaire, le sommet étant au Nord et la base arrondie au Sud.

Le Djebel Abdallah est également constitué par une cuvette synclinale dont l'Éocène occupe le centre.

Gîte de Meheri. — Les couches affleurent dans la zone Sud et Ouest ainsi qu'à l'extrémité Nord de la cuvette. Sur les faces Est et Nord-Ouest elles sont recouvertes par le Trias et les gypses du toit seules affleurent.

Des données acquises par des recherches il résulte qu'il existe dans la cuvette du Meheri trois couches de phosphate :

1° Une couche supérieure de phosphate dur dont la puissance varie de $2^m,20$ à $2^m,90$ où les analyses ont indiqué des teneurs de 51,12 à 64 0/0 de phosphate tricalcique avec une moyenne légèrement supérieure à 59 0/0 et une teneur en oxyde de fer et alumine oscillant de 1,80 à 2,52 0/0 (moyenne 2,23 0/0);

2° Une couche moyenne de $0^m,35$ à 2 mètres de puissance avec des teneurs comprises entre 51 et 56 0/0 ;

3° Une couche inférieure de phosphate tendre, dont la puissance oscille entre $3^m,25$ et $4^m,30$ et les teneurs oscillent entre 56 et 64 0/0, avec une moyenne de 60,50 0/0 de phosphate tricalcique.

Les deux couches exploitables sont séparées par un entre-deux de marne et de phosphate d'une puissance de 8 à 10 mètres.

Le pendage aux affleurements est de 45° en moyenne ; il n'y a pas d'amont-pendage.

En tablant sur une exploitation jusqu'à 200 mètres de profondeur, soit environ 300 mètres suivant l'aval-pendage, une longueur d'affleurement de 3.000 mètres et une puissance de 6 mètres, dans les deux couches exploitables, on obtient un tonnage disponible de 10 millions de tonnes environ.

Si l'on comptait la même puissance dans toute l'étendue de la cuvette, on arriverait à un total de 30 à 35 millions de tonnes.

Gîte du Djebel-Abdallah. — Dans la partie Nord de la cuvette les couches n'affleurent que sur une faible longueur; elles reparaissent plus au Sud où on voit affleurer d'abord le calcaire coquillier du toit, puis les couches de phosphate sur une longueur de 1.400 mètres environ.

En ce qui concerne la zone des affleurements, il ressort de l'examen des travaux de recherches qui y ont été exécutés qu'il existe deux couches de phosphate :

1° Une couche supérieure où l'on pourra obtenir une puissance réduite de $1^m,75$ donnant une teneur moyenne de 60 0/0 de phosphate tricalcique avec 2,3 à 2,4 0/0 d'oxyde de fer et d'alumine ;

2° Une couche inférieure située à 18 mètres au-dessous de la couche supérieure.

Comme le précédent ce gîte ne présente pas d'amont-pendage.

En comptant sur une longueur d'affleurement de 1.300 mètres et jusqu'à la profondeur de 200 mètres (soit 375 mètres suivant le pendage, la pente étant de 33° environ) avec une puissance de $1^m,75$ la couche supérieure peut donner seule un tonnage approximatif de deux millions de tonnes à 60 0/0.

La partie Éocène de la cuvette d'Abdallah située dans la propriété couvre une superficie de 320 hectares.

En somme il existerait dans la propriété domaniale du Meheri-Zebbeus jusqu'à une profondeur de 200 mètres un tonnage minimum d'environ 12 millions de tonnes de phosphate marchand à une teneur d'environ 60 0/0.

L'eau nécessaire aux besoins de l'exploitation peut être fournie en quantité suffisante par l'oued Leben qui coule à environ trois kilomètres au Sud de la partie méridionale du gîte du Djebel-Abdallah.

Cinq soumissionnaires ont pris part à l'adjudication qui a eu lieu le 21 février 1912, des gisements de phosphates de Meheri-Zebbeus.

Le Crédit foncier et agricole d'Algérie et de Tunisie ayant fait l'offre de redevance la plus élevée, — 3 fr. 88 par tonne, — et la Compagnie de Gafsa ayant renoncé à son droit de préemption sur les phosphates de Meheri-Zebbeus, ceux-ci sont restés définitivement adjugés au Crédit foncier et agricole d'Algérie et de Tunisie.

Sur la redevance de 3 fr. 88 par tonne il restera à l'État 3 fr. 50, après défalcation du dixième attribué à la Compagnie de Gafsa, en sa qualité d'inventeur des gisements.

L'adjudicataire a un délai de trente-deux mois pour les travaux de mise en exploitation; il devra extraire 50.000 tonnes pendant trois ans, 100.000 tonnes pendant les trois années suivantes, et 150.000 tonnes à partir de la septième année.

Les travaux s'élèveront à 3 millions de francs environ, comprenant l'installation de 14 kilomètres de voies ferrées, un grand viaduc, les bâtiments d'exploitation et le village destiné à la population ouvrière de l'exploitation.

Par une convention intervenue entre le Crédit foncier et agricole d'Algérie et de Tunisie et la Société des Phosphates Tunisiens cette dernière a acquis les droits sur l'exploitation des gisements de Meheri-Zebbeus.

Le transfert des gisements phosphatiers de Meheri-Zebbeus et du Djebel Abdallah a été approuvé par décret beylical publié le 1er décembre 1912.

Pendant l'année 1912 aux nouveaux gisements acquis, des travaux de recherche et d'étude ont été entrepris par la Société des Phosphates Tunisiens en vue de procéder avec le plus de sûreté possible aux installations importantes que nécessitera la mise en exploitation de ces gisements.

Dans son rapport pour l'exercice 1912, le Conseil d'administration de la société déclare que les résultats obtenus au sujet du gîte d'Abdallah ont donné pleine satisfaction, quoique les travaux n'aient été faits que d'une façon encore peu approfondie.

☙

13° Compagnie des Phosphates et du chemin de fer de Gafsa.

La Compagnie des Phosphates de Gafsa est aujourd'hui de beaucoup la plus grande entreprise phosphatière du monde

entier, c'est dire qu'elle mérite quelque attention et de prendre
une place prépondérante dans notre étude, d'autant plus que
nous avons été, grâce à l'amabilité que nous avons trouvée dans
l'administration de cette société, en mesure de nous procurer
sur son fonctionnement les renseignements les plus précis.

Constituée en avril 1897, sous le patronage de la Compagnie
des minerais de fer magnétique de Mokta-el-Hadid, de la Société
française d'études et d'entreprises, de MM. Mirabaud et Cie,
la Compagnie de Gafsa a pour objet : l'exploitation des
gisements de phosphate de chaux de la région de Gafsa et des
terrains domaniaux cultivables, situés dans le contrôle civil de
Sfax; la construction et l'exploitation d'un chemin de fer reliant
les gisements et terrains de Gafsa, Metlaoui et Tozeur au port
de Sfax; et en général, en Tunisie, toutes opérations commerciales, agricoles ou financières se rapportant à l'exploitation du
sol et du sous-sol des terrains dont la société est ou pourra
devenir propriétaire ou locataire, et toutes entreprises de construction et d'exploitation de tous travaux publics dont la société
pourra obtenir la concession, la propriété ou la jouissance, ainsi
que toutes opérations ou entreprises semblables en tous autres
pays que la Tunisie.

Tel est le but de la société comme il est formulé dans ses
statuts.

Situation géographique et géologique. — Les gisements de
phosphates de chaux concédés à la Compagnie de Gafsa sont
situés dans le Sud de la Régence de Tunis, à l'Ouest de la
ville de Gafsa; ils s'étendent sur une longueur de 50 kilomètres
environ jusqu'à la frontière algérienne.

Comme les autres phosphates sédimentaires de la Tunisie et
de l'Algérie, ils sont placés au niveau géologique dit Éocène inférieur.

Dans le Sud de la Tunisie, l'Éocène débute à la base par des
marnes gypseuses brunes assez puissantes, reposant en concordance de stratification sur les calcaires sénoniens. Au-dessus
vient le niveau phosphaté comprenant plusieurs couches
séparées par des bancs de marnes gypseuses et de calcaires à
lumachelles. Cette formation est en général couronnée par
un gros banc de calcaire coquillier. Une puissante masse de
gypse blanc surmonte le tout. La formation est donc nettement
lagunaire.

Historique. — Les gisements phosphatés de la Tunisie et de l'Algérie furent découverts, en 1885 et 1887, par M. Philippe Thomas, vétérinaire principal de l'armée, attaché à la mission d'exploration scientifique de la Tunisie, organisée par le ministère de l'Instruction publique. C'est à M. Thomas que les colonies nord-africaines de la France sont redevables de l'invention de ces gisements qui constituent aujourd'hui une de leurs principales richesses.

Sa première découverte eut lieu précisément dans la région de Gafsa au Djebel Seldja.

Mais la possibilité de la mise en exploitation des phosphates de cette région était subordonnée à la construction d'un chemin de fer d'une longueur de 240 à 250 kilomètres et à la création d'un port dans la région de Sfax. Il fallut dix ans d'efforts de la part de l'Administration tunisienne, et plus tard des fondateurs de la Compagnie de Gafsa, pour arriver, malgré de nombreuses difficultés, à la concession des gisements, puis à la constitution du capital nécessaire à une entreprise que le public considérait comme ayant peu de chances de succès.

Le Gouvernement beylical se décida, après ses premières tentatives, à traiter la question du port de Sfax, avec une société distincte qui devint la Société des ports de Tunis, Sousse et Sfax.

Le programme à la charge du concessionnaire des phosphates se trouva ainsi allégé, et, à la suite de plusieurs concours que le Gouvernement tunisien ouvrit successivement pour l'adjudication des gisements, une soumission présentée par les fondateurs de la Compagnie de Gafsa put être transformée en accord, en juin 1895, et la convention définitive fut signée le 15 août 1896, puis approuvée par un décret beylical en date du 30 août 1896.

La Compagnie des Phosphates et du chemin de fer de Gafsa était enfin constituée en avril 1897, au capital de 18 millions de francs.

La convention du 15 août 1896 a été passée entre le Directeur général des Travaux publics de la Régence et M. Maurice de Robert, agissant en son nom personnel, avec la garantie technique et financière de la Société française d'Études et d'Entreprises, représentée par un administrateur délégué, M. Léon Molinos.

Selon ladite convention le Gouvernement tunisien a concédé :

1) L'exploitation des gisements de phosphates de chaux qui se rencontrent sur les terrains domaniaux situés au Sud-Ouest de Gafsa, dans un périmètre s'étendant jusqu'à la frontière algérienne et comprenant notamment les Djebels Zitoum, Zimra, Alima, Seldja, Metlaoui et Stah, ainsi que les Djebels situés au Nord et dans le voisinage de Tamerza ;

2) La construction et l'exploitation d'un chemin de fer partant de Sfax, desservant Gafsa et aboutissant à l'oued Seldja ou à tout autre point de la zone des gisements situés entre Gafsa et l'oued Seldja ;

3) La cession à titre gratuit, en toute propriété, de trente mille hectares de terrains domaniaux cultivables situés dans le contrôle de Sfax.

La convention contenait entre autres les clauses suivantes :

La durée de la concession, en ce qui concerne l'exploitation des phosphates et du chemin de fer a été fixée à soixante années grégoriennes.

La concession est entièrement faite aux risques et périls du concessionnaire, sans garantie quelconque à la charge du budget du Gouvernement tunisien, ni subvention autre que les droits sur les terrains domaniaux définis pour chacune des parties de la concession.

Au sujet de l'exploitation des phosphates, il a été fixé par la convention ce qui suit :

Le concessionnaire aura le droit exclusif d'exploiter les gisements de phosphate qui seront rencontrés sur les terrains domaniaux situés au Sud-Ouest de Gafsa, dans une zone d'environ 50 kilomètres de longueur sur 10 kilomètres de largeur, s'étendant jusqu'à la frontière algérienne et comprenant notamment, les Djebels Zitoum, Zimra, Alima, Seldja, Metlaoui et Stah, ainsi que les djebels situés au Nord et dans le voisinage de Tamerza.

Le périmètre de cette zone sera l'objet d'une délimitation opérée par le Gouvernement tunisien.

La surface ainsi délimitée sera d'environ 500 kilomètres carrés, mais sans aucune garantie actuelle de contenance en ce qui concerne les terrains domaniaux qu'elle renferme.

Le concessionnaire jouira d'un droit de préférence, à conditions égales, pour l'exploitation de tous gisements de phosphate, connus ou à découvrir, situés dans les terrains domaniaux limités au Nord, par le parallèle de Sfax; à l'Est par la mer; au Sud par le parallèle d'El-Hamma du Djerid et à l'Ouest, par la frontière algérienne.

Il sera fait abandon gratuitement au concessionnaire, pendant toute la durée de la concession, des terrains domaniaux de la région des gisements qui seront jugés nécessaires, après approbation du Gouvernement tunisien, pour les installations de toute nature de l'exploitation des phosphates.

Le concessionnaire aura la faculté d'utiliser pour les besoins de l'exploitation des phosphates, sous réserve des droits des tiers, les eaux de sources, puits, cours d'eau rencontrés sur les terrains de la région des gisements et d'exécuter, après approbation du Gouvernement tunisien, tous travaux reconnus nécessaires pour l'adduction de ces eaux.

Le concessionnaire doit verser au Gouvernement tunisien une redevance fixe par tonne de phosphate exploité pendant toute la durée de la concession.

Cette redevance est calculée sur le tonnage exporté hors des lieux d'extraction et après lavage et dessiccation, suivant qu'il sera fait usage de l'un ou de l'autre de ces procédés d'enrichissement, à raison de un franc par tonne de phosphate, avec un minimum annuel de redevance de 150 000 francs. Ce minimum ne sera applicable qu'à partir de l'expiration des sept premières années de l'exploitation du chemin de fer entre Sfax et les gisements phosphatés.

Si le tonnage exporté dans une année est supérieur à 150.000 tonnes, il sera fait remise au concessionnaire, à titre de prime, sur la redevance due pour l'exportation dépassant 150.000 tonnes de 0 fr. 35 par tonne pour les 100 premières mille tonnes supplémentaires et de 0 fr. 70 par tonne pour le surplus.

Dans le cas où, pendant la durée de la convention, le Gouvernement français imposerait à l'exploitation des phosphates algériens et percevrait sous quelque forme que ce soit, un droit à l'extraction, droit de sortie, etc., voire même tout relèvement du tarif kilométrique de transports desdits phosphates sur la ligne de Bône à Tebessa, mais non compris la redevance d'adjudication, une taxe par tonne de phosphate exploitée, cette taxe serait rendue immédiatement applicable à l'exploitation des phosphates qui font l'objet de la concession et le concessionnaire verserait, à partir de ce moment, au Gouvernement tunisien, outre la redevance stipulée ci-dessus, une première redevance supplémentaire calculée sur le tonnage exporté hors des lieux d'extraction à raison d'une taxe par tonne égale à la différence entre la taxe algérienne et la redevance stipulée ci-dessus.

Cette première redevance supplémentaire cesserait d'être appliquée si la taxe algérienne qui l'a motivée venait à être supprimée.

Si le produit brut annuel de la vente des phosphates naturels simplement lavés ou desséchés faisait ressortir à plus de 35 francs le prix annuel moyen de vente de la tonne desdits phosphates livrés sous palan à Sfax, le concessionnaire verserait au Gouvernement tunisien en sus, s'il y a lieu, de la première redevance supplémentaire ci-dessus, une deuxième redevance supplémentaire calculée sur le tonnage vendu desdits phosphates, à raison d'une taxe par tonne égale aux 25 0/0 de la différence entre leur prix moyen de vente, sous palan à Sfax, et le prix de 35 francs.

Les redevances stipulées ci-dessus ne dispensent le concessionnaire d'aucun des impôts généraux déjà établis ou qui pourront être établis dans la Régence ; mais il est entendu qu'aucune redevance, autre que celles stipulées ci-dessus et aucun impôt frappant spécialement et directement l'extraction, le transport, la vente et l'exportation des phosphates, ne pourront être exigés du concessionnaire pendant toute la durée de la concession.

Le concessionnaire sera soumis pour l'exploitation des phosphates aux règles qui pourront lui être imposées par l'administration dans l'intérêt de la bonne utilisation des richesses des gisements, et le cahier des charges à intervenir précisera à cet égard les conditions dans lesquelles s'exercera le contrôle du Gouvernement tunisien.

En cas de désaccord entre l'administration et le concessionnaire sur les clauses à inscrire dans ce cahier des charges, il sera statué par le conseil général des mines pris pour arbitre.

Enfin, un certain nombre de clauses générales sont prévues en vue de délais d'exécution des travaux, en vue de l'expiration de la concession, de la déchéance du concessionnaire, etc. Il est stipulé en faveur de la consommation tunisienne des phosphates une réduction de 10 0/0 sur les cours des marchés d'Europe.

Depuis 1896 plusieurs conventions sont venues modifier ou compléter sur quelques points les conditions primitives.

Un décret du 22 mai 1897 a approuvé la substitution de la Compagnie des phosphates et du chemin de fer de Gafsa au concessionnaire primitif, M. de Robert.

En 1902, un riche gisement de phosphates de chaux fut reconnu à Aïn Moulares situé dans la zone de protection définie par la convention de 1896. Le Gouvernement tunisien, désireux de se servir de ce gisement pour créer les ressources nécessaires au chemin de fer projeté de Sousse, mit la mine en adjudication, avec l'obligation pour le concessionnaire de transporter ses produits par la ligne de Sousse. Les mines d'Aïn-Moulares et du Djebel-Mrata, après adjudication, furent cédées à la Compagnie de Gafsa. La redevance à payer était fixée à 1 fr. 52 par tonne de phosphates exploités.

Une nouvelle convention fut conclue entre le Gouvernement tunisien et la Compagnie de Gafsa le 1er août 1904. Une des clauses de cette convention mettait à la charge du Gouvernement tunisien la construction d'un chemin de fer d'une longueur de 230 kilomètres, devant relier la ligne de Sousse à Kairouan aux gisements phosphatiers d'Aïn-Moulares par Henchir-Souatir.

Par la même convention fut délimitée la zone dont les phosphates devraient être exportés par la ligne de Sfax, en précisant une clause de la convention primitive, mais en excluant toute la région d'Aïn-Moulares. La Compagnie de Gafsa a obtenu en échange une prolongation du délai pendant lequel le Gouvernement tunisien s'interdit de racheter le chemin de fer.

Un arrêté du Directeur général des travaux publics en date du 27 mai 1905 a autorisé la Compagnie à établir une ligne ferrée de 32 kilomètres entre Metlaoui et le Redeyef, dont les minerais seraient, au gré de la Compagnie, dirigés soit sur Sfax, soit sur le port de Sousse.

Une convention subséquente du 20 mars 1906 obligea la Compagnie de Gafsa à relier son réseau à la ligne venant de Sousse à Henchir-Souatir, par la construction d'un embranchement partant de Tabeditt, sur la ligne de Metlaoui à Redeyef; elle a ajouté qu'en cas de rachat de la ligne de Sfax à Gafsa ou à la fin de la concession d'Aïn-Moulares tout cet embranchement reviendra gratuitement à l'État.

Elle prévoit en outre que contrairement à la convention de 1896, le Gouvernement tunisien reprendra possession de l'embranchement de Metlaoui à Redeyef, à l'expiration de la concession de Gafsa, sans avoir aucune indemnité à payer.

D'autre part, la Compagnie qui devait aux termes des articles 3 et 4 de la convention d'amodiation des gisements d'Aïn-Moulares et du Djebel-Mrata, exporter annuellement par le port de Sousse un minimum de 250.000 tonnes — pour lesquelles elle aura à acquitter la redevance de 1 fr. 52, plus un droit de sortie de 0 fr. 50 par tonne — a obtenu, en vertu de la convention du 20 mars 1906 et en compensation des charges qu'elle lui impose, la faculté de satisfaire aux prescriptions desdits articles 3 et 4 au moyen de phosphates extraits de la concession de Gafsa et transportés vers Sousse, étant entendu qu'en pareil cas, ces phosphates supporteront les mêmes redevances et droits fiscaux que s'ils provenaient de l'amodiation d'Aïn-Moulares, et qu'en outre ils seront compris dans les phosphates exportés de la concession de Gafsa pour le calcul de la redevance imposée par une des clauses de la concession de 1896.

Il a été stipulé, que tant que la Compagnie usera de ladite faculté, elle devra, si la production en phosphates d'une teneur supérieure à 63 0/0 dépasse 500.000 tonnes pour les gisements de la concession de Gafsa desservis par la voie ferrée de Tabeditt à Henchir-Souatir, exporter par le port de Sousse 20 0/0 des excédents au delà de ces 500.000 tonnes, en plus du minimum fixé par la convention de l'amodiation d'Aïn-Moulares; le tonnage supplémentaire exporté par Sousse en vertu des dispositions qui précèdent étant assujetti aux mêmes redevances et droits fiscaux que les autres phosphates de la concession de Gafsa exportés par le même port dans les conditions précédemment énoncées.

Le 1er mai 1908, la Compagnie de Gafsa a conclu avec le Gouvernement tunisien une convention qui lui concède l'exploitation d'un chemin de fer projeté de Sfax à Bou-Thadi, dont le tracé se rattachait au réseau déjà exploité par la Compagnie.

Cette ligne sera construite par l'État; elle se dirigera au Nord-

Ouest de Sfax et se terminera dans la région de Bou-Thadi à 60 kilomètres de Sfax; elle pourra être prolongée plus tard vers Sidi-Bou-Zid, en traversant des régions qui contiennent des gisements de phosphates.

Cette concession se terminera à la même époque que celle du chemin de fer de Sfax à Metlaoui et la nouvelle ligne sera rachetable en même temps que cette dernière.

Enfin, une nouvelle convention est intervenue entre la Compagnie et l'État tunisien le 15 octobre 1909, approuvée par décret beylical du 31 décembre de la même année.

Le nouveau contrat tout en respectant les conditions de celui de 1896, ainsi que les dispositions de différents accords intervenus ultérieurement, apporte aux conditions de l'existence sociale de la Compagnie de Gafsa les quelques modifications suivantes :

L'article 1er de cette convention fixe le taux des nouvelles redevances que la Compagnie aura à acquitter au prorata du tonnage des phosphates extraits ou exportés. Jusque-là la redevance minière fixée par l'article 10 de la convention du 15 août 1896 s'élevait, y compris un faible complément résultant de l'article 11, à 0 fr. 50 par tonne. La Compagnie paiera dorénavant une seconde redevance minière, établie de manière qu'en l'ajoutant à la redevance primitive, leur total représente un franc par tonne, quelle que soit la production. En outre, le § 2 du même article 1er lui impose une dernière redevance de 0 fr. 50 par tonne égale au droit de sortie qui frappe depuis longtemps tous les phosphates, autres que les siens exportés d'Algérie et de Tunisie et dont l'exonérait la convention de 1896.

En compensation de ses dispositions onéreuses, la Compagnie a reçu des garanties qui lui assurent de nouveaux avantages.

La Compagnie continue à être dispensée des impôts frappant directement les phosphates en Tunisie. Elle n'aura, comme précédemment, à supporter que les impôts algériens de cette catégorie, en ce sens que ces impôts représentent un minimum au-dessous duquel ses redevances ne peuvent s'abaisser. Mais l'une des clauses de l'article 1er décide que, pour l'application de cette disposition, on comparera les impôts algériens, non pas seulement à la redevance de la convention de 1896, mais à l'ensemble des redevances anciennes et nouvelles.

Quant aux impôts généraux tunisiens, autres que ceux spéciaux aux phosphates, la Compagnie reste soumise à leurs exi-
gences; mais en vertu de l'article 3, si les sociétés ou entreprises
tunisiennes venaient à être frappées de nouveaux impôts basés
sur leur production, leurs bénéfices, etc., ces taxes se confon-
draient pour elle avec les nouveaux versements qu'elle s'engage
à faire.

L'éventualité du rachat du chemin de fer a été envisagée. La
Compagnie a obtenu que, dans ce cas, les redevances nouvelles
disparaîtraient, l'État ne bénéficiant plus que de la redevance
minière primitive.

Le Gouvernement tunisien a en outre prolongé de dix ans le
droit d'exploitation des phosphates de Gafsa et des concessions de
chemins de fer qui expireront ainsi le 31 décembre 1966. La convention prévoit, toutefois, que si, au cours des dix prochaines
années les nouvelles redevances se confondaient avec de futurs
impôts et se trouvaient ainsi réduites ou annulées en fait, la
prolongation de concession serait elle-même diminuée dans
une certaine proportion, sans pouvoir en aucun cas s'abaisser
au-dessous de cinq ans.

La convention du 20 mars 1906 autorisait la Compagnie à
extraire de la concession de Gafsa au lieu de celle d'Aïn-Moulares les phosphates à exporter par Sousse. Mais elle lui avait
imposé, entre autres charges, de payer, pour les tonnages expédiés par cette voie, une double redevance, celle de Gafsa, et
celle d'Aïn-Moulares. C'était là une sujétion d'autant plus oné-
reuse que les bénéfices de la Compagnie seront relativement faibles sur ces phosphates. L'article 4 de la nouvelle convention
fait disparaître cette superposition de redevances. Les phosphates
de Gafsa exportés par Sousse ne supporteront plus désormais
que la redevance d'Aïn-Moulares.

Telles sont les dispositions des conventions passées depuis
l'année 1896 entre la Compagnie de Gafsa et le Gouvernement
tunisien.

Désirant pouvoir s'assurer le privilège d'inventeur sur le principal gisement existant à proximité de la voie ferrée de Sfax à
Metlaoui, la Compagnie a acquis de diverses personnes les droits
que leur conféraient cinq permis de recherches s'étendant sur
une région de 25 kilomètres de longueur, à 20 kilomètres au
Sud de Gafsa. Ces permis comprennent les djebels lellabia,

Schib, Rosfa et Mta-Radzel ; on les a complétés encore par deux autres permis pris au nom de la Compagnie.

Par un acte du 23 décembre 1897, la Compagnie avait acquis des droits analogues sur le gisement du djebel Zebbéus, situé au Nord de la station de Maknassy ; la redevance à payer en vertu de ce contrat a été transformée en une pension viagère par une convention conclue en 1904.

Les gisements. — Après sa constitution, la Compagnie s'appliqua à satisfaire immédiatement aux engagements qu'elle avait contractés par la convention du 20 août 1896, et pendant que les travaux du chemin de fer étaient poussés avec activité, elle poursuivit l'étude des gisements et fixait son choix pour un premier siège d'exploitation sur les énormes tables de la région de l'oued Metlaoui qui se présentaient dans des conditions bien meilleures que les dépôts très inclinés du Seldja où le phosphate avait été primitivement découvert.

La chaîne des montagnes de Seldja présente une structure anticlinale très nette ; la partie centrale est constituée par une voûte de Crétacé supérieur. Sur les deux retombes, au Nord et au Sud, apparaissent deux bandes de terrains Éocènes qui constituent les pieds-droits d'une deuxième voûte dont la partie centrale a été enlevée par érosion. Dans la région de Metlaoui, toutefois, une partie de la voûte éocène subsiste encore, formant une série de tables séparées par de profonds ravins.

A la suite de travaux de recherches méthodiques qui se sont étendus dans toute la concession de la Compagnie, il a été reconnu, en 1904, l'existence sur le versant Nord du Djebel Redeyef d'un gisement important dont la teneur est plus élevée que celle du gisement de Metlaoui. Ce gisement comporte deux couches ayant respectivement $1^m,25$ et $1^m,80$ de puissance séparées par un entre-deux stérile dont l'épaisseur varie de 1 à 3 mètres. Ces deux couches très régulières comme allure, sont peu inclinées et ont leurs affleurements visibles sur une étendue considérable.

Quant aux gisements d'Aïn-Moulares et du Djebel-Mrata, qui sont situés à 25 kilomètres Nord-Ouest de Metlaoui, leur horizon géologique, — comme d'ailleurs celui des autres zones phosphatées de la Régence — correspond à l'Éocène inférieur. A Aïn-Moulares le gisement forme une sorte de cirque dont la partie Est a été enlevée par érosion. Au milieu du cirque pointe le Sénonien bordé d'un anneau de phosphates disposés en falaises dont l'escarpement regarde l'intérieur du cirque. Cet anticlinal est accompagné au Sud du synclinal interrompu brusquement par une faille. L'anneau formant le cirque a été lui-même raviné et se présente aujourd'hui sous forme de tables entre lesquelles le phosphate a généralement disparu.

Le gisement du Djebel-Mrata est de constitution identique, mais les couches de phosphates sont presque verticales.

Importance des gisements et teneur des phosphates. — Les gisements concédés, actuellement parfaitement connus comme limite et comme allure générale, contiennent, facilement exploitables, des quantités de phosphates qu'on peut, sans exagération, qualifier de colossales.

Sur la richesse des gisements des environs de Metlaoui, M. Roberty se prononce de la manière suivante [1] :

« Si considérable que puisse être l'exploitation de la Compagnie pendant la durée de sa concession, elle aura à peine, au bout de soixante ans, entamé le gisement, dont la consistance est telle qu'il n'est guère possible de l'évaluer, même de façon approximative ».

La teneur des minerais de Metlaoui est d'une remarquable constance et il est prouvé que cette régularité de composition s'étend à tout le gisement. Des deux couches de phosphate qui y sont exploitées, la couche n° 1 donne une teneur en phosphate tricalcique de 59,5 à 60,5 0/0 ; la couche n° 2 un peu plus riche, donne 62 à 63 0/0. Le phosphate extrait de ces deux couches est d'ailleurs mélangé et donne un produit dont la richesse moyenne est sensiblement de 60 0/0.

A Redeyef on évalue la puissance du gisement à 30 ou 40 millions de tonnes de phosphates titrant environ 64,5 0/0 de phosphate tribasique ; il se classe ainsi dans la qualité dite 63/68 et ses produits bénéficient d'une notable plus-value par rapport à ceux de la qualité 58/63 extraite du gisement de Metlaoui.

La puissance des gîtes d'Aïn-Moulares et du Djebel-Mrata est d'au moins 70 millions de tonnes de phosphate d'une teneur moyenne de 63 0/0.

Les Mines. — La région de Metlaoui, où ont été établis les

---

(1) K. Roberty, *L'industrie extractive en Tunisie (Mines et carrières)*, Tunis, 1907.

premiers travaux d'exploitation, a été choisie pour permettre leur continuation en cet endroit pendant de très longues années sans s'éloigner du centre des installations extérieures.

La partie du gîte sur laquelle s'est portée l'exploitation de la mine de Metlaoui, comprend quatre grands plateaux ou tables, légèrement inclinés, séparés par des vallées qui pouvaient facilement servir de voies d'accès. Ce sont, en allant de l'Ouest à l'Est, les tables : *Ouest*, du *Lousif*, de *Iaatcha* et enfin la table de *Metlaoui*, beaucoup plus étendue que toutes les autres.

La table dite du *Lousif*, dont l'accès était particulièrement aisé et dont la forme étroite et longue facilitait un traçage rapide, fut tout d'abord mise en exploitation. Depuis lors les travaux se sont étendus d'abord dans la table *Ouest*, puis dans les tables *Iaatcha* et *Metlaoui*.

Les installations nécessitées par le chargement, le séchage, l'emmagasinage des phosphates étaient exécutés en même temps que l'on mettait la mine en mesure d'obtenir une forte extraction dès le jour où la voie ferrée pourrait transporter au port d'embarquement les minerais extraits.

Au Nord de la table *Lousif*, qui se trouve en même temps la plus élevée, l'exploitation se faisait à ciel ouvert; toutes les quatre couches de phosphates qui y étaient reconnues furent exploitées à la fois. Dans la partie Sud, il ne pouvait plus en être ainsi en raison de l'épaisseur de la masse de calcaire qui surmonte la formation phosphatée; l'exploitation s'y fait donc souterrainement. La méthode employée autrefois était celle des piliers abandonnés. Les piliers, mesurant 9 mètres sur 3 mètres, étaient séparés par des galeries de 4 mètres de largeur; on laissait ainsi en place pour le soutènement environ 30 0/0 du gîte. A cette méthode, qui présentait certains dangers et comportait en outre l'abandon d'une notable proportion du gisement, on a substitué la méthode classique dite méthode par foudroyage.

Les deux couches inférieures sont seules exploitées; elles ont respectivement 3 mètres et 1^m,50 et sont séparées par un banc de marne de 2 mètres d'épaisseur. Les deux couches sont prises en même temps, ce qui donne aux galeries une hauteur de 6 mètres environ.

Les travaux souterrains de plus en plus étendus occupaient déjà au commencement de l'année 1909 une longueur de plus de 4 kilomètres.

L'emploi dans la mine des appareils mus par l'électricité se multiplie progressivement : des locomotives électriques y circulent, des treuils électriques y fonctionnent, etc.

Le sortage des phosphates extraits dans la mine se fait par des galeries horizontales prolongées par des voies de niveau à flanc de coteau ; ces voies aboutissent à des culbuteurs placés sur le pourtour d'une gigantesque trémie qu'on a constituée en barrant un ravin par un mur en maçonnerie. A la partie inférieure de cette trémie un tunnel a été ménagé dans lequel viennent s'engager les trains du chemin de fer de Sfax. Des trappes à la partie supérieure du tunnel permettent de faire tomber directement le phosphate dans les wagons.

L'exploitation des autres tables, notamment de la table de Metlaoui, permet à la Compagnie de doubler et de tripler même sa production annuelle.

C'est le 30 octobre 1908 que le premier train de phosphates extrait de la table de Metlaoui a été amené à Metlaoui-Bordj pour le séchage.

Pour l'extraction des phosphates de la table de Metlaoui, d'importants travaux ont été faits. Il a été percé une galerie travers-banc de 630 mètres de longueur qui atteint les couches de phosphate vers le milieu de la grande table Metlaoui et qui servira de sortie pendant de longues années pour les phosphates extraits de cette partie du gisement. Cette galerie a une largeur de $3^m,60$ sur $3^m,20$ de hauteur ; ces grandes dimensions ont permis d'installer une double voie, ainsi que la traction électrique.

Tout le phosphate de la partie Est de la table de Metlaoui, passe par ce travers-banc à la sortie duquel sont installés des culbuteurs, magasins, bureaux, etc. Les avancements en direction dans la couche auront une longueur approximative de 800 à 1.000 mètres ; ceux de la partie Ouest en ayant autant et tablant sur un amont-pendage de 1.600 mètres, on peut ainsi se faire une idée de l'importance de cette exploitation.

L'embranchement qui dessert cette exploitation a une longueur de 2 km. 700 et rejoint le chemin de fer de Sfax au lieu dit Iaatcha.

Les Mines de Redeyef. — Nous avons vu plus haut que dans la région Nord-Est de sa concession, la Compagnie avait reconnu sur le versant Nord du Djebel-Redeyef un riche gisement de phosphates.

En vue de suffire aux demandes de la consommation européenne, la Compagnie de Gafsa s'est préoccupée, depuis l'année
1906, de l'ouverture d'un nouveau siège d'exploitation, dont
l'emplacement fut choisi au Djebel Redeyef, dont le gisement
présentait l'avantage de fournir un phosphate de teneur plus
élevée que celle du phosphate de Metlaoui.

La création de cette seconde mine a exigé la construction d'un
prolongement de la voie ferrée Sfax-Metlaoui sur une longueur
de 45 kilomètres. En même temps que fut construit ce chemin
de fer, les travaux préparatoires de la mine Redeyef furent poussés
avec une grande activité. Dès que, au mois d'août 1907, la voie
ferrée de Metlaoui à Redeyef était posée, les installations extérieures de Redeyef ont été rapidement achevées.

Dès le début de l'année 1908, la mine de Redeyef fut mise en
exploitation et est venue ajouter sa production à celle de l'exploitation de Metlaoui.

La plus grande partie de phosphates fournis par cette mine est
de la qualité 63/68 ; la teneur moyenne de ce phosphate atteint
64 0/0.

A la mine de Redeyef l'exploitation se fait sur deux couches
de phosphates, l'une semblable à celle de Metlaoui ; l'autre,
notamment plus riche comme teneur. Les travaux préparatoires
et galeries de traçage s'étendaient déjà au commencement de
l'année 1909 sur une surface de 2 km. 1/2 de longueur.

La Compagnie de Gafsa a commencé en 1912 des travaux
préparatoires en vue de l'exploitation ultérieure des tables du
Zimra, région du Redeyef.

Le séchage des phosphates. — Dans l'outillage des mines les
installations pour le séchage des phosphates prennent une place
prépondérante et entraînent des immobilisations beaucoup plus
importantes que l'extension des travaux miniers.

Le phosphate sortant de la mine est plus ou moins humide,
suivant la profondeur ; il l'est toujours trop pour pouvoir être
livré directement aux destinataires. Les fabricants de superphosphates exigent en effet, pour les facilités de leur fabrication, une
teneur maxima de 5 0/0 d'eau.

Le séchage, grâce au climat particulièrement sec et chaud de
la localité où se trouvent les mines, peut se faire presque toute
l'année à l'air libre. Des surfaces de quatre hectares ont été aménagées à cet effet, à une exposition particulièrement favorable.

Le phosphate, venu par trains complets, est étalé sur une épaisseur d'environ $0^m,30$ sur l'aire, où on le tourne et retourne au
moyen de charrues légères, traînées par des mulets ou des
chevaux. Par la seule exposition au soleil, la teneur en eau peut
s'abaisser au-dessous de 2 0/0. Elle est en tout cas ramenée au-
dessous de 3 0/0 environ, ce dont on s'assure par de fréquentes
analyses.

Lorsque ce résultat est obtenu, le phosphate est mis en wagons
ou déposé en stock dans trois grands hangars couverts susceptibles de recevoir 80.000 tonnes de phosphate.

Le séchage à l'air libre n'étant pas suffisant surtout pendant
l'hiver, il a été établi successivement onze grands fours de séchage
rotatifs. Ces fours rotatifs sont constitués par des cylindres tour-
nants du système Diedrich ; chacun d'eux produit environ 700
tonnes de phosphates par jour. Certains de ces fours sont actionnés
directement par des moteurs à gaz pauvre; les plus récents sont
mus par l'électricité. En vue de réduire les frais de main-
d'œuvre on a installé pour les fours des appareils transporteurs
mus par l'électricité qui effectuent mécaniquement la mise en
stock des phosphates séchés.

Le phosphate ainsi traité ne possède plus que 2,5 0/0 d'eau;
il peut être emmagasiné avec celui qui provient du séchage à
l'air.

Autre outillage de la mine de Metlaoui. — En outre des
grands hangars à phosphate sec qui sont affectés aux fours de
séchage et dont il a été fait mention plus haut, il est installé à la
mine Metlaoui une station centrale électrique d'une puissance
de 760 chevaux. Un atelier de réparation et un dépôt pour les
locomotives de la mine complètent son outillage.

Nous signalerons plus bas tout ce qui a été fait par la Compagnie au profit de la population ouvrière.

Outillage de la mine Redeyef. — Une station centrale électrique actionnée par des moteurs à gaz pauvre et une batterie de
deux fours de séchage ont été établies sur la mine Redeyef;
jusqu'à ce que ces installations soient terminées le séchage au
four des phosphates de la mine Redeyef a dû se faire à Metlaoui.

De grands hangars, des ateliers, un dépôt de locomotives,
des maisons ouvrières, ainsi qu'une école complètent cet outillage.

Production des mines. — Voici de quelle manière, suivant les rapports annuels du conseil d'administration, s'est développée la production de phosphates extraits des mines de la Compagnie de Gafsa :

Années.	Metlaoui.	Redeyef.	Total.
	Tonnes.	Tonnes.	Tonnes.
1899 (1)............	65.881	»	65.881
1900.............	188.768	»	188.768
1901.............	179.463	»	179.463
1902.............	272 712	»	272.712
1903.............	408.029	»	408.029
1904.............	457.052	»	457.052
1905.............	526.517	»	526.517
1906.............	607.649	»	607.649
1907.............	716.769	»	716.769
1908.............	837.874	241.776	1.082.650
1909.............	604.772	345.796	950 568
1910.............	645.975	311.361	957.339
1911.............	700.506	394.296	1.094.802
1912.............	795.709	542.218	1.337.927

(1) A partir du mois de mai au 31 décembre.

Les chiffres de ce tableau démontrent que les quantités de phosphates produits par la Compagnie de Gafsa étaient en croissance permanente jusqu'à l'année 1908 où ils ont atteint le chiffre de 1.082.650 tonnes.

Sur le total de la production la mine Redeyef est venue, en 1908, pour la première fois ajouter sa production à celle de l'exploitation de Metlaoui.

Si on constate, en 1909, une diminution dans la production totale de la Compagnie, celle-ci a eu pour but de réduire les stocks de la mine de Metlaoui qui étaient devenus trop élevés.

A partir de l'année 1910 la production de la Compagnie de Gafsa est de nouveau en croissance et en 1912 elle a dépassé de plus de 255.000 tonnes celle de l'année 1908.

Comme la production mondiale de phosphates, en 1912, doit être évaluée à environ 5.450.000 tonnes, c'est donc près d'un quart de cette production du monde entier en phosphates qu'ont donné les mines de la Compagnie de Gafsa.

La population ouvrière des mines. — Au moment où la Compagnie de Gafsa est venue s'y installer, les environs des gisements de Metlaoui étaient absolument déserts. Le pays est d'ailleurs tout à fait aride, sans arbres, et l'eau de l'Oued-Seldja, seule rivière à débit apparent, est impropre aux usages alimentaires ou industriels.

Une des principales tâches qui s'imposèrent fut donc la construction des maisons pour le personnel de la mine et l'organisation de l'alimentation en vivres et en eau d'une population ouvrière considérable, qui atteint aujourd'hui près de 6.000 personnes pour les deux centres de Metlaoui et du Redeyef. La plupart des maisons servent au personnel européen : Français, Italiens, Maltais; d'autres sont spéciales pour les indigènes : Tunisiens, Kabyles, Tripolitains, Marocains; mais ceux-ci s'organisent aussi des gourbis en pierres ou en planches, ou campent sous la tente, à la manière des nomades du pays. Ces dernières nationalités se groupent en quartiers distincts, car elles ne vivent pas toujours en bonne intelligence. Il y a même un quartier nègre dont bien des habitants viennent des régions éloignées du Centre de l'Afrique; après avoir travaillé un an ou deux à Metlaoui, ils retournent dans l'Aïr ou dans la région du Tchad, puis reviennent, au bout de six mois ou plus, demander à reprendre leur place dans un chantier de la Compagnie.

La plupart des ouvriers étant des Arabes du pays, on voit que la population indigène a retiré d'importants avantages du développement des exploitations phosphatières.

Les maisons ouvrières sont de plusieurs types. Les unes constituent des logements de deux à quatre pièces pour les ménages d'employés et d'ouvriers; les autres comprennent des chambres où logent plusieurs célibataires. Toutes ces maisons ne comportent qu'un rez-de-chaussée.

La Compagnie a installé une cantine où les célibataires prennent leurs repas, et un important magasin qui fournit au personnel des provisions de toutes sortes. Des négociants du pays sont d'ailleurs rapidement venus s'installer près de la gare.

Metlaoui a son école, son hôpital, sa bibliothèque, sa chapelle, sa mosquée, son bureau de poste et de télégraphe. Vu l'importance de la population et les troubles que pourraient occasionner

PHOSPHATES DU SUD-TUNISIEN.

223

les rivalités entre ouvriers indigènes de nationalités différentes [1], sur la demande du Gouvernement, la Compagnie a construit un casernement qui a permis de doter Metlaoui d'une petite garnison de 100 hommes.

Dans son rapport annuel présenté à l'Assemblée générale le 12 juin 1909, le conseil d'administration de la Compagnie avait constaté, que malgré quelques incidents provoqués par l'animosité existant entre les indigènes originaires de régions différentes, la population ouvrière se recrute dans des conditions satisfaisantes.

Mais en 1911, et surtout pendant la guerre tripolitaine, la Compagnie a rencontré quelques difficultés pour le recrutement des nombreux ouvriers indigènes nécessaires à ses travaux, comme du reste c'était le cas pour toutes les mines tunisiennes.

Voici maintenant l'effectif du personnel des mines de la Compagnie de Gafsa au 31 décembre de chaque année :

Années.	Nombre d'ouvriers au 31 décembre.		
	Total.	Européens.	Indigènes.
1901.............	1.400	plus de 300	?
1902.............	1.880	370	1.510
1903.............	2.032	360	1.660
1904.............	2.031	330	1.701
1905.............	2.310	369	1.941
1906.............	2.500	380	2.120
1907.............	5.300	590	4.710
1908.............	6.244	760	5.480
1909.............	?	?	?
1910.............	3.640 (2)	600	3.040
1911.............	?	?	?
1912.............	5.700	800	4.900

(1) Il y a eu, en 1907, une bataille entre un millier de Kabyles et quelques centaines de Tripolitains.

(2) En dehors de 240 Français et 360 Italiens, les mines de Metlaoui et de Redeyef, occupaient au 31 décembre 1910, 3.040 indigènes provenant des populations les plus variées du Nord de l'Afrique. A côté des Tunisiens, on y trouve de nombreux Kabyles, des Marocains, des Tripolitains et des nègres, venus du Sud de la Tunisie et du Soudan.

Pour l'année 1907 le conseil d'administration donne l'explication que sur le total de 5.300 employés et ouvriers, 1.200 personnes environ étaient occupées à des travaux de premier établissement; le surplus comprenait 3.550 ouvriers pour l'exploitation
de Metlaoui et 550 pour celle de Redeyef.

Pour les années 1909 et 1911 les rapports du conseil d'administration ne donnent pas le chiffre du personnel des mines.

Le tableau que nous venons de produire montre que les indigènes cherchent bien à trouver du travail dans les mines de la
Compagnie.

Enfin des données fournies par le conseil d'administration de
la Compagnie pour les années 1902, 1903 et 1904, il résulte que
les indigènes sont occupés principalement au fond des mines.
Pendant les trois années susmentionnées on comptait : 1.180,
1.280 et 1.288 ouvriers du fond, dont il y avait seulement 250,
213 et 207 Européens.

Jusque dans ce dernier temps, toute l'eau dont on avait besoin
à Metlaoui était apportée par wagons-citernes de la station de
Gafsa située à une distance de 30 kilomètres. La construction du
chemin de fer à Redeyef a permis à la Compagnie de poser le
long de la voie une canalisation de 15 kilomètres qui, depuis le
mois d'août 1907, amène quotidiennement à Metlaoui plusieurs
centaines de mètres cubes d'eau potable captée dans les montagnes. Depuis, le village de Metlaoui est pourvu d'une eau abondante et de bonne qualité qui amène plus de bien-être pour la
population et permettra aussi de faire pousser quelque verdure
dans ce centre entouré de terrains désertiques.

A Redeyef, en outre des maisons pour le personnel, il existe
une infirmerie, une cantine, un mess des employés, une
école, etc.

Le total des salaires versés par la Compagnie de Gafsa en
Tunisie pour ses trois services (mines, chemin de fer, embarquements), représentait pour 1909 une somme de 7 millions de
francs dont les deux tiers à des indigènes.

Les chemins de fer de la Compagnie de Gafsa. — Nous avons
vu plus haut que par la convention du 15 août 1896, le Gouvernement tunisien avait concédé à la Compagnie, la construction et
l'exploitation d'un chemin de fer, partant de Sfax, desservant
Gafsa et aboutissant à l'Oued Seldja, ou à tout autre point de la
zone des gisements phosphatiers concédés par le même acte.

La Compagnie s'appliqua à satisfaire immédiatement aux engagements qu'elle avait contractés. Elle passa contrat avec la Société générale d'entreprise Duparchy, Dollfuss et Wiriot, pour l'exécution à forfait de la plupart des travaux faisant partie de la construction de la ligne Sfax-Gafsa.

Les travaux devaient être conduits très rapidement; le contrat exigeait notamment qu'on posât un kilomètre de voie par jour en moyenne, à partir du moment où le matériel de voie commencerait à arriver à Sfax.

La Société générale d'entreprise se conforma à ces conditions d'exécution et le chemin de fer de 243 kilomètres put être inauguré le 26 avril 1899, soit deux ans seulement après la conclusion du marché.

La construction du chemin de fer de Sfax à Metlaoui a coûté 16.670.549 francs dont 13.955.850 francs ont été payés par la Compagnie de Gafsa et le reste de 2.714.699 francs par le Gouvernement tunisien.

Le chemin de fer de Sfax à Metlaoui construit à une seule voie comprenait primitivement onze stations ou points de croisement de trains. Le développement des transports de phosphates a conduit la Compagnie à prendre, pendant l'année 1908, des mesures pour faciliter la circulation des trains et permettre d'en augmenter le nombre ; on a fait établir neuf nouveaux croisements intermédiaires, grâce auxquels les intervalles entre les trains pouvaient être sensiblement réduits et le débit de la ligne notablement augmenté.

En 1911 les lignes des chemins de fer de la Compagnie en exploitation avaient un développement de 305 kilomètres, dont 243 pour la ligne principale de Sfax à Metlaoui, 42 pour l'embranchement minier de Metlaoui à Redeyef, et 20 pour celui de Tabeditt à Henchir-Souatir.

En dehors de ces lignes principales un embranchement particulier de 1.500 mètres relie la gare de Metlaoui aux installations de séchage des phosphates qui sont elles-mêmes en communication avec la mine par un raccordement de 3 km. 500.

Le transport des phosphates se fait en wagons entièrement métalliques construits en vue de cette destination spéciale et pouvant recevoir un chargement de 18 tonnes de phosphate. Ces wagons sont expédiés par trains complets de 400 à 600 tonnes, de la gare de Metlaoui à Sfax, où se trouvent les installations de

stocks et d'embarquement. La durée ordinaire du trajet est de
dix heures et, suivant les besoins, des trains en nombre variable
sont mis en circulation. Grâce aux mesures prises pour l'exploitation, la capacité de la ligne, bien qu'elle soit à voie unique et
qu'elle n'ait qu'un mètre de largeur, permet un développement
considérable du trafic.

L'effectif des locomotives et du matériel roulant a été sensiblement augmenté pendant les exercices 1908, 1909 et 1912.
En plus des 32 locomotives qui existaient sur la ligne à la fin
de l'année 1907, la Compagnie a mis en service encore 16 puissantes locomotives à surchauffe d'un nouveau modèle pesant
56 tonnes qui représentent le type le plus puissant qui existe sur
les lignes à voie étroite. Ces locomotives ont cinq essieux couplés
et un bissel à l'avant; elles peuvent remorquer des trains de
700 tonnes.

Quant aux wagons affectés au transport des phosphates, il y en
avait déjà à la fin de l'année 1907 sur la ligne, 590; en 1908 et
1909 leur nombre a été augmenté de 430 et en 1912 de 150 nouveaux wagons.

Le chemin de fer de Sfax à Metlaoui n'est pas utilisé seulement
pour le transport des phosphates. Conformément aux clauses de
la convention de concession, la ligne fait le service public de
voyageurs et des marchandises; elle transporte notamment
chaque année des quantités considérables de céréales et farines,
de matières premières et de matériaux de construction et surtout
d'alfa destinés à l'exportation par le port de Sfax vers l'Angleterre et la France.

En dehors des transports de phosphates et de ceux effectués
par le chemin de fer pour le compte des exploitations phosphatières, le service public de voyageurs et de marchandises fournit
une recette d'environ un million de francs par an.

Les quantités de phosphates transportés par le chemin de fer à
Sfax ont été les suivantes :

Années.	Tonnes.	Années.	Tonnes.
1900...............	178.459	1907...............	710.002
1901...............	172.346	1908...............	919.689
1902...............	263.154	1909...............	965.602
1903...............	373.190	1910...............	929.027
1904...............	479.267	1911 (1)............	1.045.786
1905...............	521.731	1912........	1.160.769
1906...............	619.165		

(1) En 1911, une mine appartenant à la Société des phosphates de Maknassy a commencé ses expéditions de phosphates sur le port de Sfax.

En outre, à partir de l'année 1910, la Compagnie transporte une partie des phosphates de la mine Redeyef à Henchir-Souatir, pour être expédiés de cette dernière gare sur le port de Sousse par les lignes de la Compagnie de Bône-Guelma. Ces expéditions sur Henchir-Souatir ont été de 46.116 tonnes en 1910, de 97.910 tonnes en 1911, et de 146.342 tonnes en 1912.

Le dépôt de machines de Sfax situé à une extrémité de la ligne étant devenu insuffisant, un nouveau dépôt pareil avec rotonde pouvant contenir 25 locomotives, a été établi, en 1908, à la gare de Gafsa. Cette mesure a conduit la Compagnie à construire près de la gare de Gafsa une cité ouvrière où sont logés les mécaniciens, chauffeurs et agents des trains en résidence à cette gare.

La voie ferrée de Metlaoui à Redeyef était posée dès le mois d'août 1907 jusqu'à la mine. Cette ligne, qui a 42 kilomètres de longueur depuis la gare de Metlaoui, représente un travail considérable dans un pays montagneux ; elle comprend 1.578 mètres de tunnel et de nombreux ouvrages d'art dont 22 ponts de 10 à 40 mètres d'ouverture ; la différence de niveau entre ses deux extrémités est de 373 mètres.

La section de Metlaoui à Redeyef a été ouverte au service public le 1er février 1909.

En 1908 furent commencés les travaux de construction de l'embranchement minier de 20 kilomètres qui, partant de Tabeditt, station intermédiaire de la ligne de Redeyef, devait aboutir à Henchir-Souatir, station terminus de la ligne venant de Sousse, qui fut construit aux frais de l'État tunisien. Cette nouvelle ligne d'embranchement de Tabeditt à Henchir-Souatir a nécessité

l'établissement de nombreux ouvrages d'art et d'un tunnel entièrement maçonné de 300 mètres de longueur. Cet embranchement
a été ouvert à l'exploitation au commencement de l'année 1910.

Enfin, l'embranchement de Metlaoui à Tozeur, d'une longueur
de 54 kilomètres, construit par la Compagnie pour le compte de
l'État, a été ouvert à l'exploitation le 1er mars 1913.

Le personnel des chemins de fer de la Compagnie de Gafsa a
sensiblement augmenté avec le développement des transports. Au
31 décembre de chaque année ce personnel comprenait le nombre
suivant :

Années.	Employés et ouvriers.	Années.	Employés et ouvriers.
1902...............	540	1907...............	973
1903...............	681	1908...............	1.260
1904...............	646	1909...............	1.256
1905...............	672	1911...............	1.214
1906...............	810	1912...............	1.262

Sur le nombre d'employés et d'ouvriers occupés sur le chemin
de fer en 1912 il y avait 580 indigènes.

Le port de Sfax et l'embarquement des phosphates. — Le port
de Sfax autrefois assez incommode, puisque les navires ne pouvaient approcher du rivage, a été complètement refait par la
Compagnie concessionnaire des ports de Tunis, Sousse et Sfax.
Inauguré au mois d'avril de l'année 1897, le nouveau port de
Sfax se compose aujourd'hui d'un bassin d'opération de 10 hectares, creusé à 6m,50 de profondeur, d'un chenal de 22 mètres de
largeur et de 3 kilomètres de longueur, creusé à la même cote,
enfin de chenaux affectés à la petite batellerie et menant à des
darses de 1.200 et 5.600 mètres carrés de superficie.

Le port possède deux quais, l'un destiné aux phosphates et
l'autre aux vapeurs postaux, alfatiers, charbonniers et porteurs
de bois et marchandises diverses.

Le premier quai, dont la direction est Nord-Ouest-Sud-Est,
avait primitivement 250 mètres de long; il a été porté à 500
mètres dont 400 mètres sont réservés à la Compagnie de Gafsa et
100 mètres aux vapeurs chargeant ou déchargeant des marchandises pouvant facilement prendre feu.

Le second quai, qui va du Nord-Est au Sud-Ouest et qui sert à tous les vapeurs indistinctement, sauf aux phosphatiers, n'a que 350 mètres de long, mais il sera prolongé de 500 mètres.

Au bout de ce quai de 850 mètres, on en construira un autre qui, lui, ira du Nord-Ouest au Sud-Est sur une longueur de 500 mètres, parallèle par conséquent au quai des phosphates.

Puis au bout de ce nouveau quai, brisant les lames produites par le vent du Sud, parfois très violent, un perré, direction du Sud-Ouest au Nord-Est, doit fermer le port sur une longueur de 500 mètres laissant libre une large ouverture de 350 mètres.

Sur le quai qui est affecté aux phosphates la Compagnie de Gafsa dispose d'un terre-plein de 350 mètres de longueur sur 85 mètres de largeur.

Au début, la Compagnie de Gafsa avait construit au port de Sfax un hangar de 100 mètres de long, de 50 de large et de 30 de hauteur, en ciment armé, qui devait fonctionner avec un appareil Temperley, et qui fut démoli avant d'être mis en usage. Il fut remplacé par des hangars, en bois, lesquels ont disparu devant les hangars métalliques, qui occupent maintenant une superficie de 25.000 mètres carrés. Ces hangars couverts, destinés à conserver à Sfax le phosphate sec, en peuvent recevoir 100.000 tonnes. On comprend quelle est l'utilité de ces énormes installations pour conserver une grande régularité de fonctionnement aux services des mines et du chemin de fer, malgré l'irrégularité inévitable des arrivées des navires pour le chargement immédiat et rapide des vapeurs.

Au début, le transport des phosphates à bord des navires se faisait uniquement au moyen de paniers portés à dos d'hommes. Grâce à la main-d'œuvre indigène, ce mode de chargement donnait déjà des résultats satisfaisants et permettait de mettre en cale jusqu'à 1.500 tonnes par jour.

Toutefois, par suite du développement de ses exportations, la Compagnie de Gafsa s'est préoccupée, dès 1902, d'établir un système de chargement mécanique. Devant les hangars en bois, on faisait passer une courroie sans fin, en caoutchouc, qui recevait le phosphate, et, par un système de bras disposés à angle droit sur son parcours, garni d'une courroie semblable, déversait le phosphate dans la cale même du navire, par un entonnoir et une manche de descente, qui évitaient une grande partie de la poussière de chargement à dos d'hommes.

Ce système de courroie-transporteuse et verseuse ayant donné, en même temps qu'une économie importante, une rapidité d'embarquement beaucoup plus considérable que celle obtenue avec les moyens primitifs, la Compagnie de Gafsa a conçu et exécuté un plan d'ensemble de hangars métalliques et de 12 courroies pour le chargement de deux navires à la fois et de deux qualités de phosphates dans le même navire, si c'est nécessaire.

Les installations réalisées à cet effet comportent l'emploi de courroies-transporteuses, qui reçoivent le phosphate sorti des wagons ou repris aux stocks et qui le versent sur d'autres courroies inclinées qui l'élèvent au-dessus des navires et le conduisent dans les cales. Chaque appareil ainsi combiné permet le déchargement simultané de plusieurs trains et l'embarquement rapide de 2.500 tonnes de phosphates par journée de dix heures. Un premier appareil a été mis en service en 1902, un deuxième en 1904, enfin un troisième en 1909, et la Compagnie de Gafsa dispose ainsi pour ses embarquements, d'une installation d'une puissance et d'une rapidité exceptionnelles, qui sera en état de suffire à ses besoins pendant de longues années [1].

L'importance des chargements à effectuer vers la fin de l'année 1909 a permis de constater la puissance de l'outillage; pendant la première quinzaine de décembre, 75.000 tonnes ont été embarquées avec deux appareils de chargement seulement et sans qu'il ait été nécessaire de recourir au travail de nuit.

Deux voies de chemin de fer dans les hangars et une sur le quai permettent aux trains de phosphates de se décharger jour et nuit, soit dans les trémies, qui servent d'entonnoirs aux courroies, soit sous les hangars, en stock.

Tout ce système de chargement est mû par l'électricité. La Compagnie a installé, à la naissance du quai des phosphates, une station centrale électrique. En raison des graves inconvénients résultant des impuretés de l'eau d'alimentation, la Compagnie a fixé immédiatement son choix sur les moteurs à gaz pauvre. Au point de vue électrique elle n'a pas hésité à adopter le courant alternatif à cause de la robustesse des moteurs et de leur faible entretien.

La station génératrice comporte : 3 groupes électrogènes de

---

(1) On trouvera plus bas, dans le chapitre x, une description détaillée des installations pour l'embarquement des phosphates.

150 chevaux chacun avec 3 gazogènes; des alternateurs à courant triphasé, 500 volts, 50 périodes sont actionnés par courroies. Le courant des alternateurs est recueilli sur les barres du tableau de distribution qui est disposé pour la marche en parallèle des 4 groupes composant l'installation définitive. L'étage supérieur du tableau est réservé aux appareils de répartition du courant, aux 12 moteurs actionnant les courroies, aux circuits des moteurs auxiliaires et à l'éclairage.

Les trois systèmes des quatre courroies desservant un chargeur sont indépendants, et, dans chaque système, des disjoncteurs spéciaux permettent d'arrêter automatiquement les courroies dès qu'une seule d'entre elles vient à être surchargée.

Des moteurs asynchrones de 25 à 45 chevaux hermétiquement clos en raison des poussières, actionnent les courroies par l'intermédiaire de réducteurs à engrenages également enfermés.

Le nombre de navires chargés de phosphates expédiés de Sfax a été de :

353	en 1907
435	— 1908
412	— 1909
446	— 1910
428	— 1911
474	— 1912

Les quantités de phosphates de la Compagnie de Gafsa exportés par le port de Sfax ont été les suivantes :

En 1899	65.209	tonnes.
— 1900	171.298	—
— 1901	178.047	—
— 1902	263.482	—
— 1903	352.088	—
— 1904	455.797	—
— 1905	524.165	—
— 1906	593.006	—
— 1907	746.476	—
— 1908	899.315	—
— 1909	907.370	—
— 1910	918.368	—
— 1911	1.026.071	—
— 1912	1.168.567	—

Le port de Sousse. — Nous donnons plus bas (Chapitre x) une courte notice sur le port de Sousse et le mouvement des marchandises dans ce port.

A cette place nous tenons seulement à indiquer ce qui concerne spécialement la Compagnie des phosphates de Gafsa.

Il y a été construit un bureau et un grand hangar destiné à abriter un stock de phosphate sec.

Jusqu'à présent la Compagnie a pu se contenter au port de Sousse du chargement des phosphates à dos d'hommes; mais l'augmentation de ses exportations et l'irrégularité des ressources qu'on trouve à Sousse au point de vue de la main-d'œuvre ont amené la Compagnie à étudier l'installation d'appareils de manutention mécanique, comme à Sfax.

Le transport des phosphates de la Compagnie de Gafsa sur le port de Sousse a commencé en 1910 et les exportations par ce port ont été les suivantes pendant les trois derniers exercices :

En 1910............ 32.037 tonnes, chargés sur 18 navires.
— 1911............ 95.688   —   —   63   —
— 1912............ 143.811   —   —   77   —

o°o

Les quantités totales de phosphates exportés par la Compagnie de Gafsa pendant les trois dernières années ont été les suivantes :

En 1910............................. 950.921 tonnes.
— 1911............................. 1.121.759   —
— 1912............................. 1.312.378   —

Des 1.312.378 tonnes expédiées par la Compagnie de Gafsa en 1912, 1.272.615 tonnes ont été dirigées sur divers pays de l'Europe.

Nous avons vu plus haut que le marché européen a absorbé en 1912, 4.182.900 tonnes de phosphate, dont 2.156.700 tonnes étaient de provenance algérienne et tunisienne. En comparant ces chiffres avec celui des expéditions en Europe faites pendant la même année par la Compagnie de Gafsa, on voit que celle-ci a livré à l'Europe 34 0/0 de sa consommation entière en phosphates et près de 59 0/0 des quantités qui y sont arrivées de toutes les exploitations phosphatières du Nord de l'Afrique.

Dans son allocution à l'Assemblée générale des actionnaires de la Compagnie de Gafsa, du 26 mai 1913, le président, M. Molinos, a exposé de fort intéressantes comparaisons entre les fournitures de phosphates à l'Europe par la Compagnie de Gafsa et ceux des États-Unis.

« La seconde année de notre exploitation, a dit M. Molinos, en 1900, la consommation européenne était de 1.645.000 tonnes. Sur ce chiffre, nous avons fourni 171.000 tonnes et les Américains 600.000.

» Puis la consommation a crû pour arriver en 1905, à 2.560.000 tonnes, dont nous fournissions 624.000 et l'Amérique environ 950.000.

» Dans les cinq années suivantes, de 1905 à 1910, la consommation européenne a monté de 2.560.000 tonnes à 3.400.000, soit de 840.000 tonnes. A la fin de cette période nous fournissions 950.000 tonnes et l'Amérique environ 1.100.000 tonnes.

» De 1910 à 1912, elle passa de 3.400.000 tonnes à 4.183.000 tonnes, soit 783.000 en deux ans; et Gafsa exportait 1.312.000 tonnes l'année dernière.

» L'augmentation annuelle de l'Europe, qui était en moyenne de 220.000 tonnes avant 1910, atteint 390.000 tonnes dans la dernière période ».

°

Le développement de la production de la Compagnie de Gafsa entraîne une augmentation progressive des sommes versées par elle au Gouvernement tunisien. A elles seules, les redevances minières représentaient, pour le tonnage de 1912, une somme de 1.968.000 francs. Cette somme représente 21,4 0/0 des bénéfices distribués en 1912, tandis qu'en France, la redevance imposée aux mines n'est que de 6 0/0 des mêmes bénéfices.

Cette somme est d'ailleurs loin de représenter tout ce que rapporte à l'État tunisien l'existence de la Compagnie de Gafsa.

Pendant l'année 1912 les droits de port acquittés pour les navires affrétés par la Compagnie à Sfax et à Sousse se sont élevés à 978.795 francs, sur lesquels la part de l'État est de 600.000 francs environ. A cette dernière somme il faut ajouter : 249.000

francs de droits de douane (marchandises diverses et explosifs),
74.600 francs pour les droits d'extraction des phosphates exportés
par Sousse, 40.000 francs de subvention annuelle gageant une
partie de l'emprunt consacré aux travaux d'adduction d'eaux
pour la ville de Sfax, 18.000 francs de contributions diverses, etc.

Tous ces chiffres divers représentent une somme de 982.000
francs. Si on les ajoute aux 1.968.000 francs des redevances
minières on arrive au total de 2.950.000 francs; c'est donc un
total de près de trois millions de francs que la Compagnie de
Gafsa a payé au Trésor tunisien pour l'année 1912.

o°o

Nous joignons à cette notice un tableau, que la direction de la
Compagnie de Gafsa a bien voulu nous communiquer, mon-
trant les expéditions de phosphates faites par la Compagnie dès
son origine jusqu'à la fin de l'année 1912, et ceci par pays de
destination. On y voit clairement comment les demandes de
phosphates de Gafsa se sont graduellement accrues dans les
divers pays.

La France est naturellement le meilleur client de la Compagnie; elle a demandé à Gafsa plus de 40 0/0 de toute la quantité
de phosphates vendue par la Compagnie en 1912. Pour l'année
1911 les livraisons faites par la Compagnie de Gafsa représentaient 74 0/0 de l'ensemble des phosphates qui étaient importés
en France.

L'Italie prend le second rang dans les expéditions de la Compagnie de Gafsa; elles représentaient en 1912 près de 20 0/0 de la
quantité totale exportée, et environ 45 0/0 du total des phosphates importés en Italie.

Les expéditions en Angleterre constituaient un peu plus de
11 0/0 de la quantité totale exportée en 1912; ils représentaient
environ 29 0/0 du total des phosphates importés en Angleterre.

9,3 0/0 du total des expéditions de la Compagnie ont été
dirigés sur l'Allemagne où ils représentaient 13,5 0/0 du chiffre
global des phosphates importés dans ce pays en 1912.

Ce sont là les quatre principaux clients de la Compagnie des
phosphates de Gafsa.

Expéditions de phosphates de la Compagnie de Gafsa par pays de destination.

Pays de destination.	1899.	1900.	1901.	1902.	1903.	1904.	1905.	1906.	1907.	1908.	1909.	1910.	1911.	1912.
	Tonnes.	Tonnes.	Tonnes.	Tonnes.	Tonnes.	Tonnes.	Tonnes.	Tonnes.	Tonnes.	Tonnes.	Tonnes.	Tonnes.	Tonnes.	Tonnes.
Allemagne	14.460	16.742	19.532	25.866	34.203	24.290	31.313	42.365	44.939	62.206	51.666	53.449	52.497	122.731
Royaume-Uni	12.421	60.952	48.981	48.486	79.683	72.732	90.616	91.431	135.621	132.791	140.033	123.819	128.701	154.140
Autriche-Hongrie	564	1.595	1.577	3.840	9.245	7.205	7.365	5.897	3.200	5.329	8.048	15.842	16.719	26.218
Belgique	51	»	3.282	6.178	7.648	25.460	21.179	27.864	29.166	31.659	17.433	20.211	31.138	43.171
Espagne	»	»	337	2.066	2.640	4.631	15.857	11.427	14.736	23.776	11.533	13.581	19.227	17.934
France	21.330	46.240	46.026	109.358	128.529	199.632	226.342	246.694	292.431	354.849	388.000	448.476	507.116	540.019
Hollande	3.856	6.212	12.960	12.310	15.837	19.660	19.287	21.112	25.364	33.005	22.826	31.562	55.860	58.894
Italie	8.618	39.337	44.241	51.886	70.595	93.901	107.527	131.675	176.067	218.316	230.360	195.660	217.914	240.693
Portugal	»	»	»	»	»	»	»	7.182	3.153	2.074	18.119	16.443	35.181	36.040
Roumanie	»	»	»	»	»	»	»	»	»	»	3.165	7.524	»	»
Russie	»	»	»	10	398	2.269	»	»	2.317	»	201	2.214	2.249	15.874
Suède	1.909	»	1.772	3.463	2.331	3.912	4.559	1.933	3.043	7.967	»	5.476	5.661	5.236
Norvège	»	»	»	»	»	1.983	»	»	2.774	»	»	»	»	»
Danemark	»	211	321	»	744	»	»	»	»	»	»	»	»	5.852
Japon	»	»	»	48	135	122	»	5.486	13.626	27.343	16.002	16.784	41.081	39.763
Divers	»	»	»	»	»	»	119	50	40	»	1	»	8.465	6.313
TOTAL	63.909	171.288	178.019	263.482	352.088	455.797	524.164	593.006	746.476	899.315	907.377	960.921	1.121.759	1.312.378

⚬°⚬

Gisements de phosphates du Djebel-Mdilla.

Le dossier d'adjudication des phosphates de chaux du Djebel-Mdilla, qui a dû avoir lieu le 15 octobre 1913, contient une note technique qui donne les renseignements ci-après sur ces gisements.

Le Djebel-Mdilla est situé dans la propriété domaniale dite *Djebel-Schib*, contrôle civil de Gafsa, à 18 kilomètres au Sud de la gare de Gafsa.

Le Djebel-Mdilla fait partie du massif du Schib, dôme elliptique allongé, S.-S.-O.—N.-N.-E., présentant la dissymétrie transversale caractéristique des plis de la région ; un flanc Nord de faible inclinaison, 5 à 10°, et un flanc Sud à pendage 30 à 45°.

Le centre du dôme est constitué par des calcaires blancs durs un peu siliceux appartenant au Sénonien supérieur. Ces calcaires sont surmontés par l'étage danien constitué par des marnes gypseuses, noires à la base, grises au sommet, avec intercalation de lumachelles siliceuses.

L'Éocène inférieur comprend essentiellement des marnes grises dans lesquelles s'intercalent un banc puissant de coquilles, puis les couches phosphatées avec quelques lits de calcaire marneux.

La zone phosphatée est couronnée par une formation de calcaire à gros boulets de silex, sur laquelle reposent, en transgression, les argiles rouges représentant les étages Miocène et Pliocène.

Le Djebel-Mdilla occupe l'extrémité N.-N.-E. du massif du Schib. Il est traversé par l'axe général du plissement qui le divise en deux zones : l'une à faible pendage, 5 à 10°, et l'autre à pendage plus élevé, 30 à 40°.

Deux couches de phosphate sont exploitables.

La couche n° 1 d'une puissance de $1^m,90$ contient en moyenne 60 à 61 0/0 de phosphate, 2,04 0/0 d'oxyde de fer et alumine, 10,46 0/0 de carbonate de chaux et 4,14 0/0 de silice.

La couche n° 2 d'une puissance de $0^m,92$ contient en moyenne

63 0/0 de phosphate, 0,96 0/0 d'oxyde de fer et alumine, 13,30 0/0 de carbonate de chaux et 1,12 0/0 de silice.

La formation phosphatée semble exister sur 2.000 hectares environ, dont 1.100 hectares pour la zone à faible pendage et 900 hectares pour la zone à fort pendage.

Dans ces conditions, le tonnage global à provenir serait supérieur à 100 millions de tonnes, soit :

70 millions de tonnes pour la couche n° 1 ;

30 millions de tonnes pour la couche n° 2.

Une partie de ce tonnage pourra être exploitée sans le secours de machines d'extraction par un travers-banc partant de la cote 300, qui assurerait un amont-pendage probable d'environ 10 millions de tonnes pour la couche n° 1 et 5 millions de tonnes pour la couche n° 2.

Dans l'ensemble, l'exploitation économique par foudroyage, pourra vraisemblablement être appliquée sur la plus grande portion du gisement.

Il n'existe aucun point d'eau permanent dans le Djebel-Mdilla. Toutefois, l'eau nécessaire aux besoins de l'exploitation pourra vraisemblablement être fournie par des puits creusés dans le lit de l'oued Baïech à 8 ou 10 kilomètres au Nord des installations.

Il résulte de l'exposé qui précède, que le périmètre d'environ 2.400 hectares faisant l'objet de l'amodiation renferme un tonnage considérable de phosphate directement marchand, facilement exploitable et susceptible de satisfaire à une production notablement supérieure au minimum prévu par la convention pendant toute la durée de l'amodiation qui est fixée à cinquante années.

Le minimum de phosphate que l'amodiataire s'oblige d'exporter est fixé de la manière suivante : pour la première année d'exploitation, 50.000 tonnes ; la deuxième année, 100.000 tonnes ; la troisième année, 150.000 tonnes, et 250.000 tonnes à partir de la quatrième année d'exploitation et de chacune des années suivantes. La première année d'exploitation doit commencer au plus tard après une période de trois ans à dater du décret d'approbation de la convention.

L'amodiataire sera autorisé à établir un chemin de fer minier ou tout autre moyen de transport mécanique reliant les gisements de phosphates à la station de Gafsa et l'exportation des phosphates se fera par le chemin de fer de Metlaoui à Sfax et par le port de Sfax.

L'amodiataire est tenu dans le délai de quatre mois de se substituer une société anonyme qui sera responsable vis-à-vis du Gouvernement tunisien de toutes les obligations stipulées dans la convention.

L'adjudicataire a été la Société des mines et produits chimiques de Villefranche-sur-Saône (Rhône), avec une redevance à la tonne de phosphate extrait de 4 fr. 43.

o°o

X Fabrication des engrais phosphatés.

Indépendamment de l'exploitation toujours plus active des richesses du sous-sol, la Tunisie tend à transformer, à manufacturer des matières premières qu'elle se bornait jusqu'ici à consommer ou à exporter à l'état brut et ce n'est pas sans intérêt qu'on la voit s'entraîner à fabriquer elle-même des produits qu'elle n'attendait naguère que de la seule importation.

Elle a été prise comme champ d'action par diverses sociétés qui se sont constituées en 1910. Ainsi l'industrie des superphosphates et produits similaires, phosphates précipités, etc., est en voie d'implantation en Tunisie.

La *Société tunisienne d'engrais chimiques* d'une part, la maison Schloesing de l'autre, ont entrepris la transformation des phosphates naturels du pays en engrais.

La *Société tunisienne d'engrais chimiques* a construit une usine à superphosphates à El-Afrane dans les environs immédiats de Tunis à proximité de la gare de Djebel-Djeloud; tandis que la maison Schloesing édifie, près de Monastir, une usine destinée à la fabrication de phosphates précipités. La production de ces usines paraît devoir être susceptible de répondre, à bref délai, non seulement aux besoins de l'agriculture tunisienne mais également aux demandes du dehors.

L'usine à superphosphate comprend :

1) Une section pour la fabrication de l'acide sulfurique par traitement ordinaire des pyrites de fer (une série de fours à grilles, trois chambres de plomb, un glover, deux Gay-Lussac et un four à récupération Truchot);

2) Une section pour la fabrication des supers par l'action
de l'acide sulfurique sur les phosphates naturels (broyeurs,
malaxeurs, un four de séchage, etc.).

Cette usine qui occupe environ 40 ouvriers a été mise en
marche le 1ᵉʳ juillet 1912. Au cours du deuxième semestre de
cet exercice elle a traité 7.091 tonnes de phosphates naturels à
une teneur moyenne de 58 0/0 qui ont fourni 12.234 tonnes de
superphosphates titrant 14-16 0/0 d'acide phosphorique.

o°o

Le Gouvernement tunisien propage d'un côté l'emploi de
superphosphates dans le pays, et d'autre part il protège la fabrication des engrais phosphatés.

Ainsi, la Direction de l'Agriculture avait en automne 1909,
distribué une certaine quantité de superphosphate à des indigènes de la région de Bizerte pour attirer l'attention sur l'intérêt
qu'il pourrait y avoir pour les agriculteurs indigènes à utiliser
les engrais chimiques, même avec leurs méthodes ordinaires de
culture et, en particulier avec l'emploi de la charrue arabe.
C'est à la demande de Si-Abderrahman-Lazzem, délégué à la
Conférence consultative, et lui-même important agriculteur de la
région, que ces essais ont été entrepris. L'inspecteur de l'Agriculture a visité ces champs d'expériences assez nombreux pour
pouvoir correspondre aux différentes natures de terre, relativement variées, de la région. Dans l'ensemble, ces essais ont été
démonstratifs, en particulier dans les terres argileuses jaunâtres,
dites *Sfari* et les terres argilo-calcaires noires, dites *Makess*.
Des récompenses, sous forme de médailles, ont été distribuées
aux agriculteurs indigènes ayant obtenu les meilleurs résultats.

D'autre part, un décret beylical, paru en mars 1912, a
décidé que le droit de 0 fr. 50 par tonne exigible en vertu du
décret du 1ᵉʳ décembre 1898 sur les phosphates naturels, ne doit
être perçu sur les produits de leur transformation en Tunisie :
phosphates précipités, superphosphates et autres produits, au
moment de leur exportation, que d'après la quantité de phosphates naturels qu'ils représentent.

CHAPITRE VII

LE MARCHÉ DES PHOSPHATES

Situation du marché des phosphates de 1900 à 1912.

La question phosphatière en Tunisie.

Les principaux consommateurs de phosphates de la Tunisie : la France, l'Italie, la Grande-Bretagne, l'Allemagne, l'Espagne, l'Autriche-Hongrie, le Japon.

Tableau des exportations de phosphates de Tunisie, par exploitations, et par ports d'expédition, 1899-1912.

Tableau des exportations de Tunisie des phosphates naturels par pays de destination, 1899-1912.

Il est constant que l'emploi des phosphates comme engrais s'est développé considérablement. Dans la période de quatorze ans, qui s'étend de 1898 à 1912, la consommation mondiale a passé de 2.100.000 à 6.468.000 tonnes. C'est en Europe que le développement a été le plus rapide ; la consommation qui était de 1.900.000 tonnes en 1898 a atteint 4.182.900 tonnes en 1912, soit trois fois le chiffre de 1898.

Il n'échappe à personne que cette progression doit aller normalement en s'accentuant. En effet, la population du monde augmente chaque jour tandis que la superficie des terres cultivables, en blé notamment, tend, pour des raisons de climat ou de main-d'œuvre, à rester stationnaire. Il faut donc de toute nécessité recourir à la culture intensive et faire rendre davantage à la terre, ce qui ne peut s'obtenir qu'en l'amendant ou en l'enrichissant par des engrais appropriés, au premier rang desquels se placent les phosphates.

Les sources de production du phosphate sont encore assez peu nombreuses et pour ainsi dire limitées à l'Amérique du Nord, au Nord de l'Afrique et à quelques îles de l'Océanie. Il ne peut donc y avoir, semble-t-il, pour le marché du phosphate que des raisons de fermeté puisque d'une part la production est limitée et que de l'autre les besoins de la consommation apparaissent pratiquement indéfinis. Cependant, pas davantage que les autres matières premières, les phosphates n'échappent à l'influence que produisent sur leur marché différentes conditions commerciales et financières auxquelles sont soumises toutes les marchandises.

Dans notre étude intitulée : *Les combustibles minéraux, les minerais et les phosphates en Algérie*, nous avons donné, d'après les rapports annuels du Conseil d'administration de la Compagnie des phosphates et du chemin de fer de Gafsa, des renseignements sur la situation du marché des phosphates à partir de l'année 1900 et nous les reproduisons ci-dessous en les complétant pour les dernières années.

La demande de phosphates de chaux, en Europe surtout, n'a pas suivi en 1900 la progression constante des années précédentes. La raison principale en était que les récoltes générales ayant été exceptionnellement abondantes et leurs prix de vente en baisse, les cultivateurs se sont montrés moins ardents à faire des dépenses d'engrais. De plus, de grands approvisionnements, par marchés à long terme, avaient été faits par l'industrie des superphosphates en 1899 à des prix assez élevés et ils ne s'écoulaient pas avec bénéfice. Un malaise a régné de ce fait pendant toute l'année 1900.

Le prix de vente des phosphates fléchit encore sensiblement en 1901; la lutte contre la concurrence des provenances américaines fut particulièrement difficile à cause de la baisse sans précédent des frets américains; d'une année à l'autre celle-ci avait atteint 10 à 12 francs par tonne, tandis que les frets pour les phosphates nord africains n'avaient baissé que de 2 ou 3 francs en moyenne.

En 1902, tandis que le cours des frets restait avantageux, on a dû subir encore un mouvement sensible de baisse par suite de la concurrence des phosphates américains.

La baisse des prix signalée pendant les années précédentes,

et qui était surtout le résultat de la baisse des frets, s'est arrêtée avec cette dernière en 1903. L'accroissement rapide de la consommation, tant en Amérique qu'en Europe, devait avoir pour effet de maintenir la fermeté du marché, malgré l'augmentation prévue de la production mondiale de phosphates.

En réalité le développement très rapide de la consommation mondiale, en réduisant les tonnages restant disponibles sur les plus prochaines années, avait provoqué, dans le deuxième trimestre de l'année 1905, une hausse sensible des cours, qui avait conduit les acheteurs à se couvrir beaucoup plus longtemps à l'avance que précédemment.

Pendant l'année 1906 les prix de vente du phosphate ont continué à s'accroître. Cette situation, qui résultait de l'accroissement rapide de la consommation, aussi bien en Amérique et au Japon qu'en Europe, s'était maintenue malgré l'ouverture de plusieurs mines nouvelles dans le Nord de l'Afrique. Elle s'était accentuée par ce fait que les principaux producteurs avaient vendu la plus grande partie des quantités dont ils disposaient sur les années prochaines.

Les cours des phosphates sont restés élevés pendant toute l'année 1907. Le développement de la production dans le Nord de l'Afrique, en Amérique et en Océanie a été compensé par une augmentation rapide et parallèle de la consommation.

Les phosphates n'ont pas échappé à la dépression des cours des matières premières, qui restera la caractéristique de l'année 1908.

Cela tenait à la répercussion qu'avait exercée sur les producteurs de la Floride et du Tennessee, la crise financière américaine. Les hauts cours pratiqués en 1907 avaient poussé les phosphatiers à une plus grande production, de manière que des stocks considérables s'étaient constitués. La crise financière a obligé les producteurs américains à écouler ces stocks. Forcés, pour faire de l'argent, de vendre immédiatement et parfois à n'importe quel prix et favorisés par le bon marché extraordinaire des frets, ils ont jeté sur le marché européen, qui ne les a absorbées que difficilement, des quantités considérables de phosphates. C'est ainsi que dans la seule année 1908 les importations des États-Unis en Europe se sont élevées à 1.238.000 tonnes, en augmentation de 262.000 tonnes, soit de plus de 27 0/0, alors que dans les trois années précédentes, elles s'étaient accrues de 150.000 tonnes seulement. Cette politique d'exportation à outrance coïncidant avec un développement important de la production africaine, désorganisa le marché des phosphates.

La crise des phosphates s'est prolongée plus longtemps qu'on ne le supposait et la reprise qu'on espérait pour le milieu de 1909 ne s'est pas présentée à cette époque.

Toutes les exploitations phosphatières ont vu leur développement s'arrêter pendant l'année 1909; certaines ont même réduit leurs expéditions. Cette situation anormale était la conséquence de l'état d'encombrement dans lequel se sont trouvées presque toutes les usines de superphosphates au début de l'année 1909 à la suite d'achats trop considérables de matières premières.

Une baisse de la production des phosphates en Tunisie pendant le premier semestre de 1909 par rapport au semestre correspondant de l'année 1908, devait aussi être interprétée surtout comme la conséquence de la guerre des tarifs de 1908 entre les producteurs de phosphates de Gafsa et américains et aussi en partie à la baisse des prix de transports par les compagnies transatlantiques.

En effet, il ne faut pas oublier qu'en 1908 les producteurs des phosphates américains, qui venaient concurrencer Gafsa sur le marché européen, ont été forcés d'arrêter leur exploitation par suite de la hausse des prix de transport et aussi de la forte baisse des prix de phosphates par la Compagnie de Gafsa, et cela au profit des mines tunisiennes. Les superphosphatiers en ont profité pour remplir leurs stocks.

Les circonstances spéciales qui avaient ralenti en 1909 l'accroissement de la consommation des phosphates n'ont subsisté que pendant une partie de l'année 1910, après quoi les ventes ont repris une grande activité. Les cours sont restés faibles pendant toute l'année 1910; mais grâce à l'activité de la demande et malgré une concurrence toujours très active, à la fin de l'année les prix ont repris une grande fermeté qui s'est traduite par une légère hausse.

Les cours des phosphates, qui s'étaient déjà raffermis en 1910, ont monté dans les derniers mois de 1911, et beaucoup de fabricants se sont efforcés de s'approvisionner aux prix existants, même pour des exercices éloignés. Malheureusement les frets maritimes ont subi un relèvement notable, qui a atténué les effets de la hausse du phosphate.

Les cours se sont sensiblement relevés pendant les premiers mois de 1912; depuis lors, ils sont restés fermes, sans variations notables.

Les frets maritimes ont subi une hausse constante pendant presque toute l'année 1912; mais ils ont rapidement fléchi vers la fin de l'année, et au commencement de l'année 1913 ils sont revenus à des taux modérés.

o ^o o

A ces renseignements généraux sur la situation du marché des phosphates, nous croyons devoir ajouter encore quelques données concernant spécialement l'industrie phosphatière de Tunisie que nous trouvons dans le *Rapport au Président de la République sur la situation de la Tunisie pendant l'année 1909*. Nous reproduisons ici le chapitre de ce *Rapport* intitulé : *La question phosphatière en Tunisie* :

« Suivant la loi générale de la production économique, les prix de vente des phosphates de chaux ont été constamment en baissant, depuis l'époque où ce produit a commencé à se répandre. L'unité d'acide phosphorique, qui se vendait un franc en 1885, avait déjà baissé de prix en 1896 au moment de la création de la Compagnie de Gafsa, et la baisse atteignait près de 50 0/0 lorsqu'une réaction vers la hausse se manifesta en 1906.

» La Compagnie de Gafsa et les producteurs du Nord de la Régence, Kalaâ-Djerda et Kalaat-es-Senam, ainsi que plusieurs petites exploitations secondaires, ne manquèrent pas de développer leurs extractions. Les Américains, de leur côté, profitant des bas cours des frets, attaquèrent sérieusement le marché européen.

» Cette concurrence intensive des producteurs ne pouvait qu'amener un nouveau mouvement vers la baisse : c'est ce qui se produisit en 1908 et en 1909. L'unité tomba à 0 fr. 40 et même à 0 fr. 33. Il est d'ailleurs bien difficile de citer des cours authentiques en pareille matière, pour cette raison qu'il n'existe pas à proprement parler de marché de phosphate. Chaque transaction fait l'objet d'un contrat particulier entre vendeur et acheteur. A une même époque la même matière est vendue à des prix très différents, suivant l'importance de la fourniture, l'échéance, la capacité financière de l'acheteur, etc.

» Quoi qu'il en soit, la baisse était assez marquée au commencement de 1909 pour que les producteurs tunisiens s'en plaignissent vivement et que l'on pût dire qu'il existait dans la Régence une véritable question phosphatière. Si la Compagnie de Gafsa, maîtresse à la fois de sa mine et de son chemin de fer, appuyée d'ailleurs sur un outillage coûteux et puissant, permettant une production très économique, pouvait supporter, sans trop de dommage, les nouveaux cours, il n'en était pas de même des producteurs du Nord de la Régence, qui avaient exposé un moindre capital, mais qui, par contre, payaient plus cher leur extraction et les transports sur voie ferrée.

» Le Gouvernement tunisien, intéressé dans la question par la part des bénéfices qu'il prélève sur les recettes des chemins de fer concédés à la Compagnie Bône-Guelma, apporta une attention toute particulière à la situation. Il employa la presque totalité de l'année 1909 à suivre un double cours de négociations qui devaient avoir pour résultat de rapprocher les conditions de production de la Compagnie de Gafsa de celle des phosphatiers du Nord de la Régence.

» D'une part, il chercha à obtenir de la Compagnie de Gafsa qu'elle se soumît à toutes les redevances dont elle a été exemptée de par sa concession de 1896.

» D'autre part, il négocia avec la Compagnie Bône-Guelma une réduction dans le tarif de 8 fr. 50 que paie la tonne de phosphate pour son transport des gisements au port de Tunis.

» Par une convention en date du 15 octobre 1909, la Compagnie de Gafsa, qui ne payait qu'une redevance de 0 fr. 50 par tonne, consentait, à partir du 1er janvier 1910, à porter cette redevance à 1 fr. 50, moyennant une prolongation de dix années dans la durée de ses concessions. En même temps la Compagnie Bône-Guelma abaissait de 8 fr. 50 à 7 fr. 65 le prix de ses transports sur voie ferrée moyennant certaines conditions à remplir par les expéditeurs.

» En définitive, l'écart dans les prix de revient de la Compagnie de Gafsa et des phosphatiers du Nord était réduit de 1 fr. 85 par tonne ».

∘°∘

Dans le chapitre *Le rôle des produits de l'industrie extractive dans le commerce de la Tunisie et leurs principaux consommateurs*, nous démontrerons le rôle dominant que jouent les phosphates à côté des minerais tunisiens en France, en Italie, en Belgique, en Angleterre et en Allemagne. Pour ces cinq pays les phosphates de la Tunisie représentaient, en 1912, la part suivante de la valeur globale des expéditions totales de produits tunisiens : en France, 26,7 0/0, en Italie, 40 0/0, en Belgique, 30 0/0, en Angleterre, 40,4 0/0 et en Allemagne, 49,7 0/0.

Nous tenons à compléter à cette place lesdits renseignements sur les principaux consommateurs de phosphates de la Tunisie et à y ajouter quelques indications sur le rôle des phosphates tunisiens dans plusieurs autres pays vers lesquels leur exportation se fait en quantités moindres que dans les pays susmentionnés.

La *France* est le plus grand consommateur des phosphates de la Tunisie ; de 1.910.198 tonnes de phosphates que la Régence a exportés en 1912, elle a dirigé sur la Métropole 720.955 tonnes ou 37,70 0/0.

De 47.260 tonnes de phosphates expédiés en France en 1901, les expéditions de ce produit de la Tunisie arrivent en 1905 à 213.929 tonnes, à 443.501 tonnes en 1908, et, enfin, à plus de 720.000 tonnes en 1912 ; ainsi en douze ans les exportations vers la Métropole ont augmenté de quinze fois. Aussi nous voyons que les phosphates de la Tunisie jouent un rôle prépondérant dans les importations en France de cette matière première. De 878.428 tonnes de phosphates de chaux importés en France en 1912, 720.955 tonnes ou 82 0/0 y sont arrivées de Tunisie, en laissant une part comparativement minime aux autres pays importateurs, tels que : les États-Unis, 133.491 tonnes ou 15,2 0/0, l'Algérie, 30.584 tonnes ou 3,40 0/0, la Belgique, 1.456 tonnes, ou 0,14 0/0.

Nous tenons encore à remarquer que sur les 720.955 tonnes expédiées de la Tunisie en 1912, en France 540.000 tonnes ou environ 75 0/0 provenaient des exploitations de la Compagnie de Gafsa.

L'*Italie* prend la seconde place parmi les consommateurs des phosphates tunisiens. De 44.520 tonnes en 1901, elle passe à 104.792 tonnes en 1905, à 395.714 tonnes en 1908, et à la suite de la crise des superphosphates qui régnait dans ce pays en 1909 et 1910, les expéditions de phosphates de Tunisie fléchissent, en 1910, à 350.469 tonnes.

En 1912 la Tunisie a expédié en Italie 406.261 tonnes de phosphates ou 21,2 0/0 du chiffre total de ses expéditions.

Les statistiques italiennes ne donnent pour l'année 1912 que le chiffre de 366.518 tonnes de phosphates importées de la Tunisie. Quoi qu'il en soit nous voyons que dans l'importation totale de cette matière première qui était de 466.144 tonnes, la Tunisie y a livré 78,6 0/0, tandis que les Etats-Unis n'y sont venus qu'avec 76.000 tonnes, 16,3 0/0, et l'Algérie avec 23.092 tonnes, moins de 5 0/0.

Dans la longue liste des pays consommateurs des phosphates de Tunisie, la *Grande-Bretagne* occupe le troisième rang, avec 222.097 tonnes en 1912, ou 12 0/0 de l'exportation totale de la Tunisie.

De 45.829 tonnes en 1905, 95.036 tonnes en 1908, les expéditions sur la Grande-Bretagne atteignent 201.317 tonnes en 1909, pour descendre à 174.828 tonnes en 1910 et remonter pendant les deux dernières années à 188.110 tonnes en 1911 et 222.097 tonnes en 1912.

Suivant les statistiques anglaises [1] l'importation totale de phosphates de chaux dans le Royaume-Uni en 1912, était de 520.267 tonnes, dont 204.922 tonnes venaient de la Tunisie, contre 157.962 tonnes de provenance des États-Unis et 40.773 tonnes de l'Algérie. Les proportions des phosphates de ces trois provenances se présentaient donc de la manière suivante : 39,39 0/0 de Tunisie, 30,36 0/0 des États-Unis et 7,8 0/0 d'Algérie. Le reste se partageait entre la France, 20.160 tonnes (3,9 0/0), la Belgique, 56.417 tonnes (10,85 0/0), etc.

L'*Allemagne*, quoique le plus grand importateur de phosphates (902.844 tonnes en 1912), ne reçoit relativement que peu de ce produit de la Tunisie. Nous remarquons à ce sujet une très sensible différence entre les données des statistiques offi-

---

(1) Mines et Carries, *General Report, with Statistics for 1912*. Part. III, London, 1914.

cielles de la Tunisie et les 'statistiques officielles de l'Empire
d'Allemagne (1). Ainsi, tandis que les statistiques tunisiennes
mentionnent comme chiffre d'exportation en Allemagne, en
1912, 133.239 tonnes de phosphates; dans les statistiques du
commerce extérieur de l'Allemagne les phosphates de provenance tunisienne ne figurentqu'avec un chiffre de 115.206 tonnes;
et encore faut-il remarquer que l'Allemagne reçoit une partie
de ses phosphates par le port hollandais de Rotterdam et ces
expéditions sont contenues dans les statistiques tunisiennes
parmi les produits dirigés sur la Hollande.

Dans l'importation totale de 902.844 tonnes, ces 115.206 tonnes
reçues de la Tunisie ne représentent que 12,79 0/0, tandis que
les États-Unis figurent avec 37,95 0/0 (342.646 tonnes), l'Algérie
avec 21 0/0 (190.748 tonnes), la Belgique avec 7 0/0 (63.011
tonnes), la France avec 4,5 0/0 (40.686 tonnes), l'île Christmas,
avec 5,75 0/0 (52.046 tonnes), etc.

En *Espagne*, les phosphates de Tunisie et d'Algérie gagnent
de plus en plus du terrain.

Il résulte d'une communication du consul de France à Valence
que les phosphates de chaux tunisiens et algériens, plus blancs
et contenant moins de silice que ceux de la Floride, sont pré-
férés à ces derniers, qui ne les concurrencent d'ailleurs que
sur une très faible échelle.

En 1909, la quantité totale de phosphates importés en Espagne
était de 82.697 tonnes, dont 32.808 tonnes (ou 40 0/0) d'Algérie;
17.903 tonnes (21,6 0/0) des États-Unis; 11.187 tonnes (ou
13,5 0/0) de Tunisie; 9.995 tonnes (12 0/0) de France, etc.

En 1912, la Tunisie a expédié en Espagne 41.306 tonnes de
phosphates.

Les débouchés ouverts en *Autriche-Hongrie* aux phosphates
nord-africains, sont, eux aussi, à signaler. Nous lisons dans un
rapport du consul général de France, à Trieste :

« Ce qui est digne d'être relevé, c'est l'accroissement en
quelque sorte automatique de nos exportations tunisiennes et
algériennes qui, de 177.091 quintaux métriques, d'une valeur
de 3.379.910 couronnes, en 1904, atteignent actuellement (en

(1) *Monatliche Nachweise über den auswärtigen Handel Deutschlands*,
December 1912, Berlin, 1913.

1910), le chiffre de 615.348 quintaux métriques, représentant une valeur de 7.560.902 couronnes ».

En 1912, les expéditions de phosphates tunisiens sur l'Autriche-Hongrie étaient de 40.004 tonnes.

Au *Japon* la question des engrais est également importante.

Les exportations des phosphates au Japon commencées en 1906 avec 5.540 tonnes, sont arrivées en 1911 à 48.905 tonnes. En 1912, elles étaient de 39.763 tonnes.

L'attaché commercial de France en Extrême-Orient dit dans un de ses rapports :

« Jusqu'en 1906, les phosphates étaient importés des îles du Pacifique et de la Floride. A cette époque intervint le produit tunisien des mines de Gafsa, qui a, somme toute, réussi. En 1906, son importation était de 5.500 tonnes; en 1908, elle fut de 27.500 tonnes. L'année 1909 a été mauvaise pour lui comme pour ses concurrents ».

D'autre part le vice-consul de France à Kobé dit que les phosphates tunisiens attestent les conditions requises pour un emploi purement agricole. Ils ont, au surplus, fait leurs preuves dans les régions de culture intensive, constituées par les districts alluvionnaires du périmètre Kobé-Kyoto-Osaka, en raison des rendements supérieurs obtenus par leur emploi, et la meilleure publicité qu'ils puissent désirer, leur est faite par les cultivateurs japonais eux-mêmes.

o°o

Nous joignons aux renseignements ci-dessus sur le marché des phosphates deux tableaux :

1) Tableau des exportations de phosphates de Tunisie par exploitations et par ports d'expédition.

2) Tableau des exportations de Tunisie des phosphates naturels par pays de destination.

Exportations de phosphates de Tunisie, par exploitations, et par ports d'expédition.

Années.	Port de Tunis.							Port de Sousse.	Port de Sfax.		
	Kalaa-Djerda.	Kalaat-es-Senam.	Salsala.	Aïn-Taga et Bou-Gamouche.	Bir-Lafou.	Gouraïa.	Total.	Gafsa.	Gafsa.	Mak-nassy.	Total.
	Tonnes.	Tonnes.	Tonnes.	Tonnes.	Tonnes.	Tonnes.	Tonnes.	Tonnes.	Tonnes.	Tonnes.	Tonnes.
1899........	»	»	»	»	»	»	»	»	63.209	»	63.209
1900........	»	»	»	»	»	»	»	»	171.288	»	171.288
1901........	»	»	»	»	»	»	»	»	178.019	»	178.019
1902..	»	»	»	»	»	»	»	»	263.482	»	263.482
1903..	»	»	»	»	»	»	»	»	352.088	»	352.088
1904........	»	»	»	»	»	»	»	»	455.797	»	455.797
1905........	»	»	»	»	»	»	»	»	524.164	»	524.164
1906........	77.310	71.760	»	»	»	»	149.070	»	593.006	»	593.006
1907........	191.952	110.400	7.487	»	»	»	309.839	»	746.476	»	746.476
1908........	196.579	177.200	8.408	1.300	»	»	383.487	»	899.315	»	899.315
1909..	189.010	123.400	16.035	»	2.885	»	331.300	»	907.377	»	907.377
1910........	182.338	135.200	11.865	»	14.710	1.687	345.800	32.037	918.368	»	918.368
1911........	248.190	118.400	23.712	»	28.637	13.232	432.171	95.688	1.026.071	17.325	1.043.396
1912........	307.570	150.290	9.945	Kef-Rebiba. 10.473	20.740	»	499.018	143.811	1.168.567	27.610	1.196.177

Exportations de Tunisie des phosphates naturels par pays de destination (1).

Pays de destination.	1899.	1900.	1901.	1902.	1903.	1904.	1905.	1906.	1907.	1908.	1909.	1910.	1911.	1912.
	Tonnes.	Tonnes.	Tonnes.	Tonnes.	Tonnes.	Tonnes.	Tonnes.	Tonnes.	Tonnes.	Tonnes.	Tonnes.	Tonnes.	Tonnes.	Tonnes.
Allemagne	14.460	16.742	19.532	26.866	34.203	24.290	31.313	46.472	60.455	76.346	63.752	61.815	90.969	133.239
Grande-Bretagne	12.421	60.952	48.981	48.486	79.683	72.732	90.616	119.652	177.446	192.900	201.317	174.828	188.110	222.097
Autriche-Hongrie	564	1.595	1.577	3.840	9.245	7.206	7.365	3.800	7.300	14.425	16.400	8.436	14.126	40.004
Belgique	51	»	3.282	6.171	7.548	25.460	21.179	22.779	39.648	42.528	25.126	51.030	69.390	109.572
Espagne	»	»	337	2.066	2.640	4.631	15.857	11.044	18.273	26.105	23.266	23.538	33.020	41.306
France	21.330	46.240	45.026	109.258	128.529	199.632	226.342	288.824	389.107	443.501	447.955	500.607	591.098	720.955
Hollande	3.850	6.212	12.950	12.510	15.887	19.600	19.287	92.315	23.434	31.677	25.019	26.842	69.676	93.414
Italie	8.618	39.337	44.241	61.866	70.595	93.301	107.527	213.985	333.962	396.714	380.090	350.469	361.668	406.261
Portugal	»	»	»	»	»	»	»	6.950	3.167	1.216	15.272	25.687	44.476	58.808
Roumanie	»	»	»	0	»	»	»	2.300	2.334	»	3.150	1.768	6.610	3.150
Russie	»	»	»	10	398	2.260	»	2.794	»	3.500	11.100	13.783	11.400	18.220
Suède	1.909	»	1.772	3.463	2.331	3.912	4.559	4.396	3.048	11.726	»	9.741	5.100	10.892
Norvège	»	»	»	»	»	»	»	»	»	5	»	2.700	»	»
Danemark	»	210	321	»	744	1.933	»	»	»	1.472	»	7.000	5.960	2.961
Grèce	»	»	»	»	»	»	»	»	»	»	2	7.600	»	9.600
Japon	»	»	»	»	»	»	»	5.540	13.714	27.433	16.003	16.764	48.905	39.763
États-Unis	»	»	»	»	»	»	»	»	»	»	6.046	»	»	»
Divers	»	»	»	46	135	122	119	»	»	»	»	»	»	»
Totaux	63.209	171.288	178.019	263.682	352.088	455.797	624.164	751.421	1.065.343	1.267.464	1.233.492	1.293.196	1.639.397	1.910.198
Valeur, francs	»	»	»	»	»	»	12.700.965	18.786.520	26.683.676	31.686.692	30.837.307	32.329.902	38.484.001	47.764.940

(1) Comme jusqu'en 1906, la Compagnie de Gafsa était la seule qui exportait des phosphates de la Tunisie, nous reproduisons ici, pour les années 1899 à 1906, les chiffres qui nous ont été communiqués par la direction de cette Compagnie. À partir de 1906, les chiffres du présent tableau sont extraits des Documents statistiques sur le commerce de la Tunisie.

CINQUIÈME PARTIE

CHAPITRE VIII

LA MAIN-D'ŒUVRE DANS LES MINES ET CARRIÈRES

La main-d'œuvre dans les exploitations minières.
Nombre d'ouvriers occupés dans les mines métalliques, 1898-1912.
— Les ouvriers des exploitations de phosphates. — Recensement de la population minière en 1910.
Les institutions ouvrières dans les exploitations minières. — École professionnelle de Metlaoui.
La législation ouvrière. — Repos hebdomadaire. — Accidents du travail. — Réglementation du travail. — Surveillance du travail.
Accidents dans les mines et carrières en 1910, 1911 et 1912.
Tableau du nombre d'ouvriers occupés dans les différentes mines en 1903, 1905, 1908 et 1909.

En visitant les mines de Metlaoui, M. Fallières, Président de la République, dans un toast prononcé au banquet qui lui a été offert le 23 avril 1911, n'a pas oublié les ouvriers des exploitations minières de la Tunisie dont il a parlé dans les termes suivants :

« Combien nous devons nous féliciter de voir la main-d'œuvre, depuis des siècles sans emploi, trouver l'utilisation de ses forces latentes, dans une industrie dont les salaires mettent les ouvriers à l'abri des disettes ou des effets des mauvaises récoltes ».

Et en levant son verre à la prospérité de la Compagnie des phosphates et du chemin de fer de Gafsa, M. Fallières a ajouté :

« En ce faisant, je veux dire que mes plus vives sympathies, comme celles du Protectorat et de la France, vont au personnel tout entier de ces importantes exploitations, au directeur, aux administrateurs, aux ingénieurs et aux employés de tous grades, et aux ouvriers de toutes professions, français, étrangers ou indigènes, qui s'associent dans leurs efforts continus, leur labeur quotidien et leur dévouement éprouvé, à l'œuvre commune ».

Quel est donc le nombre d'hommes qui, en Tunisie, unit ses efforts corporels pour extraire du sous-sol du pays les richesses minérales qu'on y trouve en si grande abondance?

Il est bien difficile, sinon impossible, d'établir d'une manière précise le chiffre de la population des exploitations minières, ainsi que de son développement graduel, provoqué par le nombre toujours croissant des mines et carrières en exploitation.

Nous reproduisons ci-après les renseignements qu'il nous a été possible de rassembler au sujet du nombre des travailleurs des mines et carrières et des salaires qui leur sont payés.

Suivant M. Gaston Loth [1], les mines de plomb et de zinc de la Régence occupaient (vers 1905) à elles seules un personnel total de 3.500 ouvriers, dont le salaire annuel dépassait 2 millions de francs. Plus de 2.000 ouvriers étaient occupés par l'industrie phosphatière, pour un salaire annuel de près de 2 millions.

Nous donnons à la fin du présent chapitre les chiffres d'ouvriers occupés sur les différentes mines de zinc, de plomb, de cuivre et de fer, pendant les années 1903, 1905, 1908 et 1909 — chiffres que nous avons extraits des *Tableaux des concessions des mines existant en Tunisie*, publiés par la Direction générale des travaux publics [2].

En additionnant les nombres d'ouvriers occupés sur les diffé-

---

(1) Gaston Loth, *La Tunisie et l'œuvre du protectorat français*, Paris, 1907.
(2) *Tableaux statistiques*, années 1904, 1906, 1909 et 1910.

rentes mines métalliques nous arrivons aux chiffres suivants :

En 1903, 1.764 (mines de zinc et de plomb);

En 1905, 3.435 (mines de zinc et de plomb, 3.237, et mines de cuivre, 198);

En 1908, 6.144 (mines de zinc et de plomb, 5.498, et mines de fer, 646);

En 1909, 5.457 (mines de zinc et de plomb, 4.918; mines de cuivre, 90, et mines de fer, 449).

Les *Statistiques de l'industrie minérale en France et en Algérie*, publiées par le Ministère des Travaux publics, contiennent, à partir de l'année 1898, des données sur le nombre total d'ouvriers occupés dans les mines métalliques de la Tunisie, avec indication spéciale du nombre d'Européens. Nous groupons ces données dans le tableau ci-après :

Années.	Nombre de mines concédées.	Nombre total d'ouvriers occupés.	Dont : Européens.
1898	10	600	?
1899	10	1.300	400
1900	11	1.726	590
1901	13	2.000	680
1902	13	1.600	600
1903	16	1.800	660
1904	18	2.225	830
1905	22	3.472	1.031
1906	28	4.410	1.286
1907	32	5.464	1.510
1908	30	10.834	2.816
1909	32	5.863	1.558
1910	36	6.156	1.503
1911	45	6.216	1.610

En outre pour les huit années 1904 à 1911, nous trouvons dans les mêmes *Statistiques* des données plus détaillées sur le nombre d'ouvriers occupés au fond et au jour des mines métalliques :

	1904.	1905.	1906.	1907.	1908(1).	1909.	1910.	1911.
1) Ouvriers du fond :								
Européens	339	537	602	729	1.376	851	654	695
Indigènes	434	967	1.352	1.420	2.884	1.407	1.279	1.627
2) Ouvriers du jour :								
Européens	491	494	684	781	1.440	707	747	915
Indigènes	961	1.474	1.772	2.534	5.134	2.898	2.616	2.979
3) Totaux :								
Ouvriers du fond	773	1.504	1.954	2.149	4.260	2.258	1.933	2.322
— du jour	1.452	1.968	2.456	3.315	6.574	3.605	3.362	3.894
4) Totaux généraux	2.225	3.472	4.410	5.464	10.834	5.863	5.295	6.216
Dont :								
Européens	830	1.031	1.286	1.510	2.816	1.558	1.401	1.610
Indigènes	1.395	2.441	3.124	3.954	8.018	4.305	3.894	4.606

(1) Les chiffres de l'année 1908 tels qu'ils sont donnés dans la *Statistique de l'industrie minérale*, paraissent exagérés sans pouvoir trouver une explication de cette exagération.

Pour les exercices 1910 et 1911 en plus des ouvriers occupés dans les mines concédées, les *Statistiques* mentionnent encore les nombres des travailleurs occupés par les travaux des permis d'exploitation, dont voici le détail :

	1910.	1911.
Nombre de permis en activité..............	22	13
Nombres d'ouvriers occupés :		
a) Au fond :		
Européens........................	83	45
Indigènes........................	225	140
b) Au jour :		
Européens......................	19	16
Indigènes......................	184	122
TOTAL :		
Européens .... •	102	61
Indigènes......	409	262
ENSEMBLE	511	323

Il y avait en outre, en 1910, 41, et en 1911, 34 permis qui étaient encore dans la période de recherche ou d'aménagement; ils avaient occupé, en 1910, environ 350 ouvriers, et en 1911, 450 ouvriers (250 au fond et 200 au jour) presque tous indigènes.

Pour les exploitations de phosphates, nous ne pouvons produire qu'un seul renseignement d'ensemble, concernant l'année 1908, et des données pour les exploitations de la Compagnie de Gafsa à partir de l'année 1901.

Dans une *Notice sur la Tunisie* publiée en 1909, par la Direction de l'Agriculture, du Commerce et de la Colonisation[1], le nombre d'ouvriers occupés à l'exploitation et à la recherche des mines de zinc, plomb, cuivre, fer et métaux connexes est évalué à 9.000, se répartissant comme suit :

[1] *Notice sur la Tunisie*, 6ᵉ édition, Tunis, 1909. — Les mêmes chiffres mentionnés dans cette *Notice* ont été reproduits, dans le rapport de M. Cochery sur le projet du budget de la Tunisie pour l'année 1909.

Ouvriers du fond : Européens........ 1.850; Indigènes........ 2.250
—   du jour :   —   .... 1.000;   — 3.900
Totaux : Européens........ 2.850; Indigènes........ 6.150

Ensemble........ 9.000

L'exploitation et la recherche des phosphates de chaux, suivant la même *Notice*, occupaient 8.000 ouvriers répartis comme suit :

Ouvriers du fond : Européens........ 1.350; Indigènes........ 4.500
—   du jour :   —   ....   600;   — 1.550
Totaux : Européens........ 1.950; Indigènes....... . 6.050

Ensemble........ 8.000

Soit un total de 17.000 ouvriers employés dans les travaux de mines. Si on ajoute à ce chiffre environ 2.000 ouvriers occupés à l'extraction de matériaux de construction, on obtient un total de 19.000 ouvriers ayant touché plus de 14 millions de francs de salaires.

Quant à la Compagnie des phosphates de Gafsa, les rapports annuels du Conseil d'administration donnent les chiffres ci-après pour le nombre d'ouvriers occupés dans les exploitations de cette Compagnie :

Années.	Nombre d'ouvriers occupés au 31 décembre.		
	Total.	Européens.	Indigènes.
1901.................	1.400	plus de 300	»
1902.................	1.880	370	1.510
1903.................	2.032	360	1.660
1904.................	2.031	330	1.701
1905.................	2.310	369	1.941
1906.................	2.500	380	2.120
1907.................	5.300	590	4.710
1908.................	6.244	760	5.480
1909(1).............	?	?	?
1910...............	3.640	600	3.040
1911...............	?	?	?
1912...............	5.700	800	4.900

(1) Pour les années 1909 et 1911, les rapports du Conseil d'administration de la Compagnie de Gafsa ne donnent pas le chiffre d'ouvriers occupés dans les exploitations de la Compagnie.

En plus, le nombre d'ouvriers et employés occupés sur le chemin de fer de Gafsa qui était de 540 en 1902, a passé à 1.262 en 1912.

Le total des salaires versés par la Compagnie de Gafsa en Tunisie pour ses trois services : mines, chemins de fer et embarquement, représentait, en 1909, une somme de 7 millions de francs, dont les deux tiers aux indigènes.

L'œuvre de documentation sur la main-d'œuvre en Tunisie, entreprise par l'Administration, en avril 1910, a débuté par l'établissement des statistiques intéressant le personnel engagé dans l'industrie. Ces derniers documents ont mis en lumière des chiffres caractéristiques pour des groupes homogènes, comme les mines, les grands travaux publics et les chemins de fer. Pour ces trois professions l'importance de la population ouvrière indigène ressort des chiffres du tableau ci-après[1] :

	Population		
	totale.	européenne.	indigène.
Mines.....................	16.569	5.515	11.054
Travaux publics entrepris pour le compte de l'État et des municipalités.................	9.352	4.421	4.931
Chemins de fer..............	4.841	2.959	1.882

Il résulte des chiffres susmentionnés que ce sont les mines qui emploient le plus grand nombre — tant absolu que relatif — d'indigènes.

Dans les *Rapports des Ingénieurs des Mines aux Conseils généraux sur la situation des mines et usines*, dont la publication est faite par les soins du Comité central des houillères de France et de la Chambre syndicale française des mines métalliques, nous trouvons en ce qui concerne la Tunisie, pour les années 1910, 1911 et 1912 les renseignements suivants sur le nombre d'ouvriers occupés dans les mines et carrières, ainsi que dans

(1) Rapport au Président de la République sur la situation de la Tunisie en 1910, Tunis, 1911.

lcurs dépendances légales et des enfants âgés de moins de seize ans protégés par les décrets des 17 juillet 1908 et 15 juin 1910.

Années.	Nombre global d'ouvriers occupés.	Répartition		Dénombrement par nationalité.			Enfants âgés de moins de 16 ans	
		à l'inté-rieur.	à l'exté-rieur.	Fran-çais.	Étran-gers.	Indi-gènes.	à l'inté-rieur.	à l'exté-rieur.
1910.....	16.573	7.075	9.498	327	4.588	11 054	15	589
1911.....	15.787	6.740	9.047	315	4.460	10.500	12	500
1912.....	18.909	10.252	8.657	334	3.331	15.072	101	71

D'après ces renseignements, on voit que la Tunisie recrute à présent la majorité de ses travailleurs pour les mines dans la population musulmane, résultat qui laissait incrédules beaucoup d'esprits il y a peu d'années encore.

Dans les rapports des Conseils d'administration de plusieurs sociétés minières nous avons trouvé l'indication que si la production des mines a été parfois limitée, c'est surtout par le manque de main-d'œuvre, — les travaux publics en Tunisie ayant absorbé pendant plusieurs années beaucoup d'ouvriers, et l'immigration italienne n'ayant pas augmenté notablement.

En ce qui concerne particulièrement l'année 1912, une raréfaction de la main-d'œuvre s'est fait sentir d'une façon très sensible en Tunisie pendant la plus grande partie de l'année, surtout pendant la guerre italo-turque.

o°o

Dans les exploitations minières, toutes les personnes investies d'un commandement sont des Français; la direction technique y est confiée à des ingénieurs principalement de nationalité française. Au-dessous des échelons les plus élevés de cette hiérarchie, il n'est plus possible de recourir exclusivement au travail national et force est de s'adresser au travail européen d'abord, au travail indigène ensuite.

Pour tous les travaux nécessitant des connaissances spéciales, pour les recherches, l'abatage du minerai, la conduite des fours, on emploie des contremaîtres français, des Italiens des soufrières de Sicile et des mines de calamine de Sardaigne, des Maltais, des Kabyles des mines algériennes de la Société de Mokta-el-Hadid. Bien rarement les Arabes sont employés comme mineurs.

Au sujet des ouvriers mineurs, le Conseil d'administration de la Société des Phosphates Tunisiens, dans un de ses rapports annuels, s'exprime de la manière suivante : « La question de la main-d'œuvre est très importante ; les mineurs indigènes sont inexpérimentés ; quant aux ouvriers blancs, il est difficile de les conserver, ce qui ne permet pas de les utiliser au « dressage » des indigènes ».

Les manœuvres sont fournis par les indigènes de la région et par ces populations sans feu ni lieu des pays barbaresques, Marocains, Tripolitains, Soudanais et même nègres, que l'on rencontre dans les ports de l'Afrique du Nord où ils font le métier de débardeurs, dans les oasis au moment de la cueillette des dattes et sur tous les chantiers de travaux publics. Le roulage, le chargement et déchargement du minerai, les transports à l'extérieur de la mine leur sont exclusivement confiés.

Cette main-d'œuvre est seule capable de résister au travail extérieur sous le soleil brûlant et possède une expérience professionnelle suffisante.

Dans les diverses fonctions qui leur sont confiées, ces indigènes se contentent de salaires généralement inférieurs de 30 à 40 0/0 à ceux des ouvriers européens, mais le rendement de leur travail est réduit comparativement dans les mêmes proportions, de sorte qu'il n'y a d'autre avantage à leur emploi que celui de la facilité dans le recrutement.

Mais cette facilité est souvent illusoire, car l'indigène se fixe rarement à la mine et en général dans les exploitations de tous genres ; dans l'Afrique du Nord le personnel se trouve en état d'instabilité perpétuelle ; il se déplace et se renouvelle constamment. Attirés par la nostalgie du désert, les indigènes dont les besoins sont très restreints quittent les mines après la paie qui leur suffit pour vivre longtemps ; des mois se passent, et misérables, en haillons, ils reviennent demander du travail pour repartir encore.

La Société des Mines du Kef-Chambi s'est efforcée de former graduellement sur place le personnel nécessaire pour sa laverie

et comme il y a été constaté que les Arabes, surtout les enfants,
se mettent volontiers à ce travail peu fatigant et qui s'exerce à
l'abri, la société attend beaucoup de ce recrutement.

∘°∘

Le personnel italien des mines mérite une mention spéciale
par son nombre prépondérant parmi les ouvriers européens [1].

La population ouvrière italienne a été attirée en Tunisie par
les grands travaux publics exécutés au cours de ces dernières
années et par le développement rapide de l'industrie minière.

Si d'une part des conditions favorables attiraient chaque
année, un plus grand nombre d'ouvriers italiens, le besoin
croissant de la main-d'œuvre rétablissait rapidement l'équilibre
entre la demande et l'offre. Mais pendant la période de 1890 à
1900 se produisit un renchérissement considérable de la vie.
D'autre part, le programme des travaux publics était en grande
partie exécuté, les constructions d'immeubles devenant beaucoup moins actives, les travaux des mines se ralentissaient à la
suite de la baisse des métaux et des phosphates. Cependant les
ouvriers continuaient à affluer de Sicile. Il s'ensuivit que les
salaires n'augmentèrent pas, ce qui, en présence du renchérissement des vivres, équivalait à une diminution.

Dans le but d'empêcher l'avilissement des salaires et pour
éviter l'encombrement en Tunisie de la main-d'œuvre de ses
nationaux, le Gouvernement italien, d'accord avec le Gouvernement français, — pour ne pas exposer des prolétaires à manquer
de travail et à être plongés dans la misère, — a édité, en 1907,
un décret interdisant aux Italiens, d'émigrer en Tunisie, sans la
caution, auprès du consul, d'une personne qui s'engage à fournir
du travail à l'ouvrier et à le rapatrier en cas de besoin.

Grâce aux ouvriers italiens, l'industrie minière tunisienne a
pu trouver dès ses débuts sur des marchés voisins une main-
d'œuvre abondante et expérimentée, ce qui a singulièrement
facilité son développement; ces ouvriers viennent pour la plu-

---

(1) *Les intérêts italiens en Tunisie*, par Camille Fidel, dans « Renseignements colo-
niaux et documents publiés par le Comité de l'Afrique française et le Comité du Maroc ».
— Supplément à l'*Afrique française* (*Bulletin mensuel du Comité de l'Afrique
française et du Comité du Maroc*, mai 1911).

part des soufrières de Sicile et des mines de calamine de Sardaigne.

_°*°_°

Les gisements miniers découverts et exploités dans différentes parties de la Régence se trouvant le plus souvent dans des parties désertiques ou à de grandes altitudes, éloignés de toute habitation, de très grands efforts ont été faits par les exploitants pour attirer des ouvriers et surtout pour retenir le personnel européen des exploitations et leur faciliter le séjour. La construction de maisons d'ouvriers, pour le personnel des exploitations et tous autres bâtiments nécessaires pour les habitants, était toujours la première préoccupation des exploitants et les a souvent obligés à amener les matériaux de construction de fort loin, sur des routes peu praticables et avec de grands frais.

La question du logement des ouvriers demandait à être étudiée à fond, vu que ceux-ci représentent parfois des agglomérations d'individus de différentes races et de différentes couleurs.

Pour les ouvriers européens on a créé des cités d'aspect européen en construisant des maisons de différents types. Les unes constituent des logements de deux ou plusieurs pièces pour les ménages d'employés et d'ouvriers; d'autres comprennent des chambres où logent plusieurs célibataires.

Pour les indigènes, Kabyles, Tripolitains, Marocains, etc., sur certaines mines ont été construites des maisons et même des cités spéciales, mais le plus souvent ils se construisent à flanc de coteau des gourbis à moitié enterrés dans le sol et recouverts de planches, de branchages ou de morceaux de tôle.

Dans la plupart des exploitations minières on était obligé de grouper les indigènes de diverses nationalités en quartiers distincts, car elles ne vivent pas toujours en bonne intelligence; il y a eu à Metlaoui, en 1907, une bataille terrible entre un millier de Kabyles et quelques centaines de Tripolitains.

En créant de nouveaux centres miniers, ce n'est pas seulement à la construction de maisons que se bornaient les soins des exploitants. Dans des pays absolument dénués de ressources, où

tout est à créer et indispensable pour assurer le recrutement et
la conservation sur place du personnel, il a fallu penser à l'approvisionnement de la population ouvrière en produits alimentaires, en eau potable et en tout ce qui est nécessaire pour
la vie.

L'adduction des eaux potables notamment représentait parfois une des questions des plus graves, et nous voyons, par
exemple, qu'après avoir approvisionné Metlaoui, pendant de
longues années, d'eau potable, apportée par wagons-citernes
de la station de Gafsa, distante de 35 kilomètres, la Compagnie
des phosphates de Gafsa a construit une canalisation de 15 kilomètres pour amener à Metlaoui des eaux captées dans les montagnes.

Des magasins des sociétés minières fournissent au personnel
des provisions de toutes sortes. L'agglomération d'une plus ou
moins nombreuse population ouvrière a nécessité, de la part des
exploitants, l'installation de bassins d'eau, fontaines, lavoirs,
cantines, abattoirs, hôpitaux, pharmacies, églises, mosquées,
écoles, bureaux de postes et télégraphes, postes de police, etc.

o°o

Le Gouvernement tunisien s'occupant de l'instruction professionnelle des indigènes, a créé en 1909, à Metlaoui, — type
des agglomérations minières, qui se développent si rapidement
dans la Régence, et dont l'essor devrait normalement profiter
aux tribus environnantes, — une école réservée aux indigènes.
Dès le début 41 enfants indigènes étaient inscrits à cette école,
où le français est enseigné ainsi que des notions pratiques sur
l'industrie extractive, données par des maîtres mineurs et chefs
d'ateliers de la Compagnie de Gafsa. Le programme de l'école a
été établi de façon a en faire une pépinière d'apprentis mineurs
et à permettre dans la mesure du possible le recrutement sur
place d'une population ouvrière et même de fournir de bons
contremaîtres pour l'industrie minière.

Un rapport sur l'enseignement professionnel des indigènes,
publié à la fin de l'année 1911, constate que l'école de Metlaoui,
établie de manière à favoriser le recrutement sur place des
nombreux ouvriers mineurs venus jusqu'ici de Kabylie ou de

Tripolitaine, est en plein fonctionnement et a déjà donné des résultats appréciables.

o°o

La législation ouvrière.

L'application à la Tunisie des lois relatives à la protection du travail constitue, dans l'état actuel de l'industrie et de la main-d'œuvre locales, un problème aussi intéressant que délicat [1].

Cette mesure ne saurait, en effet, être envisagée dans un but d'assimilation étroite avec la métropole ; elle doit, au contraire, s'inspirer des besoins particuliers du pays, avec lesquels toute réglementation doit être en harmonie.

C'est sous l'empire de ces préoccupations et pour répondre à un vœu émis par la Conférence consultative dans sa session de novembre 1907, que le Gouvernement tunisien a fait paraître, à la date du 17 juillet 1908, deux décrets, — l'un organisant le repos hebdomadaire, l'autre mettant à la charge des chefs d'entreprises les frais pharmaceutiques et médicaux engagés pour la guérison des ouvriers victimes d'un accident de travail.

Repos hebdomadaire. — La substance de la réglementation du repos hebdomadaire est indiquée dans l'article 1er du décret du 17 juillet 1908, ainsi conçu :

« Tout chef d'établissement commercial ou industriel est tenu de donner à ses ouvriers ou employés cinquante-deux journées de repos par an. Ces jours de repos seront répartis par le chef d'entreprise, mais sous cette réserve que les ouvriers ou employés payés à l'année ou au mois devront jouir d'une journée ou de deux demi-journées au moins par quinzaine. Les autres jours de repos dus sur les cinquante-deux jours prévus au présent article pourront être accordés en une seule fois.

» En ce qui concerne les ouvriers ou employés payés à la journée, le repos devra être organisé sur la base de deux journées par quinzaine.

---

[1] Rapport au Président de la République sur la situation de la Tunisie en 1908. Tunis, 1909.

» En tout cas vingt-six au moins des journées de repos à accorder dans l'année devront être des journées complètes ».

L'application en Tunisie du repos hebdomadaire qui s'est traduit par une diminution de 10 0/0 du nombre des journées de travail, a occasionné aux mines une diminution de leur production, ce que nous trouvons constaté dans différents rapports annuels des conseils d'administration des sociétés minières pour l'année 1908.

Accidents du travail. — Le décret du 17 juillet 1908 réglementant les droits des victimes d'accidents du travail a été complété par trois autres : 1° décret du 22 juillet 1909 fixant le tarif médical ; 2° décret du 24 juillet 1909 fixant le tarif d'hospitalisation ; et 3° décret du 1er septembre 1909 fixant le tarif pharmaceutique.

Dans le premier article du décret du 17 juillet 1908 il a été stipulé :

« Les accidents survenus par le fait du travail, ou à l'occasion du travail, aux ouvriers et employés occupés dans l'industrie du bâtiment, les usines, manufactures, chantiers, les entreprises de transport par terre et par eau, de chargement et de déchargement, les magasins publics, *mines, minières et carrières*, les établissements commerciaux, en outre dans toute exploitation ou partie d'exploitation dans laquelle sont fabriqués ou mises en œuvre des matières explosives ou dans laquelle il est fait usage d'une machine mue par une force autre que celle de l'homme ou des animaux, donnent droit, en dehors des indemnités ou dommages-intérêts que la victime peut dans les termes du droit commun réclamer devant les tribunaux, aux soins médicaux et aux fournitures pharmaceutiques qui doivent être assurés à la victime dès le premier jour, et qui sont à la charge du chef d'entreprise ».

En outre le chef d'entreprise supporte les frais funéraires dans le cas d'accident, que la mort soit survenue dans l'entreprise même ou qu'elle se soit produite au cours du traitement. Les frais funéraires ne peuvent, cependant, dépasser 100 francs au maximum.

Si le médecin conclut à la nécessité d'une hospitalisation, les frais sont à la charge du chef d'entreprise et sont calculés pour le transport de la victime à l'hôpital ou à l'infirmerie, sur la base des frais à payer pour le transport à l'établissement le plus voisin. Les frais d'hospitalisation ne peuvent dépasser le tarif déterminé par le décret du 24 juillet 1909.

Le décret complémentaire du 22 juillet 1909, contrairement au décret fondamental du 17 juillet 1908, s'est écarté sensiblement de la réglementation métropolitaine en ce qui concerne les mesures d'exécution, et il a fixé les honoraires du médecin traitant sur des bases toutes différentes. A la place du tarif qui permet au médecin d'établir la note de ses honoraires d'après le nombre de visites, le décret tunisien institue un forfait dont les prix varient avec la durée de l'incapacité de la victime. Ainsi se trouvent éliminées les causes les plus fréquentes d'exagération de frais et de discussion en matière de règlement d'honoraires médicaux.

L'allocation forfaitaire prévue est de 10 francs pour les vingt premiers jours, de 5 francs pour les dix jours suivants, et enfin, de 5 francs pour chaque quinzaine supplémentaire.

Le décret du 22 juillet 1909 autorise, entre autres, les chefs d'entreprise éloignés des centres urbains à assurer sur place les soins médicaux et chirurgicaux, et à organiser l'hospitalisation en faveur de leurs ouvriers, victimes d'accidents. Différents chefs d'entreprises minières ont été autorisés à procéder de cette manière par arrêté du directeur de l'agriculture du 28 septembre 1909, et nous voyons qu'une infirmerie a été installée :

1° A Redeyef et à Metlaoui par la Compagnie des Phosphates et du chemin de fer de Gafsa, tant pour le personnel des exploitations minières que pour celui du chemin de fer ;

2° A Sidi-Amor-ben-Salem — par les sociétés des « Mines Réunies », des mines de Djebel-Slata et Hameima, et de la mine de Charren ;

3° A Kalaa-Djerda par la Société des Phosphates tunisiens ;

4° A Sakiet-Sidi-Youssef par la Société anonyme de Nebida pour l'exploitation des mines ;

5° Au Djebel-Hallaouf par la Société anonyme des mines du Djebel-Hallaouf.

Réglementation du travail.

Quatre décrets beylicaux, en date du 22 juin 1910, réglementent le travail dans la Régence :

1° Décret réglementant le travail dans les établissements industriels et commerciaux ;

2° Décret déterminant les conditions spéciales du travail des enfants du sexe masculin, âgés de moins de seize ans, dans les travaux souterrains des mines et carrières ;

3° Décret réglementant le paiement des salaires des ouvriers et employés ;

4° Décret interdisant le phosphore blanc dans la fabrication des allumettes.

Le décret réglementant le travail dans les établissements industriels et commerciaux s'inspire très étroitement de la législation qui a réglementé en France le travail dans les établissements industriels. Il codifie, en un seul texte, les dispositions diverses se rattachant à la réglementation du travail des adultes et à la protection des femmes et des enfants, qui, en France, ont fait l'objet de lois successives ; il a fait aussi état des dispositions qui n'étaient alors en France que projetées, telles que la limitation des heures du travail dans les établissements commerciaux et l'interdiction du travail de nuit des femmes.

Parmi les principales dispositions que contient ce décret il faut signaler :

La fixation d'un âge légal pour l'admission des enfants au travail (douze ans) ; l'interdiction du travail de nuit des femmes entre neuf heures du soir et cinq heures du matin ; la limitation de la journée de travail à dix heures pour tout le personnel [1].

Certaines dérogations sont tolérées pendant soixante jours pour les ouvriers adultes dans les établissements ordinaires, et pendant quatre-vingt-dix jours dans les industries en plein air.

Les patrons des entreprises commerciales doivent à leur personnel un repos ininterrompu de dix heures, qui peut être donné soit de nuit, soit de jour.

Les entreprises de transport, autres que les chemins de fer et la navigation maritime, qui demandent des réglementations spéciales, doivent prendre des dispositions pour limiter la journée de travail à dix heures.

---

(1) Par un décret du Président de la République en date du 13 septembre 1910 a été promulguée la Convention internationale sur l'interdiction du travail de nuit des femmes employées dans l'industrie, signée à Berne le 26 septembre 1906. En ce qui concerne la Tunisie, la France a adhéré à cette convention le 15 janvier 1910.

Le décret relatif au travail des enfants dans les mines repro-
duit les termes du décret français du 3 mai 1893.

En raison de l'éloignement des centres habités, les mineurs
sont obligés d'acheter leurs vivres aux cantines des compagnies
minières, et, même, dans certaines compagnies, ils étaient payés
non pas en espèces, mais en jetons valables seulement à la cantine de l'entreprise. Cette pratique se trouve condamnée par le
décret du 22 juin 1910 relatif au paiement des salaires, qui porte
interdiction absolue de payer les ouvriers et employés autrement
qu'en monnaie métallique ou fiduciaire ayant cours légal.

A cette interdiction s'ajoute l'obligation imposée aux chefs
d'entreprises de payer tous les quinze jours les ouvriers dont les
salaires sont fixés à la journée, et au moins une fois par mois le
salaire des employés.

Toutes ces dispositions sont entrées en vigueur à partir du
1er octobre 1910.

Surveillance du travail.

Le décret organique qui a institué l'office du travail a donné
à cet organisme, en même temps que les pouvoirs confiés en
France aux inspecteurs du travail, mission « d'instruire les réclamations relatives aux conditions du travail et d'une façon générale de s'employer pour chercher à aplanir entre les patrons et
les ouvriers les difficultés qui pourraient surgir ».

Ces attributions qui tendent à faire des agents de ce service
des arbitres permanents dans les conflits collectifs et individuels
du travail constituent une originalité vis-à-vis du droit français
qui ne confie guère à l'inspecteur du travail d'autres soins que
celui de surveiller l'application de la loi. L'absence d'organisa-
tions syndicales légalement constituées et de juridiction prud'-
homale devait amener le Gouvernement tunisien à élargir dans
le sens sus-indiqué la mission des agents du contrôle.

Dans les mines et carrières ainsi que dans leurs dépendances
légales, l'inspection du travail incombe au Service des Mines.

La surveillance de la réglementation était limitée, jusqu'au
mois d'octobre 1910, au contrôle du décret sur le repos hebdomadaire. A partir de ce moment la tâche de l'inspection devait
s'accroître par suite de la mise en vigueur de l'importante

réglementation du travail dans l'industrie et le commerce dont les grandes lignes sont indiquées plus haut.

Pendant les années 1910, 1911 et 1912, le Service des Mines a eu à intervenir dans diverses exploitations en ce qui concerne notamment le repos hebdomadaire et le paiement des ouvriers et des employés.

Au point de vue du repos hebdomadaire le régime général qui tend à prévaloir est celui du repos collectif pris le dimanche, sauf dans les cas de suspension prévus et autorisés. Les ouvriers qui doivent assurer le dimanche le service des appareils d'exhaure, d'extraction ou des fours et installations à fonctionnement continu, ou bien certains travaux d'entretien ou de réparation qui ne peuvent être pratiqués que ce jour-là, reçoivent un repos par roulement.

Il n'a été relevé aucune infraction sur la durée du travail des adultes employés à l'abatage dans les mines. Par contre quelques dérogations se sont produites au regard d'ouvriers spéciaux : mécaniciens, électriciens, ouvriers d'art, etc., employés à des travaux urgents d'installation ou de réparation et pour lesquelles aucun préavis n'avait été adressé au Service.

Par ailleurs, le Service des Mines est intervenu dans certaines exploitations pour assurer l'application du décret réglementant le paiement des salaires des ouvriers et pour régler des incidents en général sans gravité survenus entre exploitants et ouvriers.

Le Service des Mines atteste que d'une manière générale la mise en vigueur des lois ouvrières en Tunisie n'a soulevé aucune difficulté de principe ni aucune résistance soutenues dans les mines, carrières et dépendances légales, et que les grandes entreprises ont prêché d'exemple pour se conformer dans le plus court délai possible aux dispositions prévues par la législation.

Aucune grève ne s'est produite dans les entreprises minières et le Service des Mines n'a eu à relever par procès-verbal aucune contravention.

Accidents dans les mines et carrières en 1910, 1911 et 1912.

Le nombre des accidents survenus pendant les trois dernières années dans les mines, exploitations de phosphates et carrières,

dont le Service des Mines a eu connaissance, est résumé dans
le tableau ci-après qui en indique la répartition par nature
d'exploitation, et selon la gravité. Ce tableau, selon l'avis même
du Service des Mines, est d'ailleurs incomplet en ce qui concerne les accidents de faible importance, pour lesquels les
déclarations des exploitants, prévues par le décret du 17 juillet
1908, ne sont pas transmises au Service des Mines.

Exploitations.	Tués.			Blessés.						Total.		
				Incapacité de plus de 30 jours.			Incapacité de plus de 4 jours.					
	1910.	1911.	1912.	1910.	1911.	1912.	1910.	1911.	1912.	1910.	1911.	1912.
Mines métalliques.	6	12	8	11	19	31	990	1.020	990	1.007	1.051	1.029
Exploitations de phosphates.....	10	13	14	24	58	90	1.175	1.200	1.460	1.209	1.271	1.564
Carrières	1	2	2	3	»	»	98	110	90	102	112	92
TOTAUX......	17	27	24	38	77	121	2.263	2.330	2.540	2.318	2.434	2.685

Tous les accidents graves que les exploitants sont tenus de
déclarer à la Direction générale des travaux publics (Service des
Mines) conformément aux décrets et règlements sur les mines et
carrières, et aux conventions de concession ou d'amodiation ont
été l'objet d'une enquête sur place de la part du Service des
Mines.

Ces accidents ont donné lieu à des procès-verbaux de constatation au nombre de 55 en 1910, 104 en 1911 et 145 en 1912,
dressés et transmis au parquet, avec avis.

Proportionnellement au nombre du personnel occupé, la
fréquence des accidents mortels ressort : à 1 tué en 1910, à 1,75
tué en 1911 et 1,32 tué en 1912 pour 1.000 ouvriers; celle des
accidents graves : à 2,30 blessés en 1910, 4,91 en 1911 et 6,38
en 1912 pour 1.000 ouvriers occupés.

Nombre d'ouvriers occupés dans les mines.

(Extraits des *Tableaux des concessions de mines existant en Tunisie*, publiés par la Direction Générale des Travaux publics (1).

Noms des concessions.	1903.	1905.	1908.	1909.
Mines de zinc et de plomb.				
Bechateur	»	»	197	82
Saf-Saf	70	69	»	111
Djebel-el-Grefa	»	56	47	74
Djebel Gheriffa	72	»	16	4
Djebel Bazina	»	68	25	257
Sidi-Ahmed	254	221	303	224
Aïn-Allega	»	70	88	263
Kanghuet-Kef-Tout	»	555	692	650
Djebel Ben-Amar	170	255	192	142
Djebel-Charra	»	160	271	64
Djebel-Hallaouf	»	»	»	207
Djebel Diss	15	»	64	4
Kef-Lasfar	13	41	41	»
Djebba	44	40	119	108
Djebel Reças	630	615	646	658
Fedj-Assène	»	159	»	63
Djebel-Touireuf	35	»	77	42
Oued-Kohol	»	17	177	46
Fedj-El-Adoum	151	358	132	65
Zaghouan	»	»	76	79
Djebel-El-Kohol	14	14	4	18
Djebel-El-Akhouat	83	»	67	81
Sidi-Youssef	162	242	242	288
Kalaat Sidie	»	30	246	9
Guern-Halfaya	»	»	242	234
Djebel Bou-Iaber	»	»	117	250
Djebel Serdj	»	123	298	25
Trozza	»	»	56	178
Djebel Touila	»	86	3	25
Djebel Azered	51	58	56	57

(1) Nous tenons à observer que les chiffres reproduits dans ce tableau ne correspondent pas toujours avec ceux que nous avons produits plus haut dans les Notices sur différentes mines — chiffres extraits des rapports annuels des conseils d'administration des sociétés minières.

Noms des concessions.	1903.	1905.	1908.	1909.
Djebel-Hamera.............	»	»	»	»
Aïn-Khamouda..........	»	»	»	»
Sidi-Amor-ben-Salem........	»	»	1.004	500
Mine de cuivre.				
Chouichia.................	»	198	»	90
Mines de fer.				
Kroumerie et des Nefzas	»	»	107	25
Djebel-Slata...............	»	»	160	199
Djebel-Djerissa	»	»	379	225
Total.........	1.764	3.435	6.144	5.457

SIXIÈME PARTIE

CHAPITRE IX

LES CHEMINS DE FER ET L'INDUSTRIE MINÉRALE EN TUNISIE

Le développement progressif du réseau des chemins de fer.

La Compagnie de chemins de fer Bône-Guelma et prolongements :

      1° La ligne de la Medjerdah ;

      2° La ligne de Djedeïda à Bizerte ;

      3° La ligne de Mateur aux Nefzas ;

      4° La ligne de Mateur à Nebeur ;

      5° La ligne de Pont-du-Fahs à Kalaat-es-Senam ;

      6° La ligne du Sahel ;

      7° La ligne de Sousse à Henchir-Souatir.

Tableaux généraux des transports de phosphates et de minerais sur le réseau tunisien de la Compagnie de Bône-Guelma, et du produit de ces transports.

La Compagnie des phosphates et du chemin de fer de Gafsa.

LES CHEMINS DE FER ET L'INDUSTRIE MINÉRALE EN TUNISIE

Le réseau des chemins de fer de la Tunisie comprenait, au 31 décembre 1912, un total de 1.712 kilomètres, répartis entre deux compagnies : la Compagnie de Bône-Guelma et prolongements et la Compagnie des phosphates et du chemin de fer de Gafsa.

Un court aperçu historique démontrera le développement du réseau des chemins de fer de la Tunisie.

L'établissement de la Compagnie Bône-Guelma en Tunisie est antérieure au protectorat français. C'est en 1876 que le Gouvernement tunisien a concédé la construction du chemin de fer allant de Tunis à la frontière algérienne — (ligne de la Medjerdah), — long de 226 kilomètres, à la Société de construction des Batignolles qui passa sa concession à la Compagnie Bône-Guelma.

En 1880, le bey de Tunis avait autorisé la Compagnie Bône-Guelma à construire les deux lignes de Tunis à Sousse et de Djedeïda à Bizerte. Les avant-projets de ces deux lignes avaient déjà été présentés au Gouvernement tunisien lorsque la France établit son protectorat. Les négociations reprises par le Gouvernement français n'aboutirent qu'en 1892 quand le protectorat tunisien fut parvenu à constituer à l'aide des excédents budgétaires des réserves de près de 26 millions de francs. Il fut décidé que cette réserve serait immédiatement et exclusivement affectée à la construction de chemins de fer.

En octobre 1892, deux conventions concédèrent à la Compagnie Bône-Guelma la construction : 1) de la ligne de Djedeïda à Bizerte (72,6 kilom.), et 2) des lignes du Cap Bon et du Sahel (383 kilom.). Cette dernière était à voie d'un mètre, toutes les autres construites précédemment ayant l'écartement normal ($1^m,44$).

Depuis, afin de ne pas gêner l'exploitation en enchevêtrant des réseaux de largeurs différentes, le principe établi en 1892 a toujours été suivi, c'est-à-dire que les lignes au Nord de la Medjerdah sont à voie normale, et celles au Sud à voie de un mètre.

Suivant lesdites conventions la construction des deux lignes devait se faire par la Compagnie Bône-Guelma aux frais du Trésor tunisien et l'exploitation aux risques de la compagnie.

Les chemins de fer dont la construction fut décidée en 1892 absorbèrent la totalité de la disponibilité de la Tunisie. Le but cherché alors était de desservir les territoires plus particulièrement mis en valeur par l'agriculture.

Préoccupé de mettre aussi en valeur les riches gisements phosphatiers découverts aux environs de Gafsa, le Gouvernement tunisien les mit en concours avec l'obligation de construire un chemin de fer jusqu'au port de Sfax ; mais les tentatives faites à ce sujet en 1893 et 1894 n'aboutirent pas et c'est seulement lors d'une troisième tentative, en 1895, que le Gouvernement trouva un soumissionnaire pour la concession de la mine et du chemin de fer de Gafsa qui lui donnait, enfin, espoir de succès.

Comme la Société minière de Gafsa se chargea de la construction de la ligne Sfax-Gafsa-Metlaoui, d'une longueur de 245 kilomètres, à ses frais, qui montaient pour elle à 14 millions de francs et comme la mise en valeur par la Compagnie de Gafsa des gisements de phosphates ayant donné de gros bénéfices à la compagnie avait été le point de départ d'un mouvement général d'exploitation des richesses minérales de la Régence, le Gouvernement du Protectorat, voulant favoriser le développement de l'industrie extractive, avait compris que l'heure était venue d'en tirer partie pour doter le pays d'un réseau complet de chemins de fer reliant les centres de production, aux différents ports. D'autre part, le succès du chemin de fer de Gafsa, aussi bien que le gage réel que présentait le trafic assuré des concessions accordées, décida la Colonie à construire à l'avenir les nouvelles lignes par ses propres moyens, en obligeant les concessionnaires des exploitations minières à transporter sur les lignes un tonnage minimum de leurs produits à des tarifs fixés d'avance de manière à garantir au pays les intérêts du capital employé à la construction et à l'exploitation des nouvelles voies ferrées.

Ainsi, désireuse de se réserver les bénéfices qu'elle voyait réaliser à l'industrie privée, la Tunisie décida de devenir son propre entrepreneur. Préoccupée de créer de nouveaux chemins de fer reconnus indispensables au développement économique de la Régence, non seulement au point de vue minier, mais aussi pour la colonisation, le peuplement et l'agriculture, — les nouvelles lignes minières que l'industrie demandait traversant des régions cultivées, — et d'autre part, les disponibilités faisant défaut pour entreprendre la réalisation d'un nouveau réseau de voies ferrées, il a fallu recourir à l'emprunt.

Un programme fut dressé par la Direction générale des travaux publics et, en 1902, la Tunisie fut autorisée à emprunter 40 millions affectés exclusivement à la construction des quatre lignes ci-après :

1) Pont du Fahs à Kalaat-es-Senam, avec embranchement
   sur le Kef, d'une longueur de .... 218 kilomètres.
2) Kairouan-Henchir-Souatir .... 130 —
3) Bizerte aux Nefzas .... 76 —
4) Sfax au réseau de Sousse .... 130 —

AU TOTAL .... 554 kilomètres.

De ces quatre lignes, seule la ligne de Bizerte aux Nefzas est à voie normale; les trois autres lignes — à voie étroite.

Trois de ces lignes étaient destinées exclusivement au développement de l'industrie minière : celle aux gisements de phosphates de Kalaat-es-Senam; celle qui va de Kairouan pour aboutir aux gisements phosphatiers d'Aïn-Moulares par Henchir-Souatir; et, enfin, celle aux mines de fer des Nefzas.

L'ordre de construction de ces lignes a été déterminé d'après la valeur économique et le rendement présumé de chacune d'elles.

La première des lignes susmentionnées qui aboutit aux gisements de phosphates de Kalaat-es-Senam offrait un intérêt de premier ordre et paraissait devoir être, au début, la plus productive des lignes projetées; — pour ces motifs elle a été placée en tête du programme de 1902. Cette grande ligne de pénétration a été complétée à la suite par des embranchements aux gisements phosphatiers de Kalaa-Djerda et aux mines de fer de Djerissa et de Slata.

Le programme des travaux à doter sur l'emprunt de 1902 parut bientôt insuffisant pour permettre la mise en valeur des nombreux gisements minéraux, — phosphates et minerais de fer, — découverts en Tunisie, le long surtout de la frontière algérienne. Aussi décida-t-on, en 1907, un second emprunt de 75 millions cette fois, dont 58 millions devaient être affectés à l'établissement ou à l'achèvement de diverses lignes. Pour la construction d'embranchements, l'exécution de certains travaux complémentaires et l'augmentation du matériel roulant sur les voies déjà existantes, il était prévu la somme globale de 30 millions de francs.

Le restant de 28 millions était destiné à la construction de 430 kilomètres de voies ferrées nouvelles, soit :

1) Ligne de Mateur à Nebeur..........	environ	135	kilomètres.
2) — des Nefzas à Tabarka.........	—	37	—
3) — de Menzel à Kelibra..........	—	55	—
4) — de Zaghouan à Bou-Ficha.....	—	93	—
5) — de Sfax à Bou-Thadi.........	—	60	—
6) — de Tunis à Téboursouk........	—	90	—

Seules les deux premières de ces lignes ont un intérêt direct pour l'industrie minérale ; la première pour permettre la mise en valeur des gisements de minerais de fer de la région de Nebeur et la seconde — pour permettre l'exportation par le port de Tabarka des minerais de fer, de zinc et de plomb de la région environnant ledit port.

En 1910, la situation était telle que : d'une part le réseau des chemins de fer dont la construction, avait été commencée en 1902, restait inachevé et, sur certains points et pour certains travaux à refaire.

D'autre part, depuis 1902, de nouveaux besoins économiques s'étaient révélés, auxquels correspondaient des projets de lignes nouvelles. Il a donc été reconnu nécessaire, pour ne pas laisser le commerce, l'industrie et les ressources de toutes sortes de la Tunisie languir inexploitables au préjudice de son avenir, d'adopter le projet d'un nouvel emprunt de 90.500.000 francs, affecté exclusivement à l'achèvement du réseau des voies ferrées et à des travaux complémentaires des lignes en exploitation, savoir :

1° 28.150.000 francs pour le règlement des travaux estimés en 1902 et en 1907 ;

2° 27.400.000 francs pour travaux complémentaires du réseau exploité ;

3° 34.950.000 francs pour la construction de quatre lignes nouvelles :

a) ligne de Metlaoui à Tozeur ;

b) ligne de Graïba à Gabès ;

c) ligne de Tunis à Téboursouk ;

d) ligne de Tunis à Hammam-Lif.

Parmi les travaux complémentaires prévus pour la somme de 27.400.000 francs figuraient entre autres :

a) des nouvelles installations étendues à la gare de petite vitesse de Tunis;

b) une extension importante de la gare de Bizerte, pour être mise à la hauteur du trafic minier annoncé, pour desservir convenablement la baie de Sebra;

c) l'exécution de nouveaux travaux sur la ligne de Kalaat-es-Senam, laquelle malgré les améliorations déjà réalisées avait peine à subvenir au trafic minier qui s'accroît d'année en année.

Parmi les voies ferrées dotées sur les emprunts de 1902 et 1907 jusqu'à présent reste inachevée la ligne de Mateur à Nebeur.

Ainsi on voit que sur les trois emprunts consécutifs de 1902, 1907 et 1911 d'une somme totale de 205.500.000 francs, 188.500.000 francs sont affectés à la construction de nouvelles lignes de chemins de fer. Dans ces nouvelles lignes de voies ferrées se trouvent 635 kilomètres construits exclusivement en vue du développement de l'industrie extractive. Si on ajoute à ce chiffre les 305 kilomètres de chemins de fer construits par la Compagnie des phosphates de Gafsa nous voyons que la longueur totale des nouvelles lignes dont la construction a été provoquée par le développement de l'industrie minière du pays est de 940 kilomètres.

Après ce court aperçu historique de la construction des chemins de fer en Tunisie, nous passons à l'examen des différentes lignes des deux compagnies auxquelles appartiennent les chemins de fer en Tunisie, et ceci principalement au point de vue de leur importance pour l'industrie extractive.

La Compagnie des chemins de fer Bône-Guelma et prolongements.

Au 31 décembre 1912, la Compagnie de Bône-Guelma avait en exploitation en Tunisie 1.407 kilomètres de voies ferrées[1]. Le réseau de la Medjerdah et de Djedeïda à Bizerte, ou l'ancien

---

[1] Depuis a été ouverte à l'exploitation (le 1er juillet 1913) la ligne de Nefzas jusqu'à la gare de Tamera (36 kilomètres).

réseau de la Compagnie, est d'une longueur de 223 km. 5 à voie normale.

Le *nouveau réseau tunisien*, dont 1.881 kilomètres sont en exploitation, comprend les lignes suivantes :

1° Ligne de Tunis à Sousse et à Sfax ;

2° Ligne de Tunis à Kalaat-es-Senam, avec embranchements sur le Kef, sur Kalaa-Djerda, de Djerissa et de Slata ;

3° Ligne de Sousse à Henchir-Souatir ;

4° Ligne de Djedeïda à Bizerte ;

5° Ligne de Mateur aux Nefzas et à Tabarka ;

6° Ligne de Mateur à Nebeur.

De 1900 à 1913, le réseau tunisien de la compagnie a pris un essor considérable. Sa longueur exploitée est passée de 683 kilomètres au 31 décembre 1900, à 1.407 kilomètres au 31 décembre 1912. Le nombre de tonnes kilométriques de marchandises s'est accru dans la proportion significative de 17.001.000 à 351.932.000 tonnes (1 à 20). L'exploitation des phosphates dans le Centre tunisien et celle plus récente encore des minerais de fer dans la même région expliquent en grande partie la rapidité et l'importance de cette transformation. C'est le trafic des phosphates et des minerais de fer qui a permis la construction des nouvelles lignes exclusivement gagées sur des recettes minières ; c'est lui qui, en 1912, a fourni à la ligne à voie unique de Kalaat-es-Senam 1.060.241 tonnes de matières à transporter.

1° *La ligne de la Medjerdah* représente une grande artère qui suit la Medjerdah, le fleuve principal de la Tunisie, parallèlement à la côte Nord, mais à grande distance et reliant Tunis à l'Algérie.

De la frontière algérienne à Ghardimaou, la ligne se dirige à l'Est sur Tunis qui est le port d'exportation pour les produits acheminés par cette ligne.

Au point de vue de l'industrie minérale cette ligne a de l'intérêt pour un nombre de mines de zinc et de plomb et aussi pour quelques exploitations de phosphates qui expédient par elle leurs produits au port de Tunis où ils sont embarqués pour l'exportation.

Suivant des renseignements qui nous ont été communiqués par l'administration de la Compagnie Bône-Guelma, sur la ligne de Tunis à la frontière algérienne pendant les huit dernières

années [1] il a été transporté le tonnage suivant de minerais
(autres que les minerais de fer) et de phosphates.

Années.	Total des marchandises petite vitesse.	Phosphates.	Minerais.
	Tonnes.	Tonnes.	Tonnes.
1905.....	224.021	318,7	35.802,3
1906......	203.622	525,6	23.563,3
1907.......................	240.727	964,7	25.937,6
1908.......................	272.050	1.676,5	22.759,4
1909.......................	265.380	2.923 »	23.851 »
1910.......................	280.746	4.361,2	28.775,4
1911...........	255.500	3.959,3	29.068,4
1912..	315.514	4.037,1	26.824,1

Les chiffres du total des marchandises transportées en petite
vitesse mentionnés dans la première colonne du tableau ci-dessus (ainsi que des tableaux qui vont suivre) sont empruntés
aux *Tableaux statistiques* publiés par la Direction générale des
Travaux publics.

Les transports de phosphates et de minerais sur la ligne de la
Medjerdah, comme on le voit, varient d'une année à l'autre
assez sensiblement.

2° *La ligne de Djedeïda à Bizerte*, d'une longueur avec ses
embranchements de 108 kilomètres, en fait de produits de l'industrie extractive transporte principalement des minerais de
plomb et de zinc, et en petites quantités des phosphates. Ci-
après les données à ce sujet communiquées par l'administration de la Compagnie Bône-Guelma.

---

[1] Comme la première ligne du nouveau réseau de la Compagnie Bône-Guelma —
celle de Kalaat-es-Senam — a été mise en exploitation en 1906 nous tenons à communiquer des données statistiques à partir de cette année et nous y ajoutons les chiffres de
1905 à titre de comparaison.

Années.	Total dés marchandises petite vitesse.	Phosphates.	Minerais.
	Tonnes.	Tonnes.	Tonnes.
1905....................	55.445	1,6	2.585,8
1906....................	49.163	134,4	2.319,9
1907....................	69.703	219,6	4.467 »
1908....................	64.642	620,9	5.221,7
1909....................	75 358	757 »	6.579,1
1910....................	78.814	1.098,3	4.858,1
1911....................	85.108	943 »	6.405,7
1912....................	127.614	1 058,8	8.887,2

A 34 kilomètres de Bizerte sur cette ligne est située la ville de Mateur, qui est la tête de ligne de deux voies importantes : la ligne des Nefzas, qui pénètre dans les monts de Kroumirie, et la ligne de Nebeur dont le terminus est dans la haute vallée du Mellègue, près de la frontière algérienne, c'est-à-dire déjà dans la Tunisie centrale. Ces deux lignes doivent fournir au port de Bizerte un fort tonnage de minerais.

3° *La ligne de Mateur aux Nefzas*, d'une longueur de 70 kilomètres, doit amener au port de Bizerte les produits de la Société des minerais de fer de Kroumirie et des Nefzas ainsi que de la mine Chouchet-et-Douaria. La Compagnie minière concessionnaire des mines de Kroumirie et des Nefzas, s'est engagée à fournir au chemin de fer allant de ses mines à Bizerte un tonnage de 100.000 tonnes, la première année d'exploitation, et 150.000 tonnes, chacune des années suivantes.

D'un autre côté la mine Chouchet-et-Douaria pourra fournir aussi un pareil tonnage de minerai de fer.

La ligne du chemin de fer aux Nefzas a été officiellement ouverte à l'exploitation le 1er juillet 1913 jusqu'à la gare de Tamera, mais l'expédition des minerais de fer au port de Bizerte avait commencé quinze jours avant.

Prolongée jusqu'au port de Tabarka (37 kilomètres) les produits de ces mines ainsi que de différentes mines de zinc et de plomb de la région pourront être amenés par cette ligne au port de Tabarka.

4° *La ligne de Mateur à Nebeur*, la ligne stratégique de Mateur à Béja, prolongée jusqu'à Nebeur, dans le but de permettre l'exploitation des gisements de minerais de fer de Nebeur, aura une longueur de 140 kilomètres, y compris la modification du trajet primitivement projeté et résultant de l'adoption d'une variante par la vallée de Mellègue.

Par une convention du 5 décembre 1907, la construction et l'exploitation de la ligne de Mateur à Nebeur ont été concédées à la Compagnie du chemin de fer de Bône-Guelma et prolongements. Une autre convention, en date du 10 décembre 1907, passée entre le Gouvernement tunisien et la Société des mines de Nebeur garantissait à cette ligne un trafic minimum de 150.000 tonnes la première année d'exploitation desdites mines et 200.000 tonnes chacune des années suivantes. En outre cette convention fixait à 5 fr. 50 par tonne le tarif du transport des minerais entre la mine et le port de Bizerte.

La ligne de Mateur à Béja, première section de la ligne de Mateur à Nebeur a été mise en exploitation le 15 novembre 1912.

L'incident causé par les mines de fer de Nebeur qui n'ont pas répondu à l'attente générale, mais qui ont motivé la construction de la voie ferrée qui leur était presque exclusivement destinée remet sur le tapis la question de l'acheminement des minerais de fer de Bou-Khadra (Algérie) vers le port de Bizerte en profitant de la ligne de Nebeur à Mateur.

En outre le chemin de fer de Mateur à Nebeur aura toujours à transporter des minerais de plomb et de zinc de nombreuses mines situées dans les contrées que desservira cette ligne et dont les installations sont complètement terminées.

o°o

Au Sud de la Medjerdah un massif central, formé par l'extrémité est de l'Atlas Saharien s'étend de Tebessa au cap Bon. Ce massif montagneux, situé entre l'Algérie et la Tunisie est très fractionné; les montagnes, les plateaux et les plaines, souvent profondément ravinés, s'y pénètrent mutuellement. Cette partie élevée de la Tunisie particulièrement favorisée au point de vue des eaux naturelles, du régime des pluies, et par suite propre dans les parties moins élevées à l'élevage du bétail, contient en même temps les plus grandes richesses minérales ; — les gisements de phosphates, de minerais de fer, de zinc et de plomb s'y trouvent en abondance.

A part la ligne de Nebeur qui aboutit dans la haute vallée de Mellègue deux lignes de voies ferrées — celle de Tunis à Kalaat-es-Senam et celle de Sousse à Henchir-Souatir — pénètrent dans le massif montagneux du Centre tunisien et ont été construites exclusivement en vue du développement de l'industrie extractive.

5° *La ligne de Pont-du-Fahs à Kalaat-es-Senam.* — Des travaux importants de recherches exécutés par les soins de l'administration tunisienne, en 1899 et 1900, ayant démontré l'existence à Kalaat-es-Senam d'un riche et puissant gisement de phosphates, le Gouvernement avait décidé que la première ligne du nouveau réseau des chemins de fer à construire d'après le programme adopté en 1902 serait celle de Pont-du-Fahs à Kalaat-es-Senam, avec embranchement sur le Kef.

Les ressources budgétaires ne permettant pas de construire cette ligne sur les fonds du Trésor, le Gouvernement tunisien avait cherché une combinaison lui permettant de réaliser cette construction sans faire appel à un emprunt et sans engager, par une garantie, les budgets à venir.

La combinaison adoptée était la suivante :

Trouver un concessionnaire qui se chargeât de fournir le capital d'établissement de la ligne et d'en assurer la construction et l'exploitation.

Mettre en adjudication les phosphates de chaux de Kalaat-es-Senam appartenant à l'État et affecter aux insuffisances de recettes à prévoir au début de l'exploitation de la ligne : 1° les redevances consenties par les adjudicataires des phosphates ; 2° les bénéfices à réaliser sur la ligne de Tunis à Pont-du-Fahs du fait du trafic amené à cette ligne par la ligne projetée.

Un groupe financier se porta demandeur en concession et signa une convention à option ne stipulant ni subvention, ni garantie d'intérêt.

A la suite d'un ordre du jour voté par la Chambre soumettant au contrôle du Parlement les concessions de nouvelles lignes, la convention provisoire de chemin de fer de Pont-du-Fahs à Kalaat-es-Senam, avec embranchement sur le Kef, fut déposée à la Chambre des députés.

Pendant le délai d'option, les gisements de phosphates de Kalaat-es-Senam avaient été amodiés à une société moyennant une redevance de 1 fr. 77 par tonne avec obligation d'exporter annuellement un minimum de 100.000 tonnes.

A l'expiration du délai d'option, les concessionnaires éventuels de la ligne firent connaître qu'ils ne consentaient à lever l'option que si le Gouvernement tunisien accordait une garantie d'intérêts à une partie du capital d'établissement de la ligne.

Cette proposition n'ayant pas paru acceptable, le Gouvernement tunisien reprit sa liberté d'action et prépara une nouvelle combinaison basée sur l'emprunt direct. Ce projet reçut l'approbation du Parlement.

La ligne de Pont-du-Fahs à Kalaat-es-Senam, avec embranchement sur le Kef, fit l'objet d'une convention passée le 7 octobre 1901 entre le Gouvernement tunisien et la Compagnie Bône-Guelma. Cette convention, approuvée par un décret beylical du 5 mai 1902, a concédé à la Compagnie Bône-Guelma la construction et l'exploitation de ladite ligne et l'a incorporée dans le réseau tunisien à voie étroite concédé à ladite compagnie par la convention du 12 octobre 1902.

Par un nouveau décret du 19 novembre 1904 fut décidée la construction d'un embranchement sur les gisements de phosphates de Kalaa-Djerda.

Enfin, l'embranchement de Djerissa-Slata, d'une longueur de 30 kilomètres destiné à desservir les mines de fer des Djebels-Djerissa et Slata, avec prolongement éventuel sur l'Hameïma, a été concédé à la Compagnie Bône-Guelma par décret beylical du 4 juillet 1906.

La ligne de Pont-du-Fahs à Kalaat-es-Senam, avec ses embranchements sur le Kef et sur Kalaa-Djerda, d'une longueur totale de 233 kilomètres à été mise en exploitation en 1906 et l'embranchement de Djerissa-Slata en 1908.

Cette grande ligne de pénétration a mis en relations directes le port de Tunis avec les exploitations de phosphates de Kalaât-es-Senam et Kalaa-Djerda, ainsi qu'avec les importantes mines de fer de Djerissa et de Slata.

Pour le transport des phosphates, le Gouvernement beylical

avait signé avec les deux compagnies exploitant les gisements de Kalaat-es-Senam et de Kalaa-Djerda des conventions en s'engageant à transporter des quantités fixes par an. Mais, dans la première année d'exploitation de la ligne, cette question a causé quelque déception. Le matériel roulant de la Compagnie Bône-Guelma étant très limité, elle n'avait pas livré tout le matériel qu'il aurait fallu, — c'est pourquoi la Société des phosphates tunisiens, qui exploite les gisements de Kalaa-Djerda, a mis, en 1906, à la disposition du Gouvernement du protectorat la somme de 1 million, pour qu'il soit remédié à cette insuffisance.

Le tableau ci-après montre de quelle manière s'est fait le transport des phosphates et des minerais de fer et autres en comparaison avec la totalité du tonnage de marchandises transportées en petite vitesse.

Années.	Total des marchandises petite vitesse.	Produits de l'industrie minérale.			
		Phosphates.	Minerais de fer.	Autres minerais.	Total.
	Tonnes.	Tonnes.	Tonnes.	Tonnes.	Tonnes.
1905	29.999	»	»	2.224	2.224
1906	240.547	177.562	»	3.064	180.626
1907	418.913	314.473	»	6.102	320.575
1908	571.099	381.415	104.590	9.582	495.587
1909	678.062	335.327	218.362	11.634	565.323
1910	843.466	361.617	366.512	14.137	742.266
1911	999.559	434.309	403.349	15.271	852.929
1912	1.163.886	555.905	482.608	21.928	1.060.441

Ce sont donc presque exclusivement les produits de l'industrie minérale qui alimentent le trafic de la ligne de Pont-du-Fahs à Kalaa-Djerda, car leur ensemble représentait en 1912 91 0/0 du total des marchandises petite vitesse transportées sur cette ligne.

La ligne de Kalaa-Djerda, si importante pour l'industrie extractive du pays, aboutit à Pont-du-Fahs, station qui est déjà sur la ligne du Sahel (de Tunis à Sousse), par laquelle sont acheminées sur le port de Tunis les phosphates de Kalaat-es-

Senam et Kalaa-Djerda, ainsi que les minerais de zinc et de plomb de différentes mines, et sur l'avant-port de La Goulette les minerais de fer de Djerissa et du Slata. Pour le transport des minerais de fer directement au port de La Goulette on a construit un embranchement spécial de 10 kilomètres de longueur qui va de Bir-Kassa à La Goulette et qui est réservé exclusivement au transport des minerais de fer. Cet embranchement, pour la construction duquel la Société du Djebel-Djerissa a versé une contribution de 350.000 francs, a été mis en exploitation en 1909.

6° Sur la *ligne du Sahel* qui bénéficie des apports de la précédente le trafic s'est grandement développé depuis l'ouverture de la ligne de Kalaa-Djerda. — Cette ligne côtière dessert elle-même par des embranchements quelques mines de zinc et de plomb (Djebel-Ressas, Zaghouan).

7° *La ligne de Sousse à Henchir-Souatir.* — Dans le Sud du Centre tunisien pénètre l'une des lignes les plus récentes du nouveau réseau tunisien, — celle de Kairouan à Henchir-Souatir, établie en prolongement de la ligne Sousse-Kairouan.

Primitivement on avait l'intention de faire partir de Sousse une ligne de chemin de fer de pénétration jusqu'à la frontière algérienne, et les gisements de phosphates de Kalaa-Djerda et Kalaat-es-Senam situés au Nord de Thala, devaient servir de gage à la construction de cette ligne. Mais, au moment où un projet d'emprunt destiné principalement au développement du réseau des voies ferrées tunisiennes était soumis au Parlement, on se souvint qu'il existait à Aïn-Moulares, sur le versant opposé du massif montagneux d'une épaisseur de 35 à 40 kilomètres, des gîtes de phosphates d'une importance équivalente à ceux de Gafsa-Metlaoui et d'une teneur supérieure, ce qui leur permettait, pour ne pas concurrencer trop fortement les exploitations en cours, de subir un taux de route plus fort. Les Kalaa furent donc laissés à la capitale qui les convoitait comme gage de la ligne de Tunis au Kef, et le tracé primitivement adopté pour Sousse, qui réclamait sa ligne de pénétration et la jouissance des richesses naturelles de sa région, fut remanié afin de donner, en remplacement à cette ville, le trafic des phosphates d'Aïn-Moulares, situés dans le Sud.

Par un décret, en date du 9 janvier 1905, les gisements phosphatiers d'Aïn-Moulares et du Djebel-Mrata furent adjugés à la Compagnie des phosphates et du chemin de fer de Gafsa. Une des clauses de la convention mettait à la charge du Gouvernement tunisien la construction d'un chemin de fer, d'une longueur de 245 kilomètres, devant relier le port de Sousse à Aïn-Moulares par Henchir-Souatir. La Compagnie de Gafsa s'était engagée, de son côté, par une convention subséquente du 20 mars 1906, à construire et à exploiter à ses frais un embranchement reliant le terminus de la ligne d'Henchir-Souatir à la voie ferrée de Metlaoui à Redeyef. Cet embranchement minier a une longueur de 20 kilomètres.

Voici comment dans son rapport au Président de la République s'expliqua le résident général en Tunisie au sujet des arrangements contractés par le Gouvernement tunisien avec la Compagnie de Gafsa :

« Cette opération assure la réussite de la combinaison financière sur laquelle sont basées la construction et l'exploitation du chemin de fer de pénétration du Centre tunisien, de Sousse à Aïn-Moulares par Kairouan, Kassarine et Sbeitla. Le service de l'emprunt et l'exploitation sont, pour 50 ans, bénéficiés de la redevance et du droit d'exportation de 50 centimes par tonne que devra verser la Compagnie de Gafsa et qui assurent au Gouvernement tunisien un revenu annuel d'environ 600.000 francs. On a donc réalisé le programme qui consistait à utiliser une richesse naturelle pour mettre en valeur une région aujourd'hui à peu près désertique, mais appelée, par la construction du chemin de fer, à prendre un développement dont est garante son importance historique. En même temps le port de Sousse, actuellement d'un faible rendement, verra utiliser son outillage et développer ainsi une autre source de revenus pour la Régence ».

Le point de départ de la ligne n'est pas Kairouan même, mais, pour éviter la plaine marécageuse qui s'étend au loin à partir des portes mêmes de la Ville Sainte, on a choisi Aïn-Ghrasésia pour y greffer la nouvelle ligne sur le court tronçon Sousse-Kairouan, qui était déjà en pleine activité depuis 1897. La voie ferrée aboutit dans la région stérile et désolée des phosphates : c'est le cirque d'Henchir-Souatir, point terminus de la ligne à 294 kilomètres de Sousse.

Toute la ligne d'Aïn-Gharsésia à Henchir-Souatir, Aïn-Moulares et à la jonction de Metlaoui à Redeyef a été mise en exploitation au commencement de l'année 1910.

Cette ligne, y compris le tronçon de Sousse à Kairouan, dessert aussi quelques mines de zinc et de plomb situées dans les régions de Kairouan et de Sbeitla; elle a transporté les quantités suivantes de ces minerais et de phosphates :

Années.	Total des marchandises transportées.	Phosphates.	Minerais.
	Tonnes.	Tonnes.	Tonnes.
1908.......................	40.383	2 »	1.701,2
1909.............	47.971	5 »	2.975 »
1910...........	76.112	45.275 »	2.697,8
1911......................	163.374	98.382,2	2.991,3
1912.....................	210.576	146.340,1	7.005,1

Nous résumons dans le tableau ci-après le trafic en petite vitesse de l'ensemble du réseau à voie étroite.

Années.	Total des marchandises petite vitesse.	Produits de l'industrie minérale.			
		Phosphates.	Minerais de fer.	Autres minerais.	Total.
	Tonnes.	Tonnes.	Tonnes.	Tonnes.	Tonnes.
1905..........	180.784	246	»	18.823	19.069
1906..........	423.771	177.676	»	20.156	197.832
1907..........	605.376	314.680	»	24.502	339.182
1908..........	783.010	381.874	104.590	26 857	513.321
1909.........	889 112	336.348	218.362	34.611	589.321
1910..........	1.067.837	407.829	366.512	34 165	808.506
1911..........	1.351.250	533.828	403.349	36.293	973.470
1912..........	1.554.399	706.190	482.608	46.958	1.235.756

o°o

Nous venons de passer en revue le rôle que jouent les différentes lignes de la Compagnie Bône-Guelma dans le transport
des produits de l'industrie minérale. Pour démontrer l'importance des phosphates et des minerais dans les transports sur le
réseau entier tunisien de la Compagnie Bône-Guelma, nous présentons dans deux tableaux d'ensemble d'une part le tonnage
de phosphates et de minerais de différente nature transportés
sur ledit réseau, et d'autre part les recettes de la Compagnie
pour ces mêmes transports et à titre de comparaison nous
joignons dans ces tableaux aux phosphates et aux minerais les
quantités de céréales transportées et les produits de leur transport.

Ensemble du réseau tunisien (voie normale et voie étroite).

Années.	Total des marchandises petite vitesse	Produits de l'industrie minérale.				Céréales.
		Phosphates.	Minerais de fer.	Autres minerais.	Total.	
	Tonnes.	Tonnes.	Tonnes.	Tonnes.	Tonnes.	Tonnes.
1905....	358.367	508	»	53.014	53.522	52.793
1906....	583.906	178.178	»	45.425	223.603	92 337
1907....	808.749	315.594	»	54.880	370.474	117.859
1908....	1.000.982	383.453	104.590	54.401	542.444	61.187
1909....	1.136.068	339.249	218.362	64.267	621.878	156.217
1910....	1.328.661	411.944	366.512	63.712	842.168	105.821
1911....	1.614.556	537.877	403.349	67.049	1 008 275	230.648
1912....	1.846.213	708.286	482.608	76.177	1.267.071	113.639

De 53.500 tonnes en 1905, avec l'ouverture à l'exploitation de
la ligne de Pont-du-Fahs à Kalaat-es-Senam la quantité des
produits de l'industrie minérale transportés sur le réseau entier
tunisien de la Compagnie Bône-Guelma se quadruple en 1906
(223.600 tonnes) et arrive, en 1907, à 370.474 tonnes. En 1908
commence le transport de minerais de fer qui fait monter à
542.444 tonnes la quantité totale des produits de l'industrie

minière transportés. En 1911 le montant de ces produits dépasse un million de tonnes et il arrive, en 1912, au chiffre de 1.267.071 tonnes, qui représentent environ 69 0/0 du total des marchandises petite vitesse (phosphates, 38,3 0/0; minerais de fer, 26,1 0/0 et autres minerais, 4,1 0/0).

Les chiffres de ces tableaux montrent également l'irrégularité des transports des céréales, dont le montant pendant la période y mentionnée de huit années n'a jamais atteint 15 0/0 du total des marchandises de petite vitesse.

Dans le tableau ci-après nous mettons en rapport le total des recettes pour le transport des marchandises en petite vitesse avec le produit du transport des phosphates et des minerais et en comparaison avec ceux-ci, nous indiquons dans la dernière colonne du tableau le produit du transport des céréales.

Années.	Total des recettes petite vitesse.	Produits de l'industrie minérale.			Céréales.
		Phosphates.	Minerais.	Total.	
	Francs.	Francs.	Francs.	Francs.	Francs.
1905.....	2.029.365	1.597	269.748	271.345	500.328
1906.....	4.187.887	1.516.112	220.597	1.736.709	923.966
1907.....	6.199.243	2.694.326	276.748	2.971.074	1.209.625
1908.....	7.258 141	3.262.605	986.454	4.249.059	586.404
1909.....	8.745.002	2.878.840	1.782.530	4.661.370	1.808.300
1910.....	9.587.871	3 209.500	2 772.200	5.981.700	1.206.300
1911.....	12.541.227	4.248.723	3.026.047	7.274.770	2.528.498
1912.....	13.663 492	5.610.338	3.625.433	9 235.771	1.260.236

Les chiffres de ce tableau montrent que les recettes totales sur le transport des marchandises de petite vitesse qui n'étaient que de 2.029.365 francs en 1905, dès la première année du transport des phosphates ont doublé (4.187.887 francs en 1906), et augmentant d'année en année arrivent, en 1912, à la somme de 13.663.492 francs, c'est-à-dire en sept années elles ont augmenté de 11.634.127 francs ou presque sextuplé.

Pour l'année 1912, la recette pour le transport des produits de l'industrie extractive représente 67,5 0/0 des recettes totales des marchandises transportées en petite vitesse; les phosphates y figurent pour 41 0/0 et les minerais de toute nature pour 26,5 0/0.

Nous voyons aussi que même en 1911, année des plus forts transports des céréales, celles-ci, quoique transportées à un tarif bien plus élevé que ceux des phosphates et des minerais, n'ont produit que 20 0/0 des recettes totales des marchandises petite vitesse.

Dans cette remarquable évolution du trafic sur le réseau total tunisien de la Compagnie Bône-Guelma les lignes à voie normale jouent un rôle insignifiant : de 1.346.786 francs en 1905, leurs recettes pour le transport des marchandises petite vitesse montent seulement à 1.798.210 francs en 1912.

Tout autre se présente le trafic sur le réseau à voie étroite qui contient dans sa plus grande partie des chemins de fer miniers; en voici les résultats depuis l'année 1905 :

Années.	Nombre de tonnes transportées.	Produit total.
		Francs.
1905..........................	180.784	656.000
1906	423.771	2.937.606
1907..........................	605.376	4.641.524
1908..........................	783 010	5.785.405
1909..........................	889.112	7.054.343
1910..........................	1.067.837	7.802 465
1911..	1.351.250	10.798.214
1912..........................	1.554.399	11.865.280

L'important développement des exploitations minières, notamment de phosphates et de minerais de fer sur la ligne de Kalaat-es-Senam et les transports de la Compagnie de Gafsa sur la ligne d'Henchir-Souatir, commencées en 1910, expliquent le subit accroissement du trafic et des recettes pendant les deux dernières années. En sept ans le tonnage des marchandises transportées s'est accru de plus de huit fois et les recettes de plus de dix-huit fois.

❖

La Tunisie conserve jusqu'à concurrence de 4,60 0/0 le revenu des voies ferrées construites à ses frais et est intéressée

dans les excédents de ce chiffre. De cette manière le Trésor du
Protectorat a aussi le plus grand intérêt au développement du
trafic des chemins de fer.

La part du Trésor tunisien dans les bénéfices de l'exploitation
des voies ferrées de l'État a été la suivante :

En 1905............................   320.718 francs.
 — 1906............................   1.285.468   —
 — 1907............................   1.960.107   —
 — 1908............................   2.200.626   —
 — 1909............................   2.702.817   —
 — 1910............................   2.553.844   —
 — 1911............................   4.149.709   —
 — 1912............................   4.494.163   —

La Compagnie des phosphates et du chemin de fer de Gafsa.

Dans la notice sur la Compagnie des phosphates et du chemin
de fer de Gafsa nous avons déjà donné des renseignements sur
les chemins de fer de cette compagnie; nous les complétons
ici par quelques données supplémentaires.

Au 31 décembre 1912 les lignes de chemins de fer en exploitation de la Compagnie de Gafsa ont eu un développement de
305 kilomètres, dont 245 pour la ligne principale de Sfax à
Metlaoui, 42 pour l'embranchement minier de Metlaoui à
Redeyef et 20 pour celui de Tabeditt à Henchir-Souatir qui a
été ouvert au service le 1er juillet 1910.

Il faut de suite rappeler pourquoi la liaison du chemin de
fer à la concession minière était inévitable. A l'époque où le
Gouvernement tunisien projetait la mise en valeur des gisements phosphatiers des environs de Gafsa, il n'avait aucun
moyen de construire lui-même la voie ferrée nécessaire pour
donner un débouché aux produits des mines; trouvant l'opération trop aléatoire, il tenait à s'en décharger. C'est le succès de
Gafsa qui lui a permis, plus tard d'échafauder son réseau des
chemins de fer sur l'exploitation des phosphates et des minerais
de fer.

Ainsi, la Compagnie des phosphates et du chemin de fer de
Gafsa, reconnue par un décret beylical en date du 30 août 1896
adjudicataire des gisements de phosphates de la région de
Metlaoui, en outre du paiement des redevances sur les phosphates

exportés, prit l'obligation de construire un chemin de fer d'une longueur de près de 250 kilomètres à travers un désert au seuil du Sahara, sans garantie d'intérêts ni d'autre subvention qu'une somme de 2.700.000 francs, gagée sur les redevances de son exploitation, avec retour intégral et gratuit à l'État à la fin de la concession, de toute l'installation et du matériel primitif.

La voie destinée à transporter des marchandises lourdes a été construite très solidement, comme c'était réglé d'après le cahier des charges. Les rails sont en acier du poids de 25 kilos le mètre courant, et mesurent 10 mètres de long. Elles reposent sur des traverses métalliques de $1^m,75$ et de 35 kilos, terminées par de larges palettes qui augmentent la surface adhérente au ballast et assurent la stabilité de la voie.

La ligne est à voie unique d'un mètre; elle donne un rendement des plus élevés pour une ligne de ce genre. Elle part du niveau de la mer à Sfax pour s'élever à l'altitude de 425 mètres près de Sened; elle se redresse ensuite au delà de Gafsa à la cote 160 pour remonter à Redeyef à 576 mètres au-dessus du niveau de la mer.

Dans le même cahier des charges il était dit : « L'équipement de la ligne en matériel roulant devra être suffisant pour faire face à un trafic annuel de 300.000 tonnes de phosphate ». Actuellement ce trafic a dépassé de plus de trois fois les prévisions du cahier des charges. Plus d'un million de tonnes de phosphates ont été transportées sur cette ligne en 1911 et 1912.

Nous avons dit dans la notice susmentionnée que le chemin de fer de Sfax à Metlaoui, d'une longueur de 245 kilomètres a été ensuite complété par divers embranchements, tel que :

1° Un embranchement minier de 3 km. 500 de la mine aux terrains de séchage;

2° Un autre, de 1.500 mètres, des installations de séchage à la gare de Metlaoui;

3° Une ligne de Metlaoui à la mine de Redeyef, d'une longueur de 42 kilomètres;

4° Une ligne de 20 kilomètres qui, partant de Tabeditt, station intermédiaire de la ligne de Redeyef, aboutit à Henchir-Souatir, station qui marque le point de jonction des réseaux de la Compagnie de Gafsa et de la Compagnie Bône-Guelma et est le point terminus de la ligne qui vient de Sousse.

La Compagnie de Gafsa a construit une nouvelle ligne,
partant de Metlaoui pour atteindre les oasis de Tozeur et d'El-
Oudiane. Cette ligne d'une longueur de 54 kilomètres a été
ouverte à l'exploitation le 1er mars 1913. Un autre embranchement doit partir de Sfax pour atteindre le centre de colonisation
de Bou-Thadi.

Le réseau des chemins de fer de la Compagnie de Gafsa
a occupé fin 1912 un personnel de 1.262 agents, dont 350 Français, 250 Italiens, 50 Maltais et 600 Indigènes.

En outre des expéditions de phosphates de la Compagnie
de Gafsa et des matériaux destinés à ses mines, pour le service
public les transports de céréales et d'alfa représentent toujours
la majeure partie du tonnage de la petite vitesse.

Dans la notice sur la Compagnie de Gafsa nous avons donné
les chiffres du tonnage des phosphates transportés par le chemin
de fer de cette compagnie depuis l'année 1900; dans le tableau
ci-après nous communiquons les données sur le trafic total
des marchandises en petite vitesse et le produit de ces transports à partir de l'année 1900.

Années.	Tonnage total des marchandises petite vitesse.	Produit total en petite vitesse.
		Francs.
1900.........................	205.871	1.624.966
1901.........................	203.664	1.619.835
1902.........................	297.800	2.294.974
1903.........................	425.790	3.313.798
1904.........................	537.000	4.121.507
1905.........................	596.517	4.729.125
1906.........................	692.773	5.429.120
1907.........................	781.441	6.203.749
1908.........................	995.000	8.050.000
1909.........................	1.022.443	8.118.944
1910.........................	978.210 (1)	7.632.327 (1)
1911.........................	1.116.834 (1)	8.681.965 (1)
1912	1.255.833 (1)	9.715.843 (1)

(1) En plus il a été transporté sur les embranchements miniers en 1910, 372.745
tonnes, qui ont produit 611.890 francs; en 1911, 418.765 tonnes et 721.109 francs,
et enfin, en 1912, 550.920 tonnes et 941.696 francs.

Dans les transports en petite vitesse effectués pendant l'année 1912 il y avait 1.160.769 tonnes de phosphates et seulement 77.284 tonnes d'autres marchandises. Le chemin de fer de la Compagnie de Gafsa est donc exclusivement un chemin de fer minier.

Dans le produit total des transports en petite vitesse qui a atteint, en 1912, le chiffre de 10.657.539 francs il n'y avait pas plus de 1.144.304 francs pour les marchandises n'appartenant pas à la Compagnie de Gafsa.

CHAPITRE X

LES PRINCIPAUX PORTS DE LA TUNISIE
ET LEUR TRAFIC
EN PRODUITS DE L'INDUSTRIE MINIÈRE

La concession des ports de Tunis, Sousse et Sfax. — Le port de
Tunis : l'avant-port de La Goulette; les bassins du port de Tunis.
— Le port de Sousse. — Le port de Sfax. — Le port de Bizerte. —
Taxes obligatoires dans les ports de la Régence.

La longueur des côtes de la Tunisie de la frontière algérienne
à la frontière tripolitaine n'est pas inférieure à 1.200 kilomètres. Au Nord, du Cap Roux au Cap Blanc, de hautes falaises
en rendent l'accès difficile; plus à l'Est au voisinage de Bizerte
la côte s'abaisse — elle devient plus hospitalière, se creuse
de larges golfes et de baies bien abritées. C'est d'abord le lac
de Bizerte, puis celui de Porto-Farina et enfin le grand golfe
de Tunis.

A l'Est la côte est basse et présente deux grands golfes :
1° celui de Hammamet, au Sud duquel est situé le port de
Sousse; et 2° celui de Gabès, qui commence un peu au-dessous
du port de Sfax et au fond duquel se trouve le port de
Gabès.

Enfin, tout à fait à l'Est, au Sud du petit port Zarzis et
en avant de la frontière tripolitaine se trouve le lac de
Bibans.

Sur vingt ports ouverts au commerce international, ce ne sont jusqu'à présent que les quatre ports de Bizerte, Tunis-La Goulette, Sousse et Sfax qui par leur situation et des installations considérables qu'ils ont reçues présentent une valeur réelle, ayant été mis en mesure de satisfaire à un trafic important.

Pour l'industrie minérale de la Régence, en plus de ces quatre grands ports, celui de Tabarka présente aussi un certain intérêt.

C'est au système de la concession que l'on a eu recours, quand, après quelques travaux faits aux ports de Tunis, de Sousse et de Sfax les ressources du Trésor beylical furent épuisées. Le port de Bizerte fut le premier concédé à des particuliers en 1890, et en 1894 a été faite la concession des trois autres grands ports à la Compagnie des ports de Tunis, Sousse et Sfax.

C'était alors le seul moyen de mettre rapidement en valeur le pays ; toute avance dans l'époque de la mise en valeur devait procurer d'importants bénéfices non seulement aux concessionnaires mais aussi à l'État par les profits directs et indirects retirés du développement de l'industrie, de l'agriculture et du commerce. Le développement inespéré que la Tunisie a pris à la fin du XIXe siècle au point de vue minier a donné leur raison d'être aux diverses installations maritimes, qui ont ainsi à l'encontre de ce que l'on voit le plus souvent précédé au lieu de suivre les besoins du pays.

o°o

La concession des ports de Tunis, Sousse et Sfax [1].

La concession des trois ports de Tunis, Sousse et Sfax a été faite par une convention approuvée par décret beylical du 12 juin 1894 à la Société des ports de Tunis, Sousse et Sfax.

Cette convention peut se résumer comme suit :

1° La société prend sur elle l'achèvement du port de Tunis et la construction des ports de Sousse et Sfax ;

---

[1] La concession du port de Bizerte sera envisagée plus bas dans la notice que nous donnons sur ce port.

2° La société reçoit l'exploitation des trois ports pour une durée de quarante-sept ans.

3° Le capital-actions est fixé à trois millions de francs; l'émission d'obligations doit faire l'objet d'autorisations successives du Gouvernement.

4° La Tunisie assure à la société un revenu minimum de 405.000 francs pour le capital de premier établissement en actions et obligations; elle accorde une garantie d'intérêt de 3,615 0/0 à toutes les dépenses faites pour travaux complémentaires que le Gouvernement se réserve de prescrire jusqu'à concurrence d'une dépense de trois millions.

5° L'État tunisien se réserve la moitié des bénéfices nets sur la partie des bénéfices qui n'excèdent pas 520.000 francs; à partir de ce chiffre la convention accorde à l'État la totalité des excédents.

6° La concession est rachetable après un délai de quinze ans.

Grâce à cette combinaison, des installations complémentaires pour six millions purent être faites à Tunis et des sommes de cinq millions et deux millions et demi purent être dépensées à Sousse et à Sfax.

Mais les dix premières années d'exploitation des trois ports avaient démontré la nécessité de faire des agrandissements et améliorations dans les ports qui demandaient l'accroissement du capital destiné aux travaux complémentaires prévus à l'origine de la concession. Ce capital avait été fixé, comme nous l'avons déjà dit, à trois millions de francs; en l'additionnant au capital de premier établissement, on arrivait à un chiffre de 11.495.000 francs, représentant l'ensemble des dépenses que l'on avait estimé devoir suffire de longues années pour la création et l'outillage des trois ports.

Or, dès l'année 1905, ce capital était complètement épuisé, et de nouveaux travaux étaient impérieusement réclamés.

Le capital nécessaire à l'exécution des travaux que le développement du trafic permettait de prévoir comme indispensable dans une période de dix à quinze ans pouvait être évalué environ à sept millions, savoir : deux millions à Sfax, quatre millions à Tunis et un million à Sousse.

L'État n'étant pas en mesure d'y pourvoir sur ses propres ressources, il fallait s'adresser à la Société pour lui demander d'engager de nouveaux capitaux dans sa concession.

Par une nouvelle convention qui a pris la forme d'un avenant à la convention de concession du 1ᵉʳ avril 1894, et qui a été approuvé par décret du 16 décembre 1905, il a été prévu un deuxième capital complémentaire de sept millions de francs pour l'exécution par la Société des travaux nécessaires aux trois ports concédés.

En compensation des nouvelles charges, la Société fut admise à participer au bénéfice dépassant le chiffre de 520.000 francs dans la proportion d'un tiers. En même temps la date à partir de laquelle la concession est rachetable fut reculée au 1ᵉʳ janvier 1920.

Par les courtes notices qui suivent on verra quel développement a pris chacun des trois ports tant au point de vue de leur trafic qu'à celui des bénéfices que leur exploitation a produits à la société; à cette place nous tenons seulement à donner les chiffres qui démontrent l'accroissement des recettes brutes de la société par l'exploitation des trois ports, ainsi que du revenu tiré par le Trésor tunisien de cette exploitation.

Les résultats financiers de la concession des trois ports sont remarquables. Dès 1900 les recettes brutes de la Société des ports de Tunis, Sousse et Sfax s'élevaient à plus d'un million de francs; en 1905 elles excédaient 1.700.000 francs; en 1907 elles se sont élevées à 2.221.796 francs, pour atteindre, en 1912, le chiffre de 3.767.572 francs.

La part du Trésor tunisien dans les bénéfices de l'exploitation des trois ports concédés de Tunis, Sousse et Sfax se chiffrait comme suit :

En 1906	148.496 francs.
— 1907	301.768 —
— 1908	517.439 —
— 1909	569.059 —
— 1910	745.597 —
— 1911	817.130 —
— 1912	966.490 —

о°о

1) *Le port de Tunis.*

Le port de Tunis est situé sur la côte Nord de la Tunisie, au fond d'un golfe de même nom, ouvert vers le Nord-Est. Il est

séparé de la mer par un grand lac salé de faible profondeur et
d'environ 5.000 hectares de superficie. Un chenal a dû être
creusé dans le lac pour amener les navires dans le port de
Tunis, situé aux abords mêmes de la ville, et les ouvrages du
port comprennent trois parties :

1° Le canal de la mer à Tunis ;
2° L'avant-port de La Goulette ;
3° Les bassins du port de Tunis.

L'avant-port de La Goulette est constitué par l'ancien port et
le nouveau port ; ce dernier est situé au Nord du canal de raccordement. Au Sud de ce canal et en face du nouveau port, trois
appontements accostables pour des navires d'un tirant d'eau de
six mètres sont affectés, l'un au débarquement des pétroles, les
deux autres à l'embarquement des minerais de fer. Cette installation à l'entrée du canal maritime, en face de La Goulette a
été faite expressément et exclusivement pour l'embarquement
des minerais de fer pour ne pas restreindre l'emplacement
réservé au port de Tunis au commerce général, et pour éviter
aux phosphates et aux minerais un voisinage nuisible. Un
embranchement de chemin de fer établi à cet effet se détache
à Bir-Kassa de la ligne de Kalaa-Djerda pour se diriger vers
l'embouchure du canal maritime. Les installations pour l'accostage des navires et l'embarquement des minerais sont effectués
par la société concessionnaire des ports.

Deux sociétés minières : la Société du Djebel-Djerissa et la
Société des Djebel-Slata et Hameima exportent à l'heure actuelle
des minerais de fer par le port de La Goulette. En 1910, la
première a exporté 256.000 tonnes et la deuxième environ
75.000 tonnes ; mais la production des mines de ces deux sociétés
n'a pas encore atteint son plein effet et leurs installations
d'embarquement sont encore en voie de développement.

Voici la description des procédés de chargement des minerais
de fer par ces deux sociétés, comme elle a été donnée par
M. Herrmann, ancien directeur général de la Compagnie des
ports de Tunis, Sousse et Sfax.

Société du Djerissa. — Les terres-pleins affectés au dépôt des
minerais ont une surface de 23.000 mètres carrés. Ils sont desservis par deux voies de chemin de fer reliées par aiguilles à
leurs deux extrémités et affectées : l'une à l'arrivée des wagons
pleins, l'autre au départ des wagons vides. La première est

horizontale et élevée par un remblai à 2ᵐ,50 en contre-haut
du sol; la deuxième est réglée par pentes et contre-pentes vers
son centre de manière à assurer la formation automatique des
trains de wagons vides à partir de l'aiguille terminale.

Une trémie de chargement pouvant contenir 75 tonnes de
minerai placée sous la voie de tiroir, après cette aiguille,
permet d'envoyer le minerai soit au stock, soit aux navires.

Les wagons de transport susceptibles de recevoir des charges
de 25 tonnes, qui ont apporté le minerai de la mine, abandonnés par la locomotive sur la voie des pleins sont amenés
un à un au-dessus de la trémie à l'aide de câbles actionnés par
deux cabestans électriques de 12 HP chacun. Leur déchargement est instantané, il s'opère de part et d'autre de la voie par
l'ouverture de leurs parois latérales. Ils sont ensuite renvoyés
par les cabestans sur la voie des vides.

Le transport de la trémie au stock se fait par des bennes de
5 tonnes de capacité portées sur des plates-formes roulantes, que
l'on charge de 5 bennes chacune. Ces plates-formes, au nombre
de deux, circulent sur deux voies indépendantes, par le moyen
d'un treuil électrique de 15 HP.

Un pont roulant prend les bennes sur les plates-formes, et en
déverse le contenu sur la plate-forme du stock. Ce pont roulant
peut manutentionner 150 tonnes à l'heure; sa portée est de
58ᵐ,25 dont 8ᵐ,25 en porte à faux. Tous ses mouvements
sont électriques et nécessitent des moteurs de 30 HP pour
les déplacements du pont, 50 HP pour le levage des bennes,
18 HP pour leur déplacement horizontal.

La plate-forme du stock a 71ᵐ,50 de long, sur 40 mètres de
large, mais elle pourra être allongée jusqu'à 150 mètres de
longueur totale. Elle est soutenue par des murs en ciment armé,
et arasée à 3ᵐ,40 au-dessus du sol.

Pour l'enlèvement des minerais, on a aménagé au-dessous
d'elle des tunnels également en ciment armé distants de 6 mètres
d'axe en axe, hauts de 3ᵐ,30 et larges de 2ᵐ,50. Dans ces tunnels circulent les wagonnets de reprise. Ils roulent sur des voies
qui se réunissent par aiguilles à l'entrée et à la sortie de chaque
tunnel et décrivent une boucle fermée conduisant au quai d'embarquement. Le remplissage des wagonnets s'opère par des
couloirs ouverts dans les parois des tunnels et dont l'ouverture
est masquée par des vannes en bois; les wagonnets peuvent

porter 1.600 kilos chacun et ils sont traînés par des mulets à raison d'un mulet pour deux wagonnets.

Ces mêmes wagonnets servent pour l'embarquement direct à l'arrivée des wagons, sans passer par le stock ; ils sont alors simplement chargés sous la trémie et conduits de là au quai d'embarquement.

Une installation d'embarquement par courroies est en projet ; les courroies partiront d'une trémie spéciale où seront amenés les wagons provenant de la mine pouvant être déchargés directement sans passer par le stock, et les wagonnets provenant du stock. Cette installation permettra le chargement simultané de minerais des deux provenances. Elle sera capable de déverser dans les cales des navires 5.000 tonnes par journée de dix heures, dont 1.000 à 1.500 tonnes provenant de la voie ferrée et 3.500 à 4.000 tonnes à prendre dans le stock. La capacité totale de ce dernier pourra atteindre 55.000 tonnes.

Pour les installations existantes, comme pour celles qui sont projetées, la force motrice électrique est empruntée au réseau de distribution électrique de la ville de Tunis.

Société du Slata. — Cette société dispose, comme la précédente, d'un terre-plein de 23.000 mètres carrés, desservi par voies ferrées. Le déchargement des wagons, la mise en stock et la reprise, se font à bras. Les bennes mobiles sur plates-formes roulantes transportent le minerai du stock au quai d'embarquement et cet embarquement se fait avec les treuils du bord.

On dispose à cet effet, contre les flancs du navire une sorte d'échelle à glissière le long de laquelle le treuil élève les bennes de chargement. Cette échelle est de forme courbe et son extrémité supérieure soutient la coulotte de déversement dans la cale. Les glissières se terminent par des crochets destinés à arrêter l'ascension de la benne. Les plates-formes portant les bennes sont amenées au pied de l'échelle et la chaîne du treuil est accrochée à l'axe de suspension des bennes, qui est disposé de manière à permettre leur basculement. La benne s'élève appuyée sur l'échelle, elle porte en avant de sa face d'appui une barre en fer rond placée horizontalement, qui porte sur les glissières et qui s'engage à la fin du levage dans leurs crochets ; la traction de la chaîne du treuil suffit alors pour amener le basculement de la benne et son déchargement.

Cet appareil très simple et peu coûteux permet d'embarquer

avec des bennes contenant une tonne de minerai, 500 à 600 tonnes par journée de 10 heures.

Les bassins du port de Tunis. — Un canal, long de 8.800 mètres, large de 30 mètres, profond de 6m,50 en eau moyenne, creusé à travers le lac salé conduit au port de Tunis, lequel comprend :

1° Un bassin central de 8,5 hect. creusé à 6m,80 de profondeur ;

2° Un bassin pour les voiliers de 2,5 hect. dont la profondeur varie de 6m,80 à 4m,80 ;

3° Un bassin dit des minerais, de 14,5 hect., est aménagé pour le chargement des phosphates et des minerais et le déchargement des charbons. Ce bassin est creusé à 6m,50 de profondeur et muni d'un perré de 552 mètres de développement où les navires s'amarrent en pointe. Le bassin des minerais est pourvu de sept ducs d'albe pour l'amarrage des navires. La surface des terre-pleins du bassin des minerais est de 8 hectares.

Le bassin des minerais (ou bassin des phosphates) qui a 487 mètres de longueur sur 250 mètres de largeur, peut être allongé vers le Sud au fur et à mesure des besoins ; le programme des travaux d'agrandissement du port indique un allongement de 1.100 mètres et un élargissement de ce bassin portant sa largeur à 320 mètres. La longueur de la rive accostable sera, par ce fait, augmentée de 2.500 mètres, et la zone des fonds à 6m,50 augmentera de 35 hectares.

Les terre-pleins du bassin des minerais, en dehors de quelques emplacements loués aux négociants en minerais, comprennent des zones de dépôt de 5.000 à 10.000 mètres carrés de surface concédés aux sociétés minières. Ces zones sont orientées perpendiculairement au perré de rive ; elles sont desservies par 2.000 mètres de voies ferrées et les sociétés minières installent dans ces zones et sur la partie du bassin voisine, les appareils de leur choix, pour le transbordement et le chargement de leurs produits.

Actuellement sur cinq sociétés qui exportent leurs phosphates par le port de Tunis trois sociétés profitent des facilités qui leur sont accordées et deux seulement, la Société des phosphates tunisiens et la Compagnie du Dyr, possèdent dans le port des installations mécaniques, dont voici la description d'après M. Herrmann :

DE KEPPEN.   20

Par suite de la disposition des lieux, les navires s'amarrent en pointe perpendiculairement au quai. Les terre-pleins de dépôt qui ont 55 mètres de large sur 173 mètres de long, sont desservis par des voies placées dans le sens de la longueur, perpendiculairement au quai. Dans l'axe de ces terre-pleins se trouve un transporteur « Robins » formé de courroies de caoutchouc de $0^m,42$ de largeur qui s'étend de l'extrémité des terre-pleins à celle d'un ponton mouillé dans le bassin près duquel s'amarrent les navires en chargement.

Ce transporteur comprend trois courroies successives, la première placée au fond d'une fosse dans le terre-plein; la deuxième en rampe vers le bassin, portée par une poutre métallique qui franchit le quai public et élève le phosphate à 13 mètres au-dessus du niveau de l'eau; la troisième horizontale supportée par le ponton flottant, par l'intermédiaire d'une autre poutre métallique. Du haut de cette dernière courroie placée à $9^m,75$ au-dessus de l'eau le phosphate est jeté par des coulottes mobiles dans les cales des navires.

Dans l'une des installations, toutes les opérations de déchargement des wagons, de mise en stock ou de reprise de chargement des courroies se font à bras. Dans l'autre les ponts roulants à benne dragueuse opèrent la reprise au stock et le chargement des courroies, tandis que le déchargement des wagons et la mise en stock se font à bras. Chacune de ces deux installations permet l'embarquement de 100 à 120 tonnes de phosphate à l'heure.

∗
∗ ∗

Les installations actuelles du port de Tunis avec son avant-port de La Goulette sont conçues de manière à permettre des développements correspondant à une extension du trafic si considérable qu'il n'est pas à prévoir qu'elle soit dépassée. Malheureusement la profondeur des bassins et du canal, $6^m,50$ en eaux moyennes, $6^m,20$ en basses eaux, est insuffisante, alors que les grands ports méditerranéens de France et de l'Italie ont 8 mètres et plus. Le canal même est trop étroit pour les grands navires.

Il résulte de cette situation que des bateaux qui viennent à Tunis prendre chargement de minerais n'y peuvent être chargés qu'en partie, l'autre partie devant être expédiée de Tunis à La Goulette où se fait son chargement. Il en résulte des grandes pertes pour les expéditeurs, qui ont à supporter des frais de manipulation, de transport et de déchet très élevés.

Les phosphates notamment ont à souffrir de cet état de choses. En effet, si les exploitations du Centre tunisien, qui ont édifié sur les terre-pleins de magnifiques installations, avaient la faculté d'expédier leurs produits par des navires de fort tonnage, comme cela se pratique à Sfax, leurs relations dans le monde s'étendraient sur un champ plus vaste, pour leur plus grand profit et aussi pour celui des finances du Gouvernement.

De même les exploitants des mines de fer ont à supporter le même inconvénient à l'avant-port de La Goulette. Pour remédier dans une certaine mesure au faible tirant d'eau existant le long des appontements dans ledit port, une société a dû être constituée, qui a affecté au service de la Société du Djebel-Djerissa cinq vapeurs spéciaux pouvant avec le tirant d'eau existant transporter jusqu'à 5.500 tonnes de minerai par voyage.

Une notice sur la mine de Djebba de la Société des mines et fonderies de zinc de la Vieille-Montagne nous apprend aussi que la disposition des voies du port de Tunis aussi bien que les conditions ne permettent pas l'arrivée des minerais sur wagon jusqu'au quai et de Tunis-gare jusqu'au port, le débardage s'effectue par charrettes.

L'embarquement au port de Tunis s'opère en transportant les minerais jusqu'à sous-palan du bord à l'aide de grandes couffes portées sur charrettes à bras. Cette dernière opération, arrimage compris, coûte 1 fr. 50 par tonne, alors qu'à Bône, elle ne revient qu'à 0 fr. 80. Il est vrai que dans ce dernier port, les minerais sont tout près du front de mer.

₀°₀

D'après les *Tableaux statistiques* publiés par la Direction générale des travaux publics, le mouvement commercial dans le port de Tunis-La Goulette, pendant les huit dernières années, était le suivant :

Années.	Entrées.			Sorties.		
	Nombre de navires.	Tonnage de jauge.	Tonnes de mar- chandises.	Nombre de navires.	Tonnage de jauge.	Tonnes de mar- chandises.
1905.......	1.885	1.044.170	256.665	1.888	1.046 259	125.702
1906.......	1.776	1.015.746	257.410	1.734	1.014.714	309.468
1907.......	1.965	1.096.200	263.186	1.954	1.101.423	514.345
1908.......	2.117	1.326.647	327.823	2.080	1.318 724	584.317
1909.......	2.245	1.475.580	300.592	2.177	1.467.455	755.948
1910.......	2.246	1.462.689	299.300	2.192	1.455.388	847.301
1911.......	2.260	1.585.493	337.974	2.253	1.583.921	1.037.740
1912.......	2.267	1.700.856	355.788	2.259	1.705.744	1.246.884

Pendant cette période de huit années le nombre de navires sortis du port de Tunis s'est accru de 370 ; le tonnage de jauge de ces navires a augmenté de près de 70 0/0. Mais c'est surtout par le tonnage des marchandises exportées par le port de Tunis qu'on conçoit l'importance du mouvement commercial dans ce port; en effet, de 125.702 tonnes en 1905, celui-ci est passé à 1.246.884 tonnes en 1912, c'est-à-dire en sept ans il a augmenté de près de dix fois. C'est avant tout, en 1906, quand a commencé l'exportation de phosphates des exploitations de Kalaa-Djerda et Kalaât-es-Senan que l'exportation a augmenté de 250 0/0 contre l'année précédente ; puis, en 1908, commence l'exportation des minerais de fer laquelle en deux ans devient égale à celle des phosphates et porte en 1910, le chiffre des exportations à 847.300 tonnes.

Puis l'exportation des phosphates, elle aussi, va toujours en croissant et dans deux ans dépasse de 373.786 tonnes ou de près de 57 0/0 les exportations de l'année 1910.

Dans le tableau ci-après (p. 309), nous mettons en vue à côté du tonnage et de la valeur totale des marchandises exportées par le port de Tunis-La Goulette ceux des phosphates et des minerais de fer, de plomb, de zinc et de cuivre exportés pendant les années 1907 à 1912, en y ajoutant les données sur l'exportation du plomb-métal.

Comparativement au poids et à la valeur de l'ensemble des marchandises exportées, ceux des produits de l'industrie miné- rale embarqués dans le port de Tunis-La Goulette, représen- taient les pourcentages indiqués dans le tableau de la page 310.

	1907.	1908.	1909.	1910.	1911.	1912.
Total des marchandises exportées :						
Tonnes	514.345	584.317	755.948	847.301	1.037.740	1.246.884
Valeur, francs	46.009.362	36.500.398	53.117.079	55.604.380	66.632.261	66.633.928
Phosphates :						
Tonnes	315.697	365.207	333.074	332.277	427.772	546.522
Valeur, francs	7.892.432	9.130.167	8.326.860	8.306.917	10.694.300	13.663.042
Minerai de fer :						
Tonnes	»	74.298	219.526	332.217	362.783	491.758
Valeur, francs	»	1.114.476	3.292.890	4.152.712	4.353.396	6.392.815
Minerai de plomb :						
Tonnes	18.458	19.764	25.675	21.258	23.586	28.841
Valeur, francs	1.476.672	2.964.585	3.851.250	3.188.745	3.726.500	4.902.970
Minerai de zinc :						
Tonnes	28.347	23.964	29.203	31.785	25.668	25.018
Valeur, francs	2.834.650	3.594.645	4.380.450	4.767.720	3.080.196	3.752.700
Minerai de cuivre :						
Tonnes	842	261	335	8	»	20
Valeur, francs	872.640	180.000	289.900	225	»	4.100
Plomb-métal :						
Tonnes	»	»	»	562	5.211	2.223
Valeur, francs	»	»	»	152.860	1.728.625	890.936
Totaux des produits de l'industrie minérale :						
Tonnes	363.695	483.494	607.813	718.107	845.020	1.094.381
Valeur, francs	13.076.334	16.983.873	20.141.350	20.569.179	23.583.017	28.717.850

	1907.	1908.	1909.	1910.	1911.	1912.
Phosphates :						
Poids.............	61,33 0/0	62,4 0/0	44,6 0/0	39,2 0/0	41,2 0/0	43,8 0/0
Valeur............	17,15 —	24,75 —	15,67 —	15 »	16,05 —	20,5 —
Minerai de fer :						
Poids.............	»	12,7	29 »	30,2	34,95	39,4
Valeur............	»	3,05	6,2	7,5	6,52	9,59
Minerai de plomb :						
Poids.............	3,6 0/0	3,4	3,4	2,2	2,2	2,31
Valeur............	3,2 —	8,1	7,2	5,75	5,6	7,36
Minerai de zinc :						
Poids.............	5,5 —	4,1	3,9	3,75	2,47	2 »
Valeur............	6,16 —	9,85	8,24	8,56	4,62	5,65
Totaux des produits de l'industrie minérale :						
Poids.............	70,7 —	82 75	80,4	84,76	81,43	87,77
Valeur............	28,42 —	46,51	37,92	36,63	35,38	43,1

En 1906 pour la première fois les phosphates arrivent au port de Tunis par le chemin de fer de Kalaa-Djerda et dès la première année ils prennent la première place parmi les marchandises exportées, représentant presque la moitié de leur tonnage total. En 1908, les phosphates représentent déjà 62,4 0/0 du poids total des marchandises exportées; mais le développement de l'exportation par La Goulette, depuis 1908, des minerais de fer, ainsi que la crise phosphatière des années 1909 et 1910 abaissent, en 1910, jusqu'à 39,2 0/0 du poids, le pourcentage de l'exportation de phosphates qui, en fait du tonnage, égalisent avec le minerai de fer.

En 1912 quant au poids des marchandises exportées les phosphates représentaient 43,8 0/0, les minerais de fer 39,4 0/0, et les produits des mines de zinc et de plomb pris ensemble 4,31 0/0.

Pour l'ensemble des produits de l'industrie minérale pendant les six dernières années, nous voyons que déjà en 1907 leur poids représentait 70,7 0/0 du total des marchandises exportées par le port de Tunis-La-Goulette; nous les trouvons en 1912 à 87,77 0/0.

Il résulte des données que nous venons de produire que l'exportation des produits de l'industrie minérale pendant la dernière période sexennalle, a triplé en tonnage (363.695 tonnes en 1907 et 1.094.381 tonnes en 1912) et en valeur a passé de 13.076.334 francs à 28.717.850 francs, c'est-à-dire qu'elle a augmenté de près de 120 0/0.

⚬°⚬

2° Le port de Sousse.

Le port de Sousse entièrement artificiel a une superficie totale de 28 hectares, dont 17 sont dragués à 6^m,50 de profondeur. Ce bassin est abrité par deux épis, l'épi Nord de 256 mètres de longueur, et l'épi Sud de 370 mètres de longueur. Entre ces deux ouvrages se trouve la passe du port.

Sur l'épi Sud, relié à la terre par une digue, un terre-plein de 14.061 mètres carrés est plus spécialement affecté au dépôt et à l'embarquement des phosphates et des minerais. La Com-

pagnie des phosphates de Gafsa y a édifié des hangars de
4.300 mètres carrés de superficie destinés à abriter un stock de
phosphate sec et que des voies ferrées relient à la gare de
Sousse. Les navires en chargement amarrés le long d'un perré
s'appuient sur des massifs d'accostage formés de groupes de
pieux en chêne; ils se déplacent parallèlement à eux-mêmes.
Une installation mécanique est prévue pour l'embarquement
annuel de 300.000 tonnes de phosphates, et pour parer aux
inégalités du trafic, quatre postes d'amarrage avec canons et
coffres pour les navires qui attendent leur tour de chargement
ont été aménagés à proximité de l'épi Sud.

D'après les *Tableaux statistiques* publiés par la Direction
générale des travaux publics, le mouvement commercial dans
le port de Sousse était le suivant :

Années.	Entrées.			Sorties.		
	Nombre de navires.	Tonnage de jauge.	Tonnes de marchandises.	Nombre de navires.	Tonnage de jauge.	Tonnes de marchandises.
1905.......	714	340.661	43.259	711	340.668	15.845
1906.......	904	377.361	64.887	895	374.677	50.773
1907.......	900	388.716	52.369	885	389.031	59.969
1908.......	1.129	421.454	71.077	1.123	418.646	45.644
1909.......	915	387.811	59.080	918	387.433	67.641
1910.......	908	364.284	63.425	907	363.573	67.326
1911.......	900	439.812	52.074	894	441.195	212.288
1912.......	1.016	487.472	77.070	1.021	486.616	219.888

La ligne du chemin de fer qui vient d'Aïn-Moulares et aboutit
au port de Sousse y apporte, en plus des phosphates de la
Compagnie de Gafsa, aussi les produits de quelques mines de
zinc et de plomb situées dans la région de Sbeitla et de Kairouan.

Dans le tableau ci-après on trouve pour les cinq dernières
années les détails sur l'exportation par le port de Sousse des
phosphates et des minerais :

	1908.	1909.	1910.	1911.	1912.
Total des marchandises exportées :					
Tonnes......	45.644	67.641	67.326	212.288	219.888
Valeur, francs.	11.427.478	10.352.999	10.649.821	20.551.318	20.922.486
Phosphates :					
Tonnes......	»	»	27.825	95.347	162.964
Valeur, francs.	»	»	695.635	2.383.685	4.074.090
Minerais :					
Tonnes......	1.503	2.139	1.427	2.697	4.626
Valeur, francs.	225.420	320.835	214.050	425.963	786.454
Totaux des produits de l'industrie extractive :					
Tonnes......	1.503	2.139	29.252	98.044	167.590
Valeur, francs.	225.420	320.835	909.685	2.809.648	4.860.544

Les produits de l'industrie minérale expédiés par le port de Sousse ont donc présenté en 1912, 76,2 0/0 du poids total et 23,2 0/0 de la valeur totale des marchandises exportées par ce port.

3° *Le port de Sfax.*

Dans la notice concernant la Compagnie des phosphates et du chemin de fer de Gafsa (page 228), nous avons communiqué quelques données sur le port de Sfax, notamment sur l'expédition de phosphates par ce port.

Nous donnons ici des renseignements sur le port de Sfax, tirés des publications officielles.

Le port de Sfax comprend :

1) Les chenaux d'accès au port;
2) Le bassin d'opérations;
3) Le chenal pour les petits bateaux.

Ce n'est que le bassin d'opérations qui a pour nous un intérêt spécial.

Le bassin d'opérations a une surface d'environ 10 hectares; il est creusé à 6^m,50 de profondeur.

Deux quais perpendiculaires entre eux sont construits sur les côtés Nord-Est et Nord-Ouest du bassin; leur développement total est de 813 mètres.

Le quai Nord-Est d'une longueur totale de 445 mètres est sur 345 mètres de long réservé aux embarquements des phosphates de la Compagnie de Gafsa, et pour le surplus — au commerce des alfas et du charbon.

Dans la partie Sud-Est du bassin se trouvent dix ducs d'albe et cinq coffres destinés à l'amarrage des vapeurs qui attendent leur tour d'embarquement de phosphates.

Les terre-pleins ont une superficie d'environ 20 hectares. La zone publique des terre-pleins a une largeur de 75 mètres le long des deux quais; elle renferme entre autres 2.037 mètres de voies ferrées d'un mètre de largeur et 8.500 mètres carrés de chaussées empierrées ou pavées.

Les terre-pleins voisins du quai dont dispose la Compagnie de Gafsa, d'une largeur de 100 mètres, ont été aménagés par celle-ci à ses besoins pour l'embarquement des phosphates.

Les phosphates sont envoyés des exploitations minières de la Compagnie au port d'embarquement à l'état de poudre, ou tout au moins, de fragments de petits volumes. Ils arrivent des mines de Metlaoui et Redeyef par la voie ferrée, et comme ils doivent être conservés à l'abri de l'humidité, ils sont entreposés dans des hangars. La Compagnie de Gafsa a établi à 18 mètres de l'arête du quai, des hangars de 24.500 mètres carrés de superficie (365 mètres de longueur, 68 mètres de largeur et 7 mètres de hauteur) pouvant renfermer environ 100.000 tonnes de phosphates. Ces hangars sont à charpentes métalliques formées de fermes de 12 mètres de portée, placés perpendiculairement au quai.

Des voies ferrées desservent ces magasins où pénètrent les wagons, et dans lesquels viennent prendre les phosphates des appareils de chargement qui les déversent dans les cales des navires.

Voici la description de ces appareils de chargement donnée par M. Herrman n, ancien Directeur général de la Compagnie des ports de Tunis, Sousse et Sfax, dans son *Rapport sur les procédés de chargement des phosphates et minerais de fer dans les ports tunisiens*, présenté au XII° congrès international de navigation à Philadelphie (1912) :

Les trains de phosphates sont refoulés sur le quai par trois voies parallèles, placées : l'une, entre le quai et le hangar, les autres, sous le hangar lui-même. Le long de la première voie et entre les deux autres voies se trouvent des fosses dans lesquelles sont placés des transporteurs à courroies sans fin.

Le chargement des courroies s'opère à l'aide de trémies de 4,5 à 5 tonnes de capacité, à section trapézoïdale, fermées à leur base par des tiroirs.

Cette installation permet le déchargement simultané de 120 wagons de 18 tonnes.

Les courroies du type « Robins » sont en caoutchouc renforcé par des toiles ; elles ont 610 millimètres de largeur et peuvent porter 40 kilogs par mètre linéaire. Elles sont susceptibles de transporter 1.000.000 de tonnes avant d'être mises hors d'usage.

Ces courroies sont au nombre de neuf, dont six longitudinales, et trois transversales. Ces dernières réunissent entre elles deux à deux, les courroies longitudinales se faisant face, et les mouvements sont dirigés de manière à amener le phosphate dans chaque groupe de trois courroies de l'intérieur du hangar vers le quai. A chaque groupe correspond un chargeur mobile sur rails le long de ce quai.

Ces chargeurs dont la position se règle suivant le nombre des navires et la disposition de leur cale, assurent le chargement simultané de deux navires.

Le chargement des wagons et la mise en stock sous les hangars, la reprise au stock pour charger les trémies, le transbordement des wagons en trémies s'opèrent à bras.

L'électricité est employée pour tous les autres mouvements ; les moteurs des courroies dont la force varie de 21 à 45 HP, les actionnent par l'intermédiaire d'engrenages réducteurs de vitesse à l'aide de tambours d'adhérence. Les courroies sont portées par des galets fous groupés par 3 et distants de 1m,25 de groupe à groupe ; leur vitesse varie de 2 mètres à 3m,25 par seconde. Le déversement d'une courroie sur l'autre se fait simplement par des trémies placées au-dessous des tambours d'extrémité.

Les chargeurs sont portés par trois rails, dont l'un en
bordure du quai, les deux autres servant en même temps au
déplacement des trémies de la première voie. Ils soutiennent,
par l'intermédiaire d'une poutre métallique en porte-à-faux sur
le bassin, une courroie qui élève le phosphate à 8^m,50 au-dessus
du niveau des quais et le déverse dans les cales par une coulotte
mobile. Au-dessus de la voie des trémies, ils portent une poutre
transversale inclinée à 0^m,44 par mètre, munie de tambours
sur lesquels s'enroule la courroie longitudinale, en cas d'inter-
ruption du chargement du navire.

Les déplacements latéraux des chargeurs se font à bras.
Chacun d'eux porte un moteur de 21 HP pour l'entraîne-
ment des courroies.

La force motrice nécessaire à l'ensemble de l'installation
est donnée par quatre moteurs à gaz pauvre de 150 HP
chacun, utilisant les gaz produits par l'anthracite en noisette;
chacun d'eux actionne un alternateur triphasé tournant à
500 tours par minute.

Des disjoncteurs à minima commandent chaque moteur et
ils sont connectés entre eux de manière à immobiliser en cas
d'arrêt ou d'accident à une courroie, tout le groupe dont elle
fait partie et supprimer toute chance d'engorgement.

L'éclairage électrique de toute l'installation est assuré par
39 lampes à arc fonctionnant sous 120 volts par transformateur.

Chaque chargeur pouvant déverser 250 tonnes à l'heure
dans les cales des navires, la Compagnie de Gafsa est outillée
de manière à assurer l'embarquement de 750 tonnes de phosphates à l'heure.

$_o{}^o{}_o$

Dans le tableau ci-après sont groupés pour les huit dernières
années les chiffres du mouvement commercial dans le port de
Sfax, — chiffres tirés des *Tableaux statistiques*, publication
annuelle de la Direction générale des travaux publics.

Années.	Entrées.			Sorties.		
	Nombre de navires.	Tonnage de jauge.	Tonnes de mar- chandises.	Nombre de navires.	Tonnage de jauge.	Tonnes de mar- chandises.
1905.......	3.437	650.437	72.078	3.406	652.891	576.176
1906.......	3.523	700.528	78.292	3.499	698.425	647.464
1907.......	3.138	743.954	93.215	3.094	739.619	805.998
1908.......	2.406	866.796	130.833	2.378	866.675	956.991
1909.......	2.293	837.555	110.038	2.272	833.850	948.365
1910.......	2.205	859.746	87.666	2.208	864.871	987.126
1911.......	2.173	823.820	98.077	2.255	821.753	1.102.122
1912.......	2.509	971 590	125.382	2.496	968.925	1.272.676

L'exportation des phosphates qui a commencé en 1899 a tout à fait changé l'aspect du commerce d'exportation du port de Sfax. Pour démontrer le rôle que jouent dans ce commerce les phosphates, nous mettons dans un tableau en parallèle le tonnage total de marchandises exportées par le port de Sfax, avec le tonnage des phosphates expédiés par ce port pendant les six dernières années.

	1907.	1908.	1909.	1910.	1911.	1912.
Total des marchandises exportées :						
Tonnes	805.998	956.991	948.365	987.126	1 102.122	1.272.676
Valeur, francs......	27.723.354	31.530.788	31.731.258	36.087 324	37.985.552	47.078.448
Phosphates :						
Tonnes	749.646	902.237	900.418	933.094	1.010.277	1.200.712
Valeur, francs......	18.741.142	22.555.925	22.510.445	23.327.347	25.406.935	30.017.807

Il est facile de déduire des chiffres de ce tableau, la conclusion que l'exportation des phosphates fait vivre le port de Sfax ; en effet, ils représentaient en 1912, 94,5 0/0 du tonnage total et 63,8 0/0 de la valeur totale des marchandises exportées par ce port.

Les recettes brutes que la Société concessionnaire des ports

tire de cette situation sont très importantes. De 250.000 francs
en 1898, année qui précédait celle de la mise en exploitation des
gisements de la Compagnie de Gafsa, elles sont passées, en 1912,
à 1.146.901 francs, c'est-à-dire qu'elles ont plus que quadruplé
en treize ans.

o°o

4° *Le port de Bizerte.*

Un des plus beaux ports du monde, Bizerte, se trouve dans un
point où la volonté de la nature a creusé un lac offrant une
énorme surface assez profonde pour recevoir les plus grands
bâtiments.

Le port de Bizerte comprend :

1° L'avant-port;

2° Le canal;

3° Le port de commerce.

L'avant-port a une surface d'eau de 86 hectares, il est pro-
tégé par deux grandes jetées et par une digue.

L'avant-port est relié par un canal ayant 1.200 mètres de
longueur, 200 mètres de largeur au plafond et 250 mètres entre
les berges, avec le grand lac d'eau salée au fond duquel se
trouve le grand arsenal militaire de Sidi-Abdallah.

L'avant-port et le canal ont une profondeur d'eau de 10 mètres
au-dessous des plus basses eaux.

Actuellement les rives de ce canal sont affectées aux opérations commerciales des navires; des quais et des appontements
établis le long de ses rives permettent aux navires d'accoster et
d'effectuer leurs opérations avec rapidité et économie; de vastes
terre-pleins, des magasins et hangars, des grues à vapeur, des
matures flottantes de 25 à 50 tonnes et des voies ferrées qui se
raccordent directement à celle du réseau des chemins de fer
de la Compagnie de Bône-Guelma complètent l'outillage du
port.

Le port de commerce, en cours d'exécution, occupe une
partie de la baie Sebra, bassin naturel de plus de 56 hectares
situé à l'extrémité du canal. Ce port est creusé à la cote de
huit mètres et il aura un développement de 2.500 mètres de
quais. Les travaux d'aménagement du port de commerce sont

exécutés en prévision des minerais de fer qu'amèneront au port de Bizerte les lignes ferrées des Nefzas et de Nebeur en voie de construction.

Jusqu'à ce dernier temps, le port de Bizerte n'a exporté que des minerais de plomb et de zinc; mais au 1er juillet 1913 a été ouverte à l'exploitation, la ligne de Mateur aux Nefzas et de suite a commencé l'expédition du minerai de fer par le port de Bizerte.

Le chemin de fer des Nefzas qui dessert le groupe de concessions de Kroumirie et des Nefzas et la mine de Chouchet-et-Douaria, permet d'acheminer sur le port de Bizerte la production de ces mines, qui pourront fournir au minimum 300.000 tonnes de minerai de fer par an.

En 1909, quand était émise l'idée de diriger les minerais de fer des riches gisements de Bou-Kadra (en Algérie), non pas sur le port de Bône, mais sur le port de Bizerte, il était question de transformer ces minerais à Bizerte même en y construisant une grande usine sidérurgique. La longue discussion sur la construction du chemin de fer sur l'Ouenza et Bou-Kadra ayant arrêté toute initiative, il n'a pas été donné suite à ladite idée qui devrait provoquer un bouleversement industriel fort avantageux pour la Régence.

Les *Tableaux statistiques* publiés par la Direction générale des travaux publics donnent les chiffres ci-après du mouvement commercial dans le port de Bizerte :

	Entrées.			Sorties.		
Années.	Nombre de navires.	Tonnage de jauge.	Tonnes de marchandises.	Nombre de navires.	Tonnage de jauge.	Tonnes de marchandises.
1905.......	1.273	326.479	81.062	1.268	324.896	5.023
1906.......	930	307.408	58.067	924	306.580	5.262
1907.......	611	283.092	57.863	607	284.797	12.100
1908.......	631	302.083	46.547	627	301.723	15.856
1909	700	309.240	62.424	688	309.099	16.988
1910.......	609	318.970	54.312	604	318.792	17.176
1911.......	681	536.140	109.538	680	534.607	36.374
1912.......	809	589.011	127.746	809	589.011	24.378

Les *Documents statistiques sur le commerce de la Tunisie* nous apprennent que les exportations de minerais de plomb et de zinc par le port de Bizerte, pendant la dernière période sexennale étaient les suivantes :

	1907.	1908.	1909.	1910.	1911.	1912.
Total des marchandises exportées :						
Tonnes............	12.100	15.856	16.988	17.176	36.374	24.378
Valeur, francs......	1.543.854	2.003.661	2.290.388	1.689.035	3.995.012	2.812.062
Minerai de plomb :						
Tonnes............	3.363	6.055	6.305	2.551	2.647	5.457
Valeur, francs	269.040	908.250	945.550	337.650	418.226	927.690
Minerai de zinc :						
Tonnes............	1.285	3.693	1.840	1.850	3.265	2.285
Valeur, francs.... .	128.500	553.950	276.000	277.500	391.800	342.750
Totaux des minerais :						
Tonnes............	4.648	9.748	8.145	4.401	5.912	7.742
Valeur, francs......	397.540	1.462.200	1.221.550	615.150	810.026	1.269.440

Ainsi, en 1912, les minerais représentaient 31,75 0/0 du poids total et 45,2 0/0 de la valeur totale des marchandises exportées par le port de Bizerte.

∘°∘

Dans notre étude intitulée *Les combustibles minéraux, les minerais et les phosphates en Algérie*, nous avons dit :

« Ce sont principalement les produits de l'industrie minérale qui ont provoqué le développement du mouvement maritime dans les différents ports de l'Algérie, et ce sont les navires de la flotte marchande qui d'une année à l'autre consomment des quantités toujours plus grandes de combustibles minéraux.

» On peut donc dire qu'entre les produits minéraux *exportés :* minerais de différente nature, phosphates, marbres, etc., et les combustibles minéraux *importés* en Algérie, il existe une corrélation intime ».

Cette supposition pour un pays privé de la grande industrie métallurgique ainsi que de gisements de houille, se trouve aussi parfaitement confirmée en Tunisie, au moins en ce qui concerne le port de Bizerte, où on voit à côté des navires de la flotte marchande un grand nombre de bâtiments des escadres françaises et étrangères pour les besoins desquels il faudra entretenir un stock considérable de charbon.

La Tunisie ne possédant pas un grand port d'escale et entrepôt de charbon comme l'est Alger, on avait rêvé ce rôle pour Bizerte, qui, placé mi-chemin entre Alger et Malte, semblait tout indiqué pour entrer en concurrence avec ces deux escales classiques des navires qui charbonnent.

Pour éclairer cette question qui ne manque pas d'intérêt aussi pour l'industrie minière de la Tunisie, nous ne pouvons mieux faire que de reproduire ici ce qu'a dit M. Pédébidou, sénateur, dans son rapport sur le budget général de l'exercice 1909 du ministère des Affaires étrangères (Protectorats) :

« Tous les sacrifices faits jusqu'à ce jour seraient vains si nos escadres et celles des nations alliées ne trouvent à Bizerte un stock de 150.000 tonnes de charbon, comme il existe à Toulon.

» Il est profitable de laisser à l'industrie privée le soin de constituer cet approvisionnement de charbon, comme cela se fait à Malte et à Gibraltar et dans tous les ports de la Manche entre Dunkerque et Brest. Les dépôts de charbon à Bizerte pourraient avoir des débouchés ci-après :

Ravitaillement des navires de guerre français et étrangers...	30.000 tonnes.
Fourniture au chemin de fer	20.000 —
Fourniture au commerce local, mines, usines frigorifiques, usines électriques, manutention militaire, minoterie, etc ..	30.000 —
Ravitaillement des navires de charbon de soute...........	120.000 —

» Il y a une vingtaine d'années, l'importance du mouvement du charbon dans les ports de la Méditerranée, en laissant de côté Port-Saïd, qui est plutôt un entrepôt des mines, était le suivant : Malte, 450.000 tonnes; Gibraltar, 400.000 tonnes, et Alger, 160.000 tonnes.

» Aujourd'hui Alger a supplanté Gibraltar et le trafic de charbon dans ces ports s'est modifié comme suit : Malte, 500.000 tonnes ; Alger , 400.000 tonnes , et Gibraltar, 250.000 tonnes.

» Si les armateurs anglais ont abandonné Gibraltar pour

Alger, c'est parce que ce dernier port commercial offre de grands avantages.

» Ainsi que l'indiquent les chiffres ci-dessus, le trafic de Malte n'a pas été ébranlé jusqu'à ce jour, mais il serait facile d'opposer Bizerte à Malte pour les mêmes raisons qui ont fait qu'Alger a supplanté Gibraltar.

» En effet les navires qui se ravitaillent à Malte trouvent ce port trop à l'Est de leur route, tandis qu'ils passent forcément en vue de Bizerte qui se trouve à 250 milles à l'Ouest de Malte.

» Si donc de grands dépôts de charbon existaient à Bizerte, nul doute qu'un certain nombre des 10.000 navires qui passent chaque année en vue de Bizerte, délaisseraient Malte pour Bizerte en raison des avantages que présente ce dernier port.

» Il faudra de grands efforts pour détourner les courants commerciaux établis de longue date à Malte et qui ne se déplacent pas facilement. Mais il est probable que les armateurs anglais rompront avec leurs habitudes, s'il se trouve à Bizerte du charbon à un prix égal ou inférieur à celui de Malte.

» Pour obtenir ce résultat, il suffit de mettre les navires portant du charbon à Malte en infériorité au point de vue du fret de retour; or, la plupart d'entre eux vont chercher ce fret de retour jusque dans la mer Noire, ce qui grève leur voyage, d'un long trajet aller et retour dont une moitié sur lest et des frais d'entrée d'un deuxième port.

» Or ce fret de retour sera assuré prochainement aux navires qui apporteront du charbon à Bizerte lorsque les deux lignes ferrées en construction seront achevées et le port de Bizerte recevra les minerais de fer des Nefzas et de Nebeur. L'évaluation du trafic est assez délicate, car il est difficile de prévoir quel sera le rendement de ces mines. C'est pourquoi il faut s'en tenir aux engagements pris par ces mines vis-à-vis de l'État tunisien, qui, avant de procéder à leur construction, a voulu s'assurer à l'avance d'un minimum de trafic.

» La Compagnie des mines de fer des Nefzas et de Kroumirie s'est engagée à fournir au chemin de fer allant de ces mines à Bizerte un tonnage de 100.000 tonnes, la première année d'exploitation, et 150.000 tonnes chacune des années suivantes.

» La Compagnie des mines de Nebeur s'est engagée à fournir au chemin de fer allant de ces mines à Bizerte un tonnage minimum de 150.000 tonnes, la première année d'exploitation, et 200.000 tonnes chacune des années suivantes.

» Quant aux minerais de l'Ouenza, il est indiscutable que l'intérêt de la défense nationale intimement lié à la prospérité commerciale de la cité et la topographie sont d'accord pour désigner Bizerte comme le port d'embarquement naturel de ces minerais ».

o°o

A ces données nous croyons utile de joindre un renseignement sur le tonnage de charbon importé à Bizerte pendant les six dernières années, que nous extrayons des *Documents statistiques sur le commerce de la Tunisie* :

En 1907...............................	8.081 tonnes.
— 1908...............................	6.848 —
— 1909...........................	7.773 —
— 1910...............................	9.571 —
— 1911...............................	39.417 —
— 1912......................	54.286 —

o°o

La *Société générale des houilles et agglomérés* exploite dans le port de Bizerte un dépôt de charbon et une fabrique de briquettes depuis le mois de mai 1911.

La Compagnie du port de Bizerte a bien voulu nous communiquer les renseignements ci-après sur cette entreprise :

L'usine et le dépôt de charbons sont installés dans la baie de Sebra sur un terre-plein de deux hectares environ de superficie situé en bordure de l'eau; un quai en bloc artificiel de 200 mètres de long permet l'accostage des navires n'ayant pas plus de 7^m,50 de tirant d'eau.

Quatre grues à vapeur pouvant se déplacer le long du quai et pesant chacune 65 tonnes permettent de prendre en cale et de déposer sur parc 100 tonnes à l'heure; le déchargement et le ravitaillement des navires se font donc dans les meilleures conditions de rapidité et d'économie.

La Société générale des houilles et agglomérés a importé en 1912, 64.879 tonnes de charbons sur lesquelles 21.840 tonnes

ont été livrées aux 136 navires venus se ravitailler dans le port
de Bizerte.

L'usine fait actuellement de 80 à 100 tonnes de briquettes
par jour, mais l'installation d'une seconde presse permettra de
doubler la production; les briquettes fabriquées sont d'excellente qualité et sont vendues à la Compagnie des chemins de
fer Bône-Guelma, à la marine nationale et aux mines situées
dans la région de Bizerte.

Taxes obligatoires dans les ports de la Régence.

Comme nous l'avons déjà dit plus haut, les trois ports de
Tunis, Sousse et Sfax ont été concédés à une même compagnie
par la convention du 1er avril 1894, approuvée par décret beylical du 12 avril de la même année.

Trois annexes jointes au cahier des charges de la concession
déterminaient les taxes maxima à percevoir par le concessionnaire dans chacun des trois ports. Ces maxima étaient identi-
ques pour Sousse et Sfax. A Tunis la situation particulière du
port à l'extrémité d'un canal de 10 kilomètres de longueur avait
fait craindre que les navires ne se détournassent de cette escale.
Aussi, pour les attirer, avait-on adopté des maxima en général
inférieurs à ceux des deux autres ports de la concession.

C'est ainsi que depuis 1894 jusqu'à la fin de 1905 les taxes
d'embarquement et de débarquement des marchandises atteignaient à Sousse et à Sfax jusqu'à huit fois le taux adopté à
Tunis et se trouvaient en moyenne trois fois plus élevées.

L'expérience a démontré que les craintes ressenties autrefois
au sujet du port de Tunis n'étaient pas fondées et qu'il n'y avait
aucune raison de lui appliquer des tarifs différents de ceux des
deux autres ports. Il importait donc de mettre fin à une inéga-
lité de traitement dont se plaignait vivement le commerce du
Centre et du Sud tunisien.

A la suite d'un vœu émis par la Conférence consultative à la
session de mai 1905, sur la proposition de l'administration, des
pourparlers furent engagés avec la compagnie des ports en vue
de l'unification des taxes dans les trois ports. Ces pourparlers

ont abouti à une entente qui a pris la forme d'un avenant à la convention de concession du 1er avril 1894. Cet avenant en date du 25 novembre 1905, a été approuvé par décret du 16 décembre suivant.

Aux termes de cet avenant les annexes jointes au cahier des charges de la concession fixant les tarifs maxima à percevoir dans les trois ports ont été annulées et remplacées par une annexe unique jointe à l'avenant.

La taxe sur l'embarquement ou le débarquement des marchandises qui était de 0 fr. 75 à Tunis et 2 francs ou 4 francs, suivant les catégories, à Sousse et à Sfax, a été fixée uniformément à 1 franc par tonne pour les marchandises générales et à 0 fr. 50 pour les phosphates et minerais de fer.

Quant au port de Bizerte où la société concessionnaire était maîtresse absolue de ses tarifs et à qui revenaient toutes les recettes, une convention fut signée le 1er juillet 1906 entre le Gouvernement tunisien et la Compagnie du port de Bizerte, par laquelle la Compagnie admettait le Gouvernement tunisien à partager avec elle, par moitié, les bénéfices du port ; en outre la tarification du port était abaissée et rendue identique à celle des ports de Tunis, Sousse et Sfax, au grand avantage du commerce local.

A partir de l'année 1894, les recettes brutes des quatre ports de Bizerte, Tunis, Sousse et Sfax ont subi les variations suivantes :

A Bizerte, de moins de 10.000 francs en 1894 elles montent en 1902 et 1903 à plus de 425.000 francs pour retomber en 1907 à 220.000 francs. En 1912, les recettes brutes du port de Bizerte étaient de 294.469 francs (349.599 francs en 1911).

A Tunis, à l'origine de la concession de la compagnie des trois ports, en 1894, les recettes brutes sont de 200.000 francs. En 1896 sont mis en service les nouveaux quais de la compagnie et les recettes qui étaient alors de 400.000 francs montent à 800.000 francs en 1905. En 1906 commence l'exportation de phosphates de Kalaa-Djerda et Kalaât-es-Senam qui donne un grand élan aux recettes du port, lesquelles, en 1908, arrivent à 1.500.000 francs, et, en 1912, représentent le chiffre de 2.227.678 francs.

A Sousse où un nouveau port fut inauguré en 1900 les recettes brutes atteignent leur maximum en 1903 (près de 240.000 francs), pour retomber ensuite avec l'unification des taxes à moins de 200.000 francs; elles sont de 392.993 francs en 1912.

A Sfax jusqu'à l'inauguration du nouveau port, en 1897, les recettes ne représentent pas plus de 30.000 francs par an; mais deux années plus tard elles sont à 250.000 francs. La mise en exploitation des phosphates de Gafsa, en 1900, fait monter les recettes à plus de 700.000 francs, en 1905; en 1906 l'unification des taxes avec le port de Tunis fait tomber les recettes de 50.000 francs; le développement des exportations de phosphates les fait remonter, en 1908, à plus de 900.000 francs; la crise des phosphates influence leur diminution pendant les années 1909 et 1910; en 1912, elles sont à 1.146.901 francs.

o °o

Dans les tarifs communs aux ports de Bizerte, Tunis, Sousse et Sfax, approuvés par décret du 16 décembre 1906, nous trouvons des taxes spéciales pour les minerais et les phosphates.

Suivant la taxe n° 4 « droit d'embarquement et de débarquement sur les marchandises » — pour tout navire opérant dans les ports — par tonne de marchandises embarquées ou débarquées, 1 franc.

Cette taxe est réduite à 0 fr. 50 pour les marchandises ci-après désignées :

Fumiers, grignons, *minerais de fer, phosphates de chaux, sel marin.*

La taxe n° 19 contient un *Tarif spécial des phosphates de chaux pour engrais et les minerais de fer*, dont voici le texte :

« Pour un ensemble d'expéditions provenant d'un même centre d'extraction et s'élevant dans un même port à un tonnage minimum de 100.000 tonnes par an (l'année étant comptée du 1er janvier au 31 décembre) ou payant pour ce poids, si l'expéditeur y trouve avantage :

a) **Droit de séjour sur les terre-pleins :**

Par tonne de marchandise expédiée :

Pour les 100.000 premières tonnes de l'année	0 fr.	15
— — 50.000 tonnes suivantes	0 —	10
— le tonnage au delà de 150.000 tonnes	0 —	05

b) **Usage des engins de levage :**

Par tonne de marchandise expédiée :

Pour les 100.000 premières tonnes de l'année.................	0 fr. 05
— — 50.000 tonnes suivantes...........................	0 — 025
— le tonnage au delà de 150.000 tonnes...................	0 — 01

c) **Usage des voies ferrées :**

Par tonne de marchandise expédiée.........................	0 fr. 05

Conditions particulières à la taxe n° 19.

Pour bénéficier du présent tarif, les expéditeurs devront verser d'avance à la caisse de la compagnie du port au 1er janvier de chaque année, le montant des taxes ci-dessus *a*, *b* et *c* correspondant au minimum d'expédition de 100.000 tonnes.

Cette somme restera acquise à la compagnie du port dans tous les cas, même si les expéditions n'atteignent pas le tonnage minimum.

Moyennant ce versement, les expéditeurs pourront se faire attribuer dans le port et dans la limite où seront disponibles les terre-pleins spécialement affectés aux phosphates et minerais de fer, des emplacements pour la mise en dépôt de leurs marchandises; ils pourront être autorisés à établir sur ces emplacements, des hangars, des engins de levage et des voies ferrées et à exploiter directement et exclusivement pour leur compte particulier, à leurs frais, risques et périls, cet outillage ainsi que les voies ferrées établies par la compagnie du port, sous réserve de l'approbation du Directeur général des travaux publics.

Lorsqu'une demande sera formulée dans le courant d'une année, l'expéditeur devra payer d'avance le montant des taxes correspondant au prorata du tonnage minimum à exporter pour le nombre de jours restant à courir sur l'année à partir de la date où il déclarera commencer ses expéditions.

Cette somme restera acquise à la compagnie du port dans tous les cas, comme ci-dessus.

CHAPITRE XI

LE ROLE DES PRODUITS DE L'INDUSTRIE EXTRACTIVE
DANS LE COMMERCE DE LA TUNISIE
ET LEURS PRINCIPAUX CONSOMMATEURS

1° Le rôle des produits de l'industrie extractive
dans le commerce de la Tunisie.

Dans l'évolution économique de la Tunisie, le fait le plus important du dernier quart de siècle est le subit développement des exploitations minières et la mise en valeur des richesses du sous-sol ignorées il y a vingt-cinq ans seulement.

L'étude de l'exportation tunisienne met en relief, mieux que toute autre considération, la part que tiennent les produits de l'industrie extractive dans le commerce de la Régence.

Guidé par les renseignements fournis dans les *Rapports au Président de la République sur la situation de la Tunisie*, nous allons suivre l'évolution du commerce tunisien pendant les années 1905 à 1912 et le rôle qu'ont joué, dans cette évolution, les produits de l'industrie minérale pendant la même période et spécialement en 1912.

En 1905, la situation commerciale de la Régence n'apparaissait pas comme très favorable. Une production agricole insuffisante avait eu pour effet de produire, dans les exportations, un fléchissement de plus de 18 millions de francs, comparativement à 1904 (58 millions de francs contre 76 millions). Mais déjà la valeur des minerais et phosphates exportés en 1905 représentait la somme de 18.264.100 francs, c'est-à-dire 31,36 0/0 de la valeur globale de toutes les marchandises exportées.

Le développement industriel du pays — celui des mines plus particulièrement — a fourni, en 1906, un précieux appoint aux transactions et a permis de balancer le commerce d'exportation au chiffre de 80.595.000 francs.

C'est là un résultat qu'il importe d'autant plus de dégager qu'il était le signe d'une évolution économique singulièrement importante : désormais allait être déplacée, au profit d'une exportation plus régulière — celle des produits miniers — la prépondérance jusqu'alors dévolue aux denrées agricoles. L'essor de la colonisation ne serait donc plus étroitement lié, désormais, à la seule productivité agricole, essentiellement variable avec les conditions climatologiques.

En 1906 donc l'exportation des phosphates qui, en 1905, ne comptait que pour 12.700.000 francs, atteignit 18.785.000 francs. Ce résultat était partiellement dû à la mise en exploitation des nouveaux gisements de Kalaât-es-Senam et de Kalaa-Djerda, et, pour le surplus, au travail, plus intensif sur les exploitations existantes et surtout sur celle de la Compagnie de Gafsa.

Ce développement de l'exportation des produits minéraux eut une répercussion très importante sur le fret. Jusqu'alors les navires qui apportaient le matériel destiné à l'outillage du pays trouvaient difficilement un fret de retour. L'entrée en scène des minerais fournit ce qui manquait et entraîna, pour le plus grand profit de l'industrie, l'abaissement du fret des matières lourdes : bois et charbons plus spécialement.

Une répercussion avantageuse se fit également sentir sur les industries du transport : dès ce moment, le trafic des chemins de fer révèle une progression sensiblement proportionnelle : de 1.068.983 tonnes avec 9.508.773 francs de recettes en 1905, le trafic des chemins de fer a passé à 2.085.300 tonnes avec une recette de 16.300.000 francs en 1907, et à 2.405.578 tonnes avec 21.493.675 francs de recettes en 1910.

En 1907 le commerce de la Tunisie atteint la première

centaine de millions de francs tant à l'importation, avec
102.860.290 francs, qu'à l'exportation avec 103.361.061 francs
(contre 89.349.456 et 80.595.121 francs en 1906).

Sur la plus-value de 22.766.000 francs des exportations, des
phosphates sont représentés pour une somme de 7.850.000
francs.

En 1908, les exportations fléchissent de plus de 9 millions de
francs (94.155.005 francs contre 103.361.061 francs). Cette baisse
aurait été encore bien plus forte sans l'appoint apporté par les
produits de l'industrie extractive. Il convient de signaler que
l'évaluation en douane du prix des minerais a été, en 1908,
l'objet de rectifications qui ont eu pour effet d'élever assez sensiblement les valeurs de cette année, qui figurent aux statistiques
avec une majoration de 3.000.000 de francs sur 1907.

L'exportation des phosphates a atteint, en 1908, le chiffre de
31.686.592 francs contre 26.633.575 francs en 1907; c'est donc
une plus-value de 5.053.017 francs contre l'année précédente.

Il faut aussi remarquer qu'en 1908, pour la première fois, les
minerais de fer figurent avec un tonnage appréciable — 74.299
tonnes contre 351 tonnes en 1907 — pour une valeur de
1.114.489 francs.

En progression constante depuis 1905, le commerce extérieur
de la Tunisie s'est élevé, en 1909, à 223.612.803 francs, importations et exportations réunies. Dans ce chiffre, les exportations figurent pour 109.166.035 francs, — total supérieur de
15.011.030 francs au chiffre correspondant de 1908.

La plus-value qu'a présentée, en 1909, l'exportation, est due
pour partie, à certains produits agricoles; mais les minerais y ont
aussi contribué.

Les exportations de minerais se chiffraient ainsi qu'il suit
pour les années 1908 et 1909 :

En 1909, 14.271.161 francs, contre, en 1908, 9.689.144 francs,
soit une augmentation de 4.582.017 francs. L'exportation des
minerais de fer, qui était de 74.299 tonnes en 1908, atteint
le chiffre de 220.326 tonnes en 1909, évaluées à 3.304.898 francs,
contre 1.114.489 francs en 1908; c'est donc, pour ce seul facteur,
une plus-value de 2.190.402 francs.

La crise phosphatière a fait fléchir l'exportation des phosphates
tunisiens de 819.285 francs, relativement à l'année précédente.

Le commerce extérieur de la Tunisie s'est élevé, en 1910 (importations et exportations réunies) à 225.898.382 francs, total supérieur de 2.285.579 francs à celui de l'année 1909.

Cette augmentation est exclusivement due aux exportations qui se sont chiffrées par 120.401.084 francs et l'ont, par conséquent, emporté de 11.235.049 francs sur celles de l'année précédente. Dans cette augmentation des exportations les produits du sous-sol prennent une part de 1.092.600 francs, et dans ce chiffre ce sont les phosphates qui ont progressé de 1.462.600 francs, tandis que l'exportation des minerais a subi un recul de 369.960 francs, notamment des minerais de plomb dont l'exportation a fléchi de plus de 1.300.000 francs, tandis que l'exportation des minerais de fer a augmenté de 848.000 francs, et celle des minerais de zinc de 380.000 francs.

La balance du commerce de la Tunisie en 1911 s'établit ainsi qu'il suit :

Importations	Francs.	121.683.425
Exportations	—	143.660.814

Les exportations ont augmenté par rapport à 1910 de 23.259.730 francs, soit de 19,31 0/0 ; cette augmentation des sorties est essentiellement due à l'exportation des farineux alimentaires, et notamment des céréales, qui a quadruplé (48.218.067 francs en 1911, contre 12.776.547 francs en 1910), à celle des phosphates qui s'est accrue de 19 0/0 (38.484.920 francs en 1911, contre 32.329.902 francs en 1910) et à celle des métaux et minerais en augmentation de 13 0/0 (16.202.678 francs en 1911 contre 14.237.689 francs en 1910).

Nous nous arrêterons plus spécialement sur les résultats de l'exercice 1912, en nous basant sur des documents officiels publiés par les différentes administrations du Gouvernement tunisien.

Le mouvement du commerce général de la Tunisie est évalué pour 1912 (importations et exportations réunies) à une somme totale de 310.949.188 francs.

A l'importation les valeurs ont atteint le chiffre de 156.293.000 francs, supérieur de 34.610.574 francs à celui de l'année précédente.

A l'exportation le montant des valeurs a été de 154.655.189

francs, en augmentation de 10.994.375 francs sur le chiffre de
1911. Tandis que les céréales en grains ont donné une moins-
value de 31.346.320 francs par rapport à l'année précédente, tous
les produits de l'industrie extractive pris ensemble ont donné
une plus-value de 14.635.367 francs. Dans ce dernier chiffre
les phosphates figurent pour 9.270.020 francs, le minerai
de fer pour 2.039.462 francs, le minerai de plomb pour
2.191.489 francs et le minerai de zinc pour 1.134.396 francs.

Quelle est donc la part prise dans l'ensemble des exportations
par les produits de l'industrie minérale? C'est ce qu'indique
le tableau ci-après :

Exportation des produits de l'industrie minérale.

	Poids.	Valeur en douane.
	Tonnes.	Francs.
Minerai de fer............................	491.758	6.392.858
— cuivre........................	20	4.100
— plomb........................	46.452	7.896.806
— zinc.........................	35.079	5.261.880
Total minerais....................	573.299	19.555.664
Plomb métal............................	2.223	890.936
Phosphates de chaux....................	1.910.198	47.754.940
Total des produits de l'industrie minérale.	2.485.720	68.202.320

Il résulte des chiffres de ce tableau que dans la valeur totale
des marchandises exportées de Tunisie en 1912, les produits
de l'industrie minérale représentaient 44,1 0/0, dont 12,65 0/0
reviennent aux minerais et 30,88 0/0 aux phosphates de
chaux.

Ces données visent l'ensemble des exportations tunisiennes
par mer et par terre.

Pour les quatre grands ports de la Tunisie : Tunis-La Goulette, Bizerte, Sousse et Sfax, le rôle des produits de l'industrie
minérale se présente de la manière suivante pour l'année
1912 :

	Bizerte.	Tunis-La-Goulette.	Sousse.	Sfax.
Total des marchandises exportées :				
Poids, tonnes......	24 378	1.246.884	219.888	1.272.676
Valeur francs......	2.812.062	60.106.132	20.922.486	47.078.448
Dont :				
Minerai de fer :				
Poids, tonnes......	»	491.758	»	»
Valeur, francs.....	»	6.392.815	»	»
Minerai de cuivre :				
Poids, tonnes......	»	20	»	»
Valeur, francs.....	»	4.100	»	»
Minerai de plomb :				
Poids, tonnes......	5.437	28.841	4.626	»
Valeur, francs.....	927.690	4.902.970	786.454	»
Minerai de zinc :				
Poids, tonnes......	2.285	25.018	»	»
Valeur, francs.....	342.750	3.752.700	»	»
Plomb métal :				
Poids, tonnes......	»	2.223	»	»
Valeur, francs.....	»	890.936	»	»
Phosphates de chaux :				
Poids, tonnes......	»	546.513	162.964	1.200.712
Valeur, francs.....	»	13.663.042	4.074.090	30.017.807
Total des produits de l'industrie minérale :				
Poids, tonnes......	7.742	1.094.382	168.590	1.200.712
Valeur, francs.....	1.270.440	29.606.563	4.860.544	30.017.807

Les données du tableau que nous venons de produire montrent que, comparativement au poids et à la valeur des marchandises exportées, ceux des produits de l'industrie minérale représentaient :

Pour Bizerte .... 31,7 0/0 du poids et 45,2 0/0 de la valeur ;
— Tunis-La Goulette...... 87,7 — — 49,25 — ;
— Sousse .... 76,7 — — 23,35 — .
— Sfax .... 94,3 — — 63,75 — .

Quant à l'influence qu'ont exercée, en 1912, les minerais et les phosphates sur le trafic des chemins de fer et sur leurs recettes, voici de quelle façon elle s'est manifestée en ce qui concerne le réseau tunisien de la Compagnie Bône-Guelma :

	Tonnes trans-portées.	Recettes.
		Francs.
Total des marchandises petite vitesse.........	1.846.213	13.663.492
Dont :		
Phosphates de chaux.....................	708.286	3.625.433
Minerais............................	558.785	5.610.338
ENSEMBLE......................	1.267.071	9.235.771

Ainsi, les minerais et les phosphates transportés sur le réseau tunisien de la Compagnie Bône-Guelma ont représenté, quant au tonnage 69 0/0 de l'ensemble des marchandises transportées en petite vitesse, et ont produit 67,5 0/0 des recettes petite vitesse.

Si à ces chiffres on ajoute les résultats des chemins de fer de la Compagnie de Gafsa (total des transports en petite vitesse 1.806.752 tonnes, dont 1.307.111 tonnes de phosphates) on arrive pour le réseau complet des chemins de fer de la Tunisie aux résultats suivants : comparativement au tonnage total des marchandises transportées en petite vitesse, les minerais représentaient en 1912, 18 0/0 et les phosphates 60,5 0/0, ensemble 78,5 0/0.

₀°₀

Nous joignons à ces renseignements un tableau d'ensemble des exportations des produits de l'industrie minérale de la Tunisie.

Tableau d'ensemble des exportations des produits de l'industrie minérale.

	1905.	1906.	1907.	1908.	1909.	1910.	1911.	1912.
Total des marchandises exportées :								
Tonnes (1)	698.353	1.002.089	1.421.271	1.678.352	1.805.478	2.034.951	2.508.278	?
Valeur, francs	58.276.577	80.505.121	103.361.060	94.155.005	109.166.035	120.401.084	143.660.814	154.655.189
Phosphates :								
Tonnes	524.164	751.421	1.065.343	1.267.464	1.233.492	1.293.196	1.539.397	1.910.198
Valeur, francs	12.700.965	18.785.520	26.633.575	31.686.592	30.837.307	32.329.902	38.484.001	47.754.940
Minerai de fer :								
Tonnes	»	»	351	74.298	229.326	332.217	362.783	491.758
Valeur, francs	»	»	5.285	1.114.489	3.304.891	4.152.726	4.353.396	6.392.858
Minerai de plomb :								
Tonnes	20.740	21.602	23.158	28.110	37.350	28.627	36.110	46.452
Valeur, francs	1.659.208	1.728.192	1.852.640	4.216.530	5.602.425	4.293.990	5.705.317	7.896.806
Minerai de zinc :								
Tonnes	33.049	27.059	32.487	27.708	33.826	36.359	34.396	35.079
Valeur, francs	3.304.900	2.705.900	3.248.700	4.156.125	5.073.945	5.453.820	4.127.484	5.261.880
Minerai de cuivre (Mattes et speiss) :								
Tonnes	625,7	1.041,2	937,3	433,5	334,5	0,8	»	20
Valeur, francs	598.996	1.082.790	898.440	202.000	289.900	225	»	4.100
Plomb métal :								
Tonnes	»	»	»	»	»	501	5.211	2.223
Valeur, francs	»	»	»	»	»	152.860	1.728.625	890.936
Total des produits de l'industrie minérale :								
Tonnes	578.579	801.123	1.122.276	1.398.013	1.534.328	1.690.901	1.977.897	2.485.730
Valeur, francs	18.258.073	24.302.402	32.612.840	41.353.736	45.108.468	46.383.523	54.303.822	68.201.520

(1) Tonnage des marchandises sorties par les 21 ports ouverts au commerce.

$\circ^\circ_\circ$

2° *Les principaux pays consommateurs*
des produits miniers de la Tunisie.

Des deux principales branches de l'industrie minérale :
l'industrie extractive et l'industrie métallurgique, la Tunisie ne
possède jusqu'à présent pour ainsi dire que la première, et la
Régence exporte les produits de ses mines et carrières à l'état
brut. Ce n'est que tout dernièrement qu'ont été créées en Tunisie
une fonderie de plomb, une usine de blanc à zinc et produits
barytiques et une fabrique de produits chimiques pour la transformation des phosphates du pays en superphosphates.

Pour faciliter l'expédition des minerais et phosphates, dont
les gisements sont en général éloignés de la côte, il a fallu
construire de nouvelles voies ferrées, aménager les ports
d'exportations et les doter d'engins spéciaux pour l'embarquement.

Tunis-La Goulette, Sfax, Sousse et Bizerte sont les principaux ports d'expédition de minerais et de phosphates [1]. Les
ports de Tunis, de Sousse et de Sfax, possèdent des quais
spéciaux pour les phosphates et les compagnies phosphatières
y ont construit de grands hangars métalliques et des installations complètes pour le chargement mécanique des bateaux.

Au port de La Goulette, créé spécialement pour l'exportation
des minerais de fer, deux sociétés minières ont installé l'outillage mécanique pour l'embarquement.

Le tonnage des vapeurs venant à La Goulette prendre chargement de minerais de fer étant limité par le faible tirant d'eau
le long des appontements, la Société du Djebel-Djerissa a passé,
en 1910, un contrat de fret de durée avec une société d'armement *Tunisan Steam Navigation Cy Ltd*, créée expressément
pour le transport des minerais tunisiens. Cette société a fait
construire cinq vapeurs de formes spécialement adaptées à ce
service, et qui peuvent, avec le tirant d'eau existant, transporter
jusqu'à 5.500 tonnes de minerais par voyage.

---

[1] Par le port de Tabarka est exportée une partie des minerais de plomb et de zinc ;
enfin quelques mines de zinc et plomb situées à la frontière algérienne dirigent leurs
produits sur le port algérien de Bône pour y être chargés à l'exportation.

Il a donc été fait en Tunisie, tant de la part du Gouvernement que de la part des 'grandes sociétés minières, tout le possible pour faciliter l'exportation des produits de l'industrie extractive.

o°o

La *France* est naturellement le principal client de la Tunisie. Le tableau ci-après donne la valeur totale des exportations de la Régence dans la métropole, et, en regard, celle des produits de l'industrie extractive :

Années.	Valeur totale des produits exportés en France.	Valeur des produits de l'industrie extractive.	
		Minerais.	Phosphates.
	Francs.	Francs.	Francs.
1903........................	41.819.312	836.056	3.253.980
1904........................	41.769.519	1.159.266	5.306.513
1905........................	24.632.888	1.223.564	5.348.225
1906........................	41.200.202	1.139.729	7.220.595
1907........................	51.239.690	1.126.906	9.552.670
1908........................	42.143.189	2.117.050	11.087.515
1909........................	50.279.918	2.523.385	11.198.883
1910........................	59.378.908	2.028.870	12.515.163
1911........................	73.575.371	2.119.394	14.777.455
1912........................	67.773.408	2.160.264	18.023.875

Les produits agricoles tiennent la place principale dans cette exportation, et c'est à leur prédominance qu'il faut attribuer les fluctuations importantes observées, — résultat des variations du climat. Par contre, l'exportation des produits du sous-sol ne cesse de s'accroître.

Sur une valeur totale de 67.773.400 francs en 1912, exportée en France, 20.184.000 francs, soit près de 30 0/0, — revenaient aux produits de l'industrie minière.

L'expédition des phosphates surtout progresse avec une rapidité extraordinaire. L'accroissement n'est pas moindre de cinq fois et demie en neuf ans. Les phosphates occupent actuellement la première place dans la longue liste des produits exportés de Tunisie en France.

Quant aux minerais de différente nature, ce sont ceux de plomb et de zinc qui entrent en France. Les minerais de fer tunisiens n'apparaissent pas du tout en France.

Dans le tableau ci-après sont indiquées les valeurs des différents minerais expédiés en France pendant les années 1905 à 1912.

	1905.	1906.	1907.	1908.	1909.	1910.	1911.	1912.
	Francs.	Francs.	Francs.	Francs.	Francs.	Francs.	Francs.	Francs.
Minerais :								
de cuivre..	»	5.120	»	»	4.900	»	»	»
de plomb..	584.064	713.336	661.720	697.875	1.442.460	747.735	913.130	765.459
de zinc....	639.500	421.160	455.860	1.418.970	1.076.025	1.281.135	1.206.264	1.394.805
ENSEMBLE.	1.223.564	1.209.616	1.117.570	2.116.845	2.523.385	2.028.870	2.119.394	2.160.264

Dans l'ensemble, l'importation en France des minerais tunisiens a donc presque doublé pendant sept années.

Parmi les pays étrangers importateurs des produits de l'industrie extractive de la Tunisie, l'Italie prend la première place; puis viennent la Belgique, la Grande-Bretagne et l'Allemagne, qui reçoivent aussi bien des minerais que des phosphates, et enfin d'autres pays : l'Espagne, le Portugal, la Grèce, la Roumanie, l'Autriche, la Russie, la Suède, la Norvège, le Danemark, la Hollande et le Japon, qui achètent des phosphates. Nous nous arrêterons ici seulement aux quatre principaux consommateurs des produits miniers tunisiens.

L'*Italie* reçoit de la Tunisie principalement des phosphates, des minerais de plomb et, accidentellement, des minerais de zinc et de fer. L'exportation des minerais de cuivre a cessé depuis l'année 1910.

Dans le tableau ci·après sont reproduits, pour les années 1905 à 1912, les chiffres respectifs de la valeur totale des produits tunisiens exportés en Italie ainsi que ceux des minerais et des phosphates.

	1905.	1906.	1907.	1908.	1909.	1910.	1911.	1912.
	Francs	Francs.	Francs.	Francs.	Francs.	Francs.	Francs.	Francs.
Valeur totale.	9.886.396	14.853.105	17.345.782	18.283.675	18.743.888	21.981.345	17.305.814	25.256.008
Dont minerais :								
de cuivre....	593.009	1.077.670	872.640	180.000	285.000	»	»	»
— plomb....	68.800	308.016	387.208	1.076.580	497.250	170.760	550.472	2.144.329
— zinc......	»	49.150	»	»	»	870	12	30
— de fer....	»	»	»	127.950	»	»	»	»
TOTAL minerais.	661.800	1.434.836	1.259.848	1.384.530	782.250	171.630	550.484	2.144.359
Phosphates...	2.619.810	5.349.625	8.349.045	9.892.852	9.502.250	8.761.730	9.038.955	10.155.653

Les phosphates représentaient donc, en 1912, 40 0/0 de la valeur de l'ensemble des produits tunisiens expédiés en Italie. En sept ans, la valeur des phosphates tunisiens dirigés sur l'Italie a augmenté de 360 0/0. La crise phosphatière, et surtout celle des superphosphates en Italie, a produit, en 1910, un fléchissement du chiffre de phosphates exportés dans ce pays, mais durant ces deux dernières années, l'exportation des phosphates était de nouveau en augmentation sensible.

o°o

La *Belgique* est celui des pays étrangers qui demande à la Tunisie (de même qu'à l'Algérie), les plus grandes quantités de minerais de zinc et de plomb. La valeur de ceux-ci pris ensemble représente près de 65 0/0 de la valeur globale des produits tunisiens expédiés en Belgique. Dans le courant des années 1908 à 1912 les minerais tunisiens de plomb ont rivalisé avec ceux de zinc dans l'exportation pour la Belgique, comme on peut s'en rendre compte d'après les chiffres du tableau suivant :

	1905.	1906.	1907.	1908.	1909.	1910.	1911.	1912.
	Francs.	Francs.	Francs	Francs.	Francs.	Francs.	Francs.	Francs.
Valeur totale ..	2.686.757	2.191.254	3.692.182	5.175.382	6.142.912	7.140.946	7.244.365	9.057.351
Dont minerais :								
de cuivre	»	»	»	»	»	»	»	4.000
— plomb......	450.800	450.112	581.280	1.977.525	1.847.775	2.315.550	2.806.838	3.164.499
— zinc........	1.305.240	855.760	1.592.600	1.851.375	2.398.110	2.533.830	1.675.920	2.679.600
— fer........	»	»	10.506	»	»	»	»	»
Total minerais...	1.756.040	1.305.872	2.184.386	3.828.900	4.245.885	4.849.380	4.482.758	5.848.099
Phosphates.....	486.850	569.475	991.200	1.063.200	628.150	1.275.753	1.734.752	2.739.305

Les phosphates prennent, en Belgique, la première place parmi les produits importés de la Tunisie; dans sept ans leur valeur a passé de 486.850 francs à 2.739.305 francs.

Il est à remarquer que les minerais de fer de la Tunisie ne trouvent pas encore de débouché en Belgique.

∘°∘

Pour la Grande-Bretagne, voici la valeur des produits de l'industrie extractive tunisienne qui y ont été expédiés :

	1905.	1906.	1907.	1908.	1909.	1910.	1911.	1912.
	Francs.	Francs.	Francs.	Francs.	Francs.	Francs.	Francs.	Francs.
Valeur totale.	6.713.260	9.294.152	15.265.958	10.383.543	16.769.869	10.779.243	20.369.882	13.751.719
Dont minerais :								
de fer	»	»	»	680.361	1.759.050	2.483.492	2.853.660	3.506.555
— plomb....	95.208	42.881	53.440	15.045	24.450	9.750	»	94.027
— zinc......	954.200	894.400	631.600	609.735	853.500	706.200	112.200	186.015
Total minerais..	1.049.408	937.280	685.040	1.305.141	2.637.000	3.199.442	2.965.860	3.786.597
Phosphates...	2.375.910	2.991.300	4.436.150	4.822.500	5.032.925	4.370.710	4.702.745	5.552.420

Parmi les produits tunisiens expédiés en Angleterre les phosphates prennent la première place (5.552.420 francs en 1912). Quant aux minerais, à côté de ceux de zinc et de plomb, apparaissent les minerais de fer pour une somme de 680.000 francs, en 1908, et leur valeur en augmentant d'année en année est arrivée en 1912 au chiffre de 3.506.555 francs. On remarquera dans le tableau ci-dessus la diminution des exportations de minerai de zinc vers la Grande-Bretagne.

L'ensemble de minerais et de phosphates dirigés de la Tunisie sur l'Angleterre représentait, en 1912, 40 0/0 de la valeur totale des produits tunisiens exportés en Grande-Bretagne.

Dans les expéditions sur l'*Allemagne* les phosphates jouent, comme ailleurs, le rôle prépondérant. Les minerais de fer arrivent en Allemagne principalement par le port maritime hollandais de Rotterdam et, par ce fait, figurent dans les statistiques tunisiennes comme étant exportés en Hollande. Ainsi, d'après les statistiques hollandaises, il est arrivé au port de Rotterdam des minerais de fer de la Tunisie : 101.284 tonnes en 1909, et 138.598 tonnes en 1910, destinés aux hauts fourneaux de l'Allemagne.

En attribuant donc à l'Allemagne les expéditions de minerais de fer faites sur la Hollande, les relations de la Tunisie avec l'Allemagne se présentent de la manière suivante :

	1905.	1906.	1907.	1908.	1909.	1910.	1911.	1912.
	Francs.	Francs.	Francs.	Francs.	Francs.	Francs.	Francs.	Francs.
Valeur totale....	1.485.628	1.638.665	2.423.691	2.670.014	4.160.524	2.626.163	4.732.325	6.700.097
Dont minerais :								
de plomb......	113.200	88.776	62.064	43.530	425.250	78.315	282.820	94.690
— zinc.......	23.500	103.000	283.100	268.500	328.815	523.200	477.600	60.000
— fer........	»	»	»	306.165	1.533.840	1.669.225	1.499.736	2.839.460
Total minerais..	136.700	191.776	345.164	618.195	2.287.905	2.270.740	2.260.156	2.994.150
Phosphates.....	918.525	1.161.800	1.511.375	1.883.650	1.593.800	1.545.362	2.274.218	3.330.985

Tandis qu'avec l'entrée en scène, en 1908, des minerais de fer, l'exportation totale des minerais tunisiens en Allemagne fait un bond énorme et de 136.700 francs, en 1905, arrive à 2.994.150 francs en 1912; l'exportation des phosphates de la Tunisie en Allemagne a passé de 918.525 francs en 1905 à 3.330.925 francs en 1912; mais ici aussi une partie de phosphates attribués à la Hollande devrait être portée aux exportations en Allemagne [1].

---

[1] D'après les statistiques hollandaises de 130.748 tonnes de phosphates arrivés, en 1910, à Rotterdam de différentes provenances (Algérie, Tunisie, États-Unis, Océanie), 103.116 tonnes ont été transbordées pour remonter le Rhin et entrer en Allemagne; une partie de phosphates venus de Tunisie a subi ce sort.

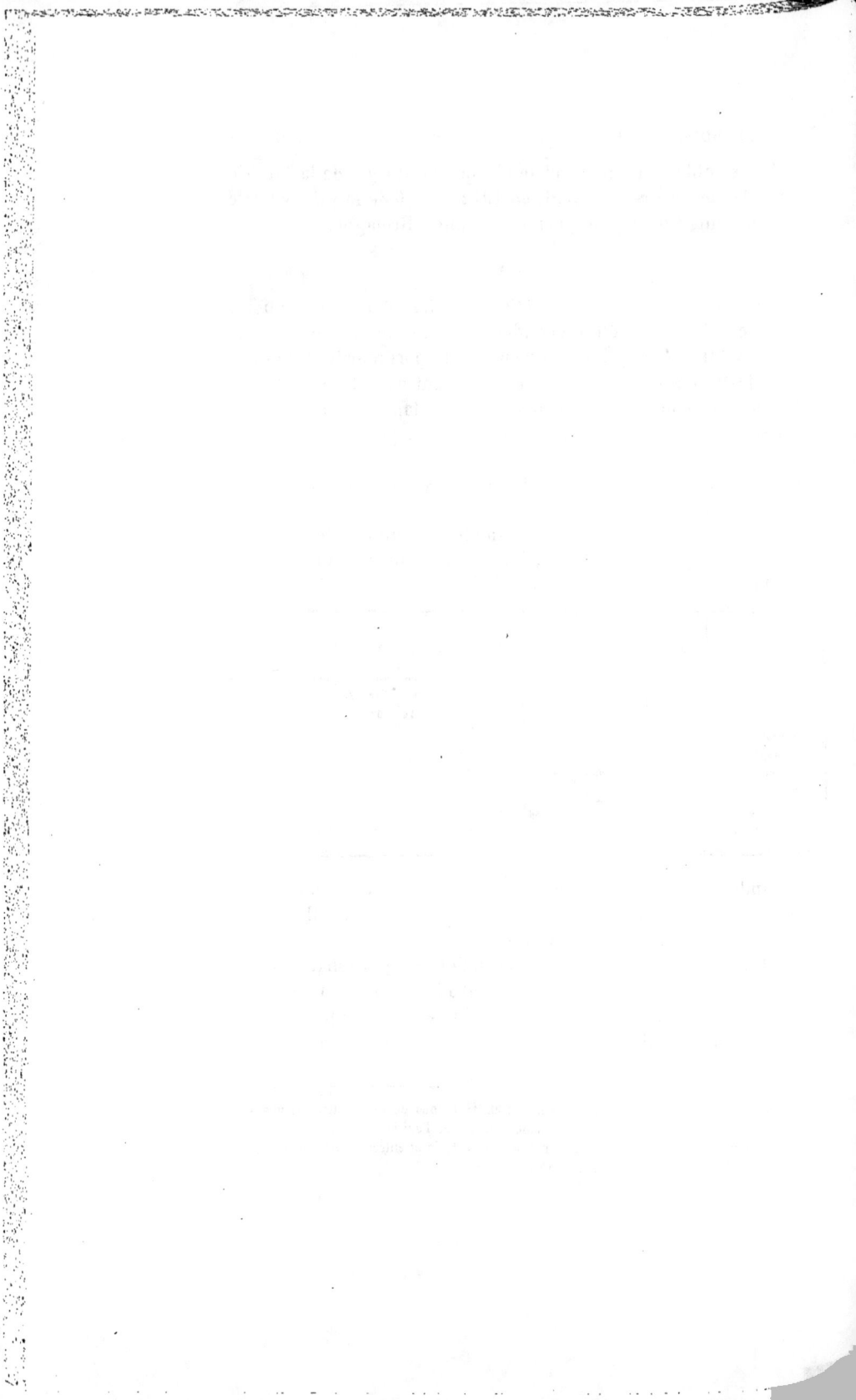

SEPTIÈME PARTIE

CHAPITRE XII

LÉGISLATION DES MINES ET CARRIÈRES

A. Législation des mines. — Décret du 29 décembre 1913. —
B. Législation des carrières.

A. — Législation des mines.

La législation minière de la Tunisie, conformément au droit musulman consacre la domanialité des mines.

Le régime légal des mines a été défini par un décret beylical du 10 mai 1893, dont les applications étaient précisées par un règlement institué par un arrêté du Directeur général des Travaux publics du 21 mai 1906.

Les dispositions de cette législation ont été en vigueur jusqu'à la fin de l'année 1913.

A partir du 1er janvier 1914 fonctionne en Tunisie une nouvelle législation des mines contenue dans un décret beylical du 29 décembre 1913, dont nous croyons, vu son importance, devoir donner le texte complet :

DÉCRET du 29 DÉCEMBRE 1913

(1er sfar 1332).

Louange à Dieu!

NOUS, MOHAMMED EN NACER PACHA-BEY, POSSESSEUR DU ROYAUME DE TUNIS.

Vu les décrets des 3 septembre 1882 et 31 août 1908 instituant une direction générale des Travaux publics et réglementant ses attributions;

Vu le décret du 10 mai 1883 réglementant les travaux de recherches des mines;

Vu le règlement du 21 mai 1906, approuvé par décret du 26 mai suivant, pour l'exécution du décret sus-visé du 10 mai 1893;

Vu l'arrêté du 2 mars 1907 portant règlement des frais d'enquête et de visite de mines et des frais d'analyses;

Vu le décret sur les mines du 8 novembre 1913 et notamment l'article 103;

Sur le rapport de notre Directeur général des Travaux publics et la proposition de notre premier Ministre;

Vu les avis du Conseil des Ministres et chefs de service en date des 7 novembre et 26 décembre 1913.

Avons pris le décret suivant :

Le décret sur les mines du 8 novembre 1913 est annulé et remplacé par les dispositions ci-après :

TITRE PREMIER

CLASSIFICATION LÉGALE DES SUBSTANCES MINÉRALES ET PRESCRIPTIONS GÉNÉRALES.

ARTICLE 1er. — Les gîtes naturels de substances minérales sont classés, relativement à leur régime légal, en mines et carrières.

ART. 2. — Sont considérés comme mines, et classés dans les cinq groupes ci-après :

1er groupe : les gîtes de graphite, houille, lignite et autres combustibles fossiles (la tourbe exceptée);

2e groupe : les gîtes de bitume, asphalte, pétrole et autres hydrocarbures;

3e groupe : les gîtes de substances métalliques telles que : platine, or, argent, mercure, molybdène, tungstène, antimoine, bismuth, titane, étain, plomb, fer, cuivre, aluminium, chrome, manganèse, cobalt, nickel, zinc, uranium, radium et les gîtes de soufre, sélénium, arsenic;

4e groupe : les gîtes d'aluns, borates et autres sels associés dans les mêmes gisements;

5e groupe : les gîtes de nitrates, ceux de sel gemme et autres sels associés dans les mêmes gisements.

ART. 3. — Sont considérés comme carrières tous les gîtes de substances minérales qui ne sont pas classés dans les mines.

Les tourbières sont assimilées aux carrières.

ART. 4. — En cas de contestation sur la classification légale d'une substance minérale, il est statué par un arrêté du Directeur général des Travaux publics, pris sur l'avis conforme du Conseil des Ministres.

ART. 5. — Les mines sont propriété domaniale.

Le droit d'exploiter une mine ne peut être acquis qu'après obtention d'un permis exclusif de recherche, et en vertu soit d'un permis d'exploitation, soit d'une concession.

Le permis de recherche, le permis d'exploitation ou la concession d'un gîte d'une substance minérale confèrent les mêmes droits sur toutes les autres substances du même groupe. Mais il peut être institué, même en faveur de personnes différentes et dans les mêmes terrains, des permis de recherche ou des permis d'exploitation, ou des concessions distinctes entre eux, portant sur des groupes différents de substances minérales.

ART. 6. — Le Directeur général des Travaux publics, peut, par arrêtés pris sur l'avis conforme du Conseil des Ministres, désigner des régions dans lesquelles les mines du troisième groupe ne pourront être acquises que par voie d'adjudication publique, sous réserve des droits antérieurs possédés par les concessionnaires des mines et les titulaires de permis de recherche ou d'exploitation. Les conditions d'application de cette mesure sont fixées par arrêtés du Directeur général des Travaux publics.

Les mines du cinquième groupe sont réservées au Gouvernement tunisien. Leur recherche et leur exploitation sont réglées par des arrêtés du Directeur général des Travaux publics.

ART. 7. — Le permis de recherche donne le droit exclusif de faire dans le périmètre défini par l'arrêté institutif tous travaux, fouilles, sondages et reconnaissances en vue de découvrir et d'explorer les gîtes faisant l'objet du permis.

Il donne, en outre, dans l'étendue de son périmètre, pendant la durée de sa validité, et sous réserve des dispositions des titres III et IV, le droit exclusif de l'obtention, au choix du demandeur, soit d'un permis d'exploitation, soit d'une concession.

ART. 8. — Le permis d'exploitation ou la concession d'une mine confèrent le droit d'exploiter tous les gîtes de substances comprises dans le groupe dénommé au titre d'institution qui se trouvent à l'intérieur de la surface verticale passant par le périmètre, et de faire tous les travaux jugés utiles pour cet objet.

Ils donnent le droit de disposer librement desdites substances, ainsi que des produits de même nature provenant d'anciennes mines ou travaux de recherches situés dans le périmètre de la mine.

ART. 9. — Si des permis d'exploitation ou des concessions de mines de natures différentes se trouvent institués dans le même périmètre, celui des permissionnaires ou concessionnaires auquel n'appartiendraient pas, aux termes des actes institutifs, les substances concessibles abattues par lui, doit les remettre à leur propriétaire contre paiement, s'il y a lieu, d'une juste indemnité.

ART. 10. — Le titulaire d'un permis d'exploitation ou le concessionnaire d'une mine ne peut disposer que pour le service de ladite mine
et de ses dépendances légales des substances non concessibles abbat-
tues dans ses travaux.

Le propriétaire du sol peut réclamer celles de ses substances sorties
au jour et non utilisées par l'exploitant, contre paiement, s'il y a lieu,
d'une juste indemnité.

Toutefois, l'exploitant peut librement disposer de celles de ces substances qui proviennent de la préparation mécanique des minerais ou
du lavage des combustibles.

ART. 11. — Tout individu, s'il n'est pas fonctionnaire ou agent en
activité de service dans la Régence, ou toute société régulièrement
constituée peut obtenir un ou plusieurs permis de recherche ou d'exploitation, une ou plusieurs concessions.

Il est interdit aux fonctionnaires et agents de l'Administration
centrale de la Direction générale des Travaux publics et à ceux du
Service des Mines de la Régence de prendre aucun intérêt direct ou
indirect dans la recherche ou l'exploitation des mines.

Si le demandeur n'a pas en Tunisie son domicile réel, il est tenu de
désigner à l'Administration un représentant domicilié en Tunisie.

La désignation d'un représentant domicilié en Tunisie est également obligatoire quand le droit de recherche ou d'exploitation est
demandé par un groupe de personnes ou de sociétés.

ART. 12. — Toutes demandes relatives à l'application du présent
décret doivent indiquer le domicile réel de leur auteur dans la
Régence, ou, à défaut, le domicile élu par lui ou son représentant.

A ce domicile sont valablement faites toutes notifications adminis-
tratives ainsi que les significations par les tiers de tous les actes de
procédure concernant l'application du présent décret.

A défaut, elles sont valablement faites au Secrétariat du Gouvernement tunisien.

ART. 13. — Les sociétés formées en vue de la recherche ou de l'exploitation des mines en Tunisie sont tenues de remettre au Chef du
Service des Mines un exemplaire de leurs statuts et la liste de leurs
administrateurs.

Tout changement aux statuts et à la liste des administrateurs doit
également être porté à la connaissance du Chef du Service des Mines.

ART. 14. — Les carrières appartiennent aux propriétaires du sol.

Leur exploitation est soumise aux règlements édictés par le Directeur général des Travaux publics, en vue d'assurer la sécurité de la
surface et celle du personnel occupé.

TITRE II

DES PERMIS DE RECHERCHE.

Art. 15. — Les permis exclusifs de recherche sont délivrés par arrêtés du Directeur général des Travaux publics.

Ils sont accordés, après enquête, suivant l'ordre de priorité des demandes présentées conformément aux dispositions ci-après.

Art. 16. — Toute demande de permis de recherche doit être précédée du versement, dans les caisses du receveur principal des contributions diverses, à Tunis, d'un droit fixe en numéraire, au nom du demandeur, ou être accompagnée d'un mandat-poste au nom de ce receveur principal.

Art. 17. — Le droit fixe à verser pour chaque demande est de 250 francs.

Ce droit est définitivement acquis à l'État, si le permis est institué ou si la demande est annulée par application des dispositions des articles 23 et 24. Dans tous les autres cas il est restitué au demandeur, sauf retenue d'un droit fixe de 25 francs lorsque la demande a été admise à l'enregistrement prévu à l'article 21.

Art. 18. — Toute demande de permis de recherche doit, à peine de nullité, satisfaire aux conditions suivantes :

La demande est présentée sur timbre et accompagnée d'une copie sur papier libre.

Elle fait connaître :

1° Les noms, prénoms, nationalité, profession et domicile du demandeur ou, s'il s'agit d'une société, la dénomination de son siège social, ainsi que les nom, prénoms, nationalité et domicile de son représentant;

2° La désignation du groupe de gîtes miniers devant faire l'objet de ses recherches;

3° La situation géographique et la définition du périmètre demandé, établie conformément aux prescriptions de l'article 19 ci-après.

A la demande sont annexés :

1° Le récépissé de versement prescrit par l'article 17 ci-dessus, ou le mandat-poste qui en tient lieu;

2° Deux exemplaires d'un plan à l'échelle de 1/10.000e donnant la définition et le repérage du périmètre demandé, conformément aux dispositions de l'article 19 ci-après : ces plans doivent être revêtus d'une mention d'annexe se référant sans ambiguïté au texte de la demande, et être signés par le pétitionnaire.

Si la demande est faite au nom d'un tiers, elle doit être accompa-

gnée d'un exemplaire sur timbre du pouvoir du mandataire. Si elle
est faite par une société, elle doit comprendre un extrait des délibé-
rations du conseil d'administration donnant pouvoirs à cet effet au
signataire, dans les formes prévues par les statuts de la société.

Art. 19. — La demande ne peut être reçue que pour un périmètre
de forme carrée, ayant une superficie de 400 hectares, dont les côtés
sont orientés suivant les directions nord-sud et est-ouest vrais.

La demande doit indiquer l'emplacement précis du périmètre,
défini par la distance en mètres de chacun de ses côtés à un même et
unique point de repère matériellement fixe.

Ce point de repère doit figurer sur l'une des cartes au 1/50.000ᵉ ou
au 1/100.000ᵉ de la Tunisie, avec une dénomination précise, ne prê-
tant à aucune ambiguïté, comme celle qui pourrait résulter d'une
similitude de nom avec d'autres points de la région. Il doit exister
matériellement sur le terrain et être aisément reconnaissable. Ne peuvent être admis, en conséquence, comme repères les points fictifs
(points de cote topographique autres que les signaux géodésiques
existants, intersections de méridiens et de parallèles géographiques,
origines d'oueds), les points non figurés sur les cartes (bornes kilométriques, bornes d'immatriculation, angles de murs ou de clôtures),
les points insuffisamment définis sur le terrain (intersections d'oueds,
de routes et de pistes, puits, sources ou arbres isolés, groupes de
ruines ou de constructions).

Art. 20. — La demande doit être déposée par le pétitionnaire ou
son mandataire au bureau d'enregistrement du Service des Mines à
Tunis, ou être adressée par la poste, sous pli recommandé, avec
demande d'avis de réception, au Chef du Service des Mines (*bureau
d'enregistrement des permis de recherche*), à Tunis.

Une demande distincte doit être présentée pour chaque périmètre
et pour chaque groupe de substances.

Art. 21. — Les demandes reconnues conformes aux dispositions
qui précèdent sont enregistrées aux date et heure de leur présentation
sur un carnet à souche, dont les parties volantes sont remises aux
pétitionnaires, ou leur sont envoyées par la poste si la demande est
arrivée par cette voie. Les talons en sont tenus à la disposition du
public.

C'est cet enregistrement qui fixe la priorité des droits.

La demande enregistrée n'est, en ce qui concerne le groupe de
gîtes visé et le périmètre sollicité, susceptible d'aucune modification.

Elle a, pour l'obtention du droit de recherche dans ce périmètre, la
priorité sur toute demande visant le même groupe de gîtes qui serait
enregistrée ultérieurement.

Art. 22. — Il n'est rien préjugé au sujet de la priorité respective des demandes visant le même groupe de gîtes et les mêmes terrains, qui parviendraient simultanément par la poste et qu'il y aurait lieu d'enregistrer aux mêmes date et heure. Il n'est non plus rien préjugé en ce qui concerne les demandes analogues qui seraient présentées simultanément au guichet du Service des Mines et qui donneraient lieu, au même moment, à la formalité de l'enregistrement.

Dans ces deux cas, pour la détermination de la priorité des demandes concurrentes, il est procédé par les soins du Chef de service, à la date fixée par lui, à une adjudication aux enchères à l'extinction des feux, entre les pétitionnaires ou eux dûment convoqués, sur la majoration consentie par eux en augmentation du droit fixe de 250 francs prévu à l'article 17.

Cette majoration est payable séance tenante et la priorité est acquise au plus offrant.

Art. 23. — Toute demande enregistrée fait l'objet par le Service des Mines d'une reconnaissance des lieux, à laquelle le pétitionnaire est tenu d'assister ou de se faire représenter, sous peine d'annulation de sa demande.

Art. 24. — Après constatation de l'existence et de la fixité matérielle du repère choisi pour définir le périmètre, et après vérification de la situation de ce périmètre par rapport à ceux des concessions ou des permis voisins, permis le de recherche est délivré par arrêté du Directeur général des Travaux publics.

Si cette constatation et cette vérification conduisent à reconnaître une irrégularité dans la demande, et si après une mise en demeure adressée au demandeur, celui-ci ne fournit pas les justifications qui lui sont réclamées, s'il n'apporte pas à ses plans les rectifications nécessaires pour les rendre conformes aux prescriptions du présent titre, dans le délai imparti par la mise en demeure, le Directeur général des Travaux publics, sur avis du Service des Mines, prononce l'annulation motivée de la demande. Cette annulation est notifiée au demandeur et inscrite sur la souche du carnet d'enregistrement prévu à l'article 21.

Art. 25. — Si le périmètre demandé empiète sur celui d'un permis de recherche ou d'exploitation antérieurement demandé ou délivré, et non périmé au moment de la demande, ou sur celui d'une concession existante, il est réduit par l'arrêté institutif à la partie du carré extérieure auxdits permis ou concessions voisins.

Art. 26. — Le permis de recherche est toujours délivré sous réserve des droits antérieurs des tiers.

Art. 27. — Le permissionnaire peut être autorisé, par arrêté du Directeur général des Travaux publics, à disposer du produit de ces recherches, moyennant paiement des taxes prévues à l'article 79.

Art. 28. — Le permis de recherche est valable pour trois ans à compter du jour de sa délivrance.

Il peut être renouvelé une seule fois pour une nouvelle période de trois années, si le permissionnaire justifie de travaux régulièrement poursuivis.

Toute demande de renouvellement donne lieu à la perception d'un droit fixe de 500 francs.

Ce droit est définitivement acquis à l'État, à partir de l'enregistrement de la demande, prévu à l'article suivant.

Art. 29. — La demande tendant à obtenir le renouvellement d'un permis de recherche, doit, à peine de nullité, être présentée deux mois au moins avant l'expiration du permis initial, et satisfaire aux conditions suivantes :

Elle est établie sur timbre, et accompagnée d'une copie sur papier libre.

A la demande sont annexés :

1° Un récépissé constatant le versement dans les caisses du Receveur principal des contributions diverses à Tunis du droit fixe de 500 francs prévu par l'article précédent, ou un mandat-poste de même somme au nom de ce Receveur principal;

2° Un plan à l'échelle de 1/1.000° portant indication des travaux exécutés;

3° Un mémoire indiquant l'importance et les résultats des travaux entrepris.

Le tout doit, conformément aux dispositions de l'article 20 ci-dessus, être déposé directement ou envoyé par la poste, sous pli recommandé, avec demande d'avis de réception, au bureau d'enregistrement du Service des Mines, qui inscrit la demande aux date et heure de sa réception sur le carnet a souche mentionné à l'article 21 et en donne récépissé.

Art. 30. — La demande de renouvellement est instruite par le Service des Mines, sur l'avis duquel il est statué par un arrêté du Directeur général des Travaux publics.

Si les travaux ont été régulièrement poursuivis, le renouvellement ne peut être refusé.

S'il n'est pas statué dans les délais de validité du permis, celui-ci est prorogé sans autres formalités jusqu'à ce que la décision du Directeur général des Travaux publics soit intervenue.

Art. 31. — Le permis de recherche est indivisible, cessible, et transmissible entre vifs ou par décès. Il est réputé meuble.

La cession ou la transmission du permis de recherche doit être notifiée sur timbre par les parties intéressées au Chef du Service des Mines.

Le permis de recherche est annulable à toute époque, sur simple déclaration de renonciation du permissionnaire par un arrêté du Directeur général des Travaux publics, fixant la date à partir de laquelle de nouveaux droits peuvent être acquis sur les gîtes auxquels il a été renoncé.

ART. 32. — Tous actes concernant le permis de recherche sont soumis aux règles de droit commun qui leur sont respectivement applicables. Ils n'ont d'effet au regard de l'Administration et des tiers que par leur transcription sur un registre tenu à cet effet par le Service des Mines à Tunis.

Le Service des Mines assure la publicité et le rang des actes et convocations présentés à la transcription.

Les écrits authentiques ou sous seing privé doivent indiquer les noms, prénoms, nationalité, profession et domicile des parties. S'ils sont sous seing privé, les signatures doivent être légalisées ou l'écrit reconnu dans les formes prévues à l'article 343 de la loi foncière du 1er juillet 1885. Ils sont déposés en original ou en expédition, dûment timbrés et enregistrés, au Service des Mines, à Tunis, et conservés dans ses archives; il en est délivré récépissé.

La date et l'heure du dépôt sont inscrits, tant sur les documents déposés que sur le récépissé, mentionnées au fur et à mesure des remises sur un registre des dépôts arrêté, jour par jour et rappelées en tête de la transcription.

L'ordre des dépôts détermine le rang des ayants droit.

Si l'Administration croit devoir refuser la transcription d'un acte présenté à cet effet, le litige est porté devant le Président du Tribunal civil de Tunis, qui statue en référé et en dernier ressort, à la diligence et aux frais de la partie intéressée.

L'inscription, si elle est ordonnée par le Président du Tribunal, prend rang du jour et de l'heure de la présentation de l'acte au Service des Mines.

ART. 33. — La transcription est toujours réputée faite aux risques et périls des requérants sans qu'en aucun cas la responsabilité de l'Administration puisse être considérée comme engagée.

Le Service des Mines est tenu de délivrer à tous ceux qui le requièrent copie littérale et globale sur timbre de toutes les transcriptions concernant un permis de recherche et existant à une date donnée, ou certificat qu'il n'en existe aucune. Il n'est pas responsable des erreurs matérielles commises dans l'exécution de ces copies.

Les frais de transcriptions, de copies ou de certificats sont fixés conformément à un tarif arrêté par le Directeur général des Travaux publics. Ils sont supportés par le requérant.

ART. 34. — Le titulaire d'un permis de recherche est tenu de borner le périmètre de son permis à première réquisition de l'Administration; faute de quoi il peut y être procédé d'office et à ses frais par le Service des Mines, sans préjudice des pénalités prévues par l'article 105 du présent décret.

Dans le cas de permis limitrophes, le bornage a lieu aux frais communs des permissionnaires intéressés, en leur présence ou eux dûment appelés.

Le bornage est vérifié par le Service des Mines, qui en dresse procès-verbal.

ART. 35. — Tout arrêté du Directeur général des Travaux publics portant institution, renouvellement ou annulation d'un permis de recherche est publié au *Journal Officiel Tunisien*.

TITRE III

DES PERMIS D'EXPLOITATION.

ART. 36. — Le permis d'exploitation porte sur le même périmètre que le permis de recherche. Il ne peut être accordé que si les travaux du demandeur ont démontré l'existence d'un gîte exploitable.

ART. 37. — Toute demande de permis d'exploitation doit être précédée du versement, dans les caisses du Receveur principal des Contributions diverses, à Tunis, d'un droit fixe en numéraire de 500 francs, au nom du demandeur ou être accompagnée d'un mandat-poste de même somme au nom de ce Receveur principal.

Ce droit est définitivement acquis à l'État, à partir de l'enregistrement de la demande prévue à l'article suivant.

ART. 38. — La demande tendant à obtenir un permis d'exploitation doit, à peine de nullité, être présentée et enregistrée conformément aux dispositions de l'article 29, relatif aux demandes de renouvellement de permis de recherche.

ART. 39. — La demande est instruite par le Service des Mines, qui vérifie si les travaux du demandeur ont démontré l'existence d'un gîte exploitable.

Il est statué par arrêté du Directeur général des Travaux publics.

S'il n'est pas statué dans les délais de validité du permis, celui-ci est prorogé sans autres formalités jusqu'à ce que la décision du Directeur général des Travaux publics soit intervenue.

ART. 40. — Le permis d'exploitation est valable pour cinq ans.

Il ne peut être renouvelé, mais il donne droit à l'obtention d'une concession dans les formes prévues au titre IV du présent décret.

ART. 41. — Des arrêtés du Directeur général des Travaux publics, les permissionnaires entendus, peuvent à toute époque prononcer le retrait de tout permis d'exploitation ayant donné lieu à un procès-verbal du Service des Mines constatant que ledit permis a été délaissé pendant plus d'une année, sans cause reconnue légitime.

ART. 42. — Sont applicables aux permis d'exploitation les dispositions des articles 31 à 35 concernant les permis de recherche.

TITRE IV

DES CONCESSIONS.

ART. 43. — Toute concession doit être entièrement contenue dans le périmètre du permis de recherche ou d'exploitation en vertu duquel elle est demandée.

Elle ne peut porter que sur le groupe de gîtes visé par le permis.

La concession ne peut être accordée que si les travaux du demandeur ont démontré l'existence, dans les limites du périmètre sollicité, d'un gîte exploitable appartenant au groupe visé par le permis.

La concession peut être refusée discrétionnairement pour des motifs d'ordre public.

ART. 44. — La demande d'une concession donne lieu au versement d'un droit fixe en numéraire de 1.000 francs.

Ce droit est définitivement acquis à l'État à partir de l'enregistrement de la demande, prévu à l'article 46.

ART. 45. — La demande en concession doit être remise ou adressée au Chef du Service des Mines, et lui parvenir, à peine de nullité, deux mois au moins avant l'expiration du permis de recherche ou d'exploitation en vertu duquel la concession est demandée.

Elle est présentée sur timbre et accompagnée d'une copie sur papier libre.

Elle fait connaître :

1° Les nom, prénoms, nationalité, profession et domicile du demandeur, ou, s'il s'agit d'une société, sa dénomination et son siège social, ainsi que les nom, prénoms, nationalité et domicile de son représentant dans la Régence ;

2° Le permis de recherche ou d'exploitation en vertu duquel la concession est demandée ;

3° Les limites du périmètre sollicité.

A la demande sont annexés :

1° Deux exemplaires d'un plan de surface au 1/10.000e, orienté au nord vrai, figurant le tracé et le mode de repérage du périmètre demandé par rapport au point fixe qui a servi au repérage du permis de recherche dont le périmètre doit être également figuré.

Sur ce plan doivent être marqués l'emplacement des gîtes ainsi que tous édifices, maisons ou lieux d'habitation, voies de communication, sources et canalisations d'eau situés à l'intérieur dudit périmètre. Le tout est dressé par les soins et aux frais du demandeur;

2° Deux exemplaires d'un plan des travaux souterrains au 1/1.000°, orienté au nord vrai, figurant les voies et chantiers des travaux existants et indiquant les cotes de niveau des points principaux, tels que les orifices des puits ou des galeries, et les points de jonction des galeries avec les puits et des galeries entre elles;

3° Un mémoire donnant l'importance et les résultats des recherches effectuées, déterminant la nature et les caractéristiques du gîte à exploiter;

4° Le récépissé du versement dans les caisses du Receveur principal des contributions diverses, à Tunis, du droit fixe prévu à l'article 44 ou un mandat-poste de même somme au nom de ce Receveur principal.

ART. 46. — La demande est enregistrée à la date de son dépôt par le Chef du Service des Mines, qui en délivre récépissé au demandeur.

L'enregistrement ne peut être refusé qu'à défaut de production du certificat de versement du droit fixe prévu à l'article 44 ou dans le cas de nullité prévu par le premier alinéa de l'article 45.

S'il n'est pas statué sur la demande dans les délais de validité du permis en vertu duquel elle est présentée, celui-ci est prorogé sans autres formalités jusqu'à ce que la décision du Directeur général des Travaux publics soit intervenue.

ART. 47. — Aussitôt après le dépôt et l'enregistrement de la demande, le Service des Mines procède à l'examen de sa régularité et à la vérification des plans.

Si la demande n'est pas reconnue régulière en la forme, et si, après une mise en demeure adressée au demandeur, celui-ci ne fournit pas les justifications qui lui sont réclamées, s'il n'apporte pas à ses plans les rectifications nécessaires pour les rendre conformes aux prescriptions du présent titre, dans le délai imparti par la mise en demeure, le Directeur général des Travaux publics, sur avis du Service des Mines, prononce le rejet motivé de la demande. Ce rejet est notifié au demandeur et inséré au *Journal Officiel Tunisien*.

ART. 48. — Si la demande est reconnue régulière en la forme, un arrêté du Directeur général des Travaux publics, inséré au *Journal Officiel Tunisien*, ordonne la mise à enquête publique de la demande. Cet arrêté est affiché au siège du contrôle civil et à la Direction générale des Travaux publics (Service des Mines).

La durée de l'enquête est de deux mois.

Pendant la durée de l'enquête, toutes oppositions peuvent être formulées par des tiers. Celles de ces oppositions qui portent sur la propriété du permis doivent, à peine de nullité, remplir les deux conditions suivantes :

1° Elles doivent être portées devant les tribunaux par exploit d'ajournement signifié au demandeur pendant la durée de l'enquête;

2° Signification par acte extrajudiciaire dudit exploit doit être faite au Chef du Service des Mines avant la fin de l'enquête.

Tous opposants sont tenus, à peine de nullité, de faire élection de domicile en Tunisie et de notifier leurs oppositions au requérant par voie extrajudiciaire.

ART. 49. — S'il y a eu opposition portée devant l'autorité judiciaire, le Directeur général des Travaux publics sursoit à statuer sur la demande jusqu'à ce que les tribunaux se soient prononcés par jugement ou arrêt définitif.

S'il n'y a pas eu d'opposition portée devant l'autorité judiciaire, et si les travaux du demandeur ont démontré l'existence, dans les limites du périmètre sollicité, d'un gîte exploitable appartenant au groupe visé au permis originaire, le Directeur général des Travaux publics, après la clôture de l'enquête sur avis du Chef du Service des Mines, institue la concession par arrêté pris sur l'avis conforme du Conseil des Ministres.

Cet arrêté est notifié au demandeur et inséré au *Journal Officiel Tunisien*.

ART. 50. — L'institution de la concession entraîne de plein droit l'annulation du permis dont elle dérive.

L'acte de concession ne peut préjudicier aux droits antérieurement acquis par des titulaires de permis de recherche, de permis d'exploitation ou de concession portant en tout ou en partie sur les mêmes terrains ou sur le même groupe de gîtes.

Si, après l'institution d'une concession, il est reconnu que son périmètre empiète sur des terrains sur lesquels des droits miniers antérieurs sont en vigueur, la rectification des limites de la concession peut être demandée à toute époque par les intéressés au Directeur général des Travaux publics.

ART. 51. — Toute concession doit être bornée par les soins et aux frais du concessionnaire, dans les six mois de son institution, faute de quoi il peut être procédé d'office et à ses frais par les soins de l'Administration.

Le bornage est vérifié par le Service des Mines, qui en dresse procès-verbal.

Les propriétaires du sol sont tenus de supporter, moyennant réparations de tous préjudices, les opérations faites pour le bornage par les agents du concessionnaire ou par ceux de l'Administration.

ART. 52. — Un arrêté du Directeur général des Travaux publics sur l'avis conforme du Conseil des Ministres peut, sur la demande du concessionnaire intéressé et après avis du Service des Mines, prononcer à toute époque la fusion, en une seule concession, de plusieurs concessions de mines contiguës portant sur le même groupe de gîtes et appartenant au même propriétaire.

Cette fusion peut être prononcée par l'acte même qui institue les concessions contiguës.

TITRE V

DE LA PROPRIÉTÉ MINIÈRE.

Art. 53. — La mine concédée constitue une propriété immobilière distincte de celle de la surface.

Elle n'est pas susceptible d'immatriculation.

Elle est soumise, sauf les dérogations résultant du présent titre, aux dispositions de la loi foncière du 1er juillet 1885 concernant les immeubles immatriculés.

Art. 54. — Tous faits ou conventions ayant pour effet d'instituer, transmettre, modifier ou éteindre un droit réel sur la mine, toute amodiation, quelle qu'en soit la durée, tous commandements à fin de saisie immobilière doivent, pour être opposables aux tiers, être constatés par écrit et transcrits par le Service des Mines, à Tunis, sur un registre à ce destiné.

Le Service des Mines assure la publicité et le rang des actes et conventions présentés à la transcription.

Un registre spécial est affecté à chaque concession.

La transcription est toujours réputée faite sous réserve de l'approbation du Gouvernement tunisien dans le cas où cette approbation est exigée par le présent décret.

Les écrits authentiques ou sous seing privé doivent indiquer les nom, prénoms, profession et domicile des parties. S'ils sont sous seing privé, les signatures doivent être légalisées ou l'écrit reconnu dans les formes prévues à l'article 343 de la loi foncière du 1er juillet 1885. Ils sont déposés en original ou en expédition, dûment timbrés et enregistrés, au Service des Mines, à Tunis, et conservés dans ses archives. Il en est délivré récépissé.

La date et l'heure du dépôt sont inscrites tant sur les documents déposés que sur le récépissé, mentionnées au fur et à mesure des remises sur un registre de dépôt arrêté jour par jour et rappelées en tête de la transcription.

L'ordre des dépôts détermine le rang des ayants droit.

Si l'Administration croit devoir refuser la transcription d'un acte présenté à cet effet, le litige est porté devant le Président du Tribunal civil de Tunis, qui statue en référé et en dernier ressort, à la diligence et aux frais de la partie intéressée.

La transcription, si elle est ordonnée par le Président du Tribunal, prend rang du jour et de l'heure de la présentation de l'acte au Service des Mines.

ART. 55. — Au cas de transcription, sur le registre prévu à l'article précédent, d'un commandement à fin de saisie immobilière, les constitutions ou cessions de droits réels transcrites postérieurement ne sont pas opposables au poursuivant.

ART. 56. — La transcription est réputée faite aux risques et périls des requérants, sans qu'en aucun cas la responsabilité de l'Administration puisse être considérée comme engagée.

Le Service des Mines est tenu de délivrer à tous ceux qui le requièrent copie littérale et globale sur timbre de toute les transcriptions concernant une mine et existant à une date donnée, ou certificat qu'il n'en existe aucune. Il n'est pas responsable des erreurs matérielles commises dans l'exécution de ces copies.

Les frais de transcriptions, de copies ou de certificats sont fixés conformément à un tarif arrêté par le Directeur général des Travaux publics. Ils sont supportés par le requérant.

ART. 57. — Les bâtiments et machines d'exploitation et tous les immeubles par destination définis par l'article 10 de la loi foncière du 1er juillet 1885, et en général toutes les dépendances de la mine existant à la surface suivent le sort de la mine, à la condition, si la surface est immatriculée, que les actes et conventions désignent spécialement ces dépendances et soient inscrits au livre foncier.

ART. 58. — La propriété d'une concession ne peut être cédée ou transférée par actes entre vifs, ni amodiée en tout ou en partie, qu'en vertu d'une autorisation donnée par arrêté du Directeur général des Travaux publics pris sur l'avis conforme du Conseil des Ministres.

Cette autorisation peut être refusée discrétionnairement dans les mêmes formes pour des motifs d'ordre public.

L'arrêté accordant ou refusant l'autorisation est transcrit par le Service des Mines sur le registre prévu à l'article 54.

ART. 59. — Le concessionnaire qui veut totalement ou partiellement renoncer à la propriété de la mine en adresse la demande au Directeur général des Travaux publics.

La demande de renonciation doit, à peine de nullité, satisfaire aux conditions suivantes :

Elle est présentée sur timbre et accompagnée d'une copie sur papier libre.

Elle fait connaître la mine à la concession de laquelle il est renoncé, le périmètre sur lequel porte la renonciation, les nom, prénoms, nationalité, profession et domicile du propriétaire actuel requérant.

Si la demande en renonciation ne vise qu'une partie de la concession, il doit être annexé à la demande deux exemplaires d'un plan de surface, à l'échelle de 1/10.000e, orienté au nord vrai, figurant le tracé du périmètre de la concession et de la partie de ce périmètre à laquelle s'applique la demande de renonciation.

La demande est immédiatement transcrite par le Service des Mines sur le registre prévu à l'article 54. Il en est délivré récépissé.

Art. 60. — Dans la quinzaine suivant la date de la transcription, le concessionnaire signifie sa demande, par acte extrajudiciaire, aux créanciers hypothécaires ou privilégiés.

Les créanciers ont deux mois à partir de cette signification pour poursuivre la vente judiciaire de la mine totale. Faute par eux d'avoir agi dans ce délai, leurs droits de privilège et d'hypothèque sont restreints au périmètre restant, si la renonciation est partielle, ou annulés si elle est totale.

En cas de vente, le prix est distribué judiciairement.

Si le concessionnaire justifie que la vente judiciaire n'a pas été provoquée dans le délai de deux mois des significations, ou qu'elle n'a pas abouti, et qu'il a exécuté les Travaux qui lui ont été ordonnés par le Directeur général des Travaux publics pour assurer la sécurité après l'abandon, la renonciation est sanctionnée, sur avis du Service des Mines, par arrêté du Directeur général des Travaux publics, pris sur l'avis conforme du Conseil des Ministres.

Si la demande de renonciation n'est que partielle, cet arrêté peut toutefois refuser de comprendre dans la réduction de périmètre sollicitée des parties de gîte déjà exploitées.

Jusqu'à ce que la renonciation ait été sanctionnée par arrêté, le concessionnaire reste astreint à toutes les prescriptions du présent décret.

Art. 61. — La mine à la concession de laquelle il a été renoncé fait retour au domaine de l'État comme si elle n'avait jamais été concédée.

Les terrains appartenant au concessionnaire et dépendant de la concession, ainsi que toutes les autres dépendances immobilières de la mine à la surface, sont détachés de la propriété de ladite concession à partir de l'arrêté de renonciation.

Le renonçant ne conserve aucun droit à raison des puits et galeries et généralement de tous travaux et installations faits à l'intérieur.

Il est personnellement responsable pendant cinq ans de tous les dommages qui seraient reconnus provenir de l'exploitation de la mine.

Art. 62. — Lorsque l'exploitation d'une mine concédée est suspendue pendant plus d'une année sans cause reconnue légitime, le concessionnaire, après avoir été entendu, est, par arrêté du Directeur général des Travaux publics pris sur l'avis conforme du Conseil des Ministres, mis en demeure de reprendre les travaux dans un délai qui ne peut excéder six mois.

L'arrêté de mise en demeure est, à la diligence de l'Administration, notifié au concessionnaire ou à son représentant, publié au *Journal Officiel Tunisien*, et transcrit sur le registre prévu à l'article 54.

ART. 63. — Faute par le concessionnaire de justifier, dans le délai imparti par l'arrêté de mise en demeure, de la reprise de l'exploitation régulière et des moyens de la continuer, la déchéance est prononcée par arrêté du Directeur général des Travaux publics, pris sur l'avis conforme du Conseil des Ministres.

Cet arrêté est, à la diligence de l'Administration, notifié au concessionnaire ou à son représentant, inséré au *Journal Officiel Tunisien*, et transcrit sur le registre prévu à l'article 54.

Il est procédé à une adjudication publique de la mine.

La mise en adjudication est prononcée par arrêté du Directeur général des Travaux publics, dans les douze mois qui suivent la date de l'arrêté de déchéance.

L'avis de la mise en adjudication est publié deux mois au moins à l'avance par la voie des affiches et par tous autres moyens de publicité que l'Administration juge nécessaires.

Cet avis fait connaître les lieux où l'on peut prendre connaissance du dossier de l'adjudication, ainsi que le lieu, le jour et l'heure fixés pour celle-ci.

ART. 64. — Nul n'est admis à concourir à l'adjudication s'il ne justifie de facultés suffisantes pour satisfaire aux conditions imposées par le cahier des charges, s'il n'a versé, un mois à l'avance, dans les caisses du Receveur général des Finances, le cautionnement fixé par ce cahier des charges, et s'il n'est agréé par l'Administration.

Le concessionnaire déchu ne peut, ni prendre part à l'adjudication, ni acheter ultérieurement la mine, et ce, à peine de nullité.

La liste des concurrents est arrêtée par le Directeur général des Travaux publics, sur l'avis conforme du Conseil des Ministres.

L'adjudication a lieu par soumissions cachetées.

Celui des concurrents qui fait l'offre la plus élevée est déclaré concessionnaire, et le prix de l'adjudication, déduction faite des sommes dues à l'État ou avancées par lui, appartient au concessionnaire déchu ou aux ayants droit.

La restitution du cautionnement versé est faite, dès la proclamation du résultat de l'adjudication, sous réserve toutefois des oppositions qui auront été pratiquées, aux soumissionnaires non agréés ou non déclarés adjudicataires.

Le cautionnement de l'adjudicataire est retenu en garantie du paiement des redevances futures. Il est définitivement acquis à l'État en cas de renonciation ou de déchéance ultérieure.

Le procès-verbal de l'adjudication est notifié à l'Administration, qui établit, au nom de l'adjudicataire, un nouveau titre de concession, et en opère la transcription sur le registre prévu à l'article 54.

ART. 65. — Si, à la suite de l'adjudication, il n'est pas trouvé de preneur, la concession est annulée par arrêté du Directeur général des Travaux publics, et les terrains deviennent libres dans les conditions prévues à l'article 61.

L'arrêté d'annulation est, à la diligence de l'Administration, notifié au concessionnaire déchu ou à son représentant, inséré au *Journal Officiel Tunisien*, et transcrit sur le registre prévu à l'article 54.

TITRE VI

RELATIONS DES EXPLOITANTS DE MINES ENTRE EUX ET AVEC LES PROPRIÉTAIRES DE LA SURFACE.

ART. 66. — Nul permis de recherche ou d'exploitation, nulle concession de mines ne donne droit d'occuper des terrains pour la recherche ou l'exploitation des mines que moyennant le consentement formel du propriétaire du sol, ou à défaut, en vertu d'une autorisation donnée dans les conditions prévues au présent titre.

Toutefois, le consentement formel du propriétaire du sol reste nécessaire pour l'occupation de tout terrain compris dans des enclos murés.

ART. 67. — Les puits ou galeries ne peuvent être ouverts à une distance inférieure à 50 mètres des maisons d'habitation et des terrains compris dans les enclos murés y attenant, qu'avec le consentement des propriétaires de ces habitations.

ART. 68. — Aucun travail et aucune installation de mine ne peuvent être entrepris sur le domaine public sans une autorisation préalable donnée par arrêté du Directeur général des Travaux publics.

Les recherches et travaux de mine sont interdits sur le domaine public militaire.

Sur le domaine privé militaire, aucun permis de recherche ou d'exploitation, aucune concession minière ne peuvent être délivrés sans une autorisation préalable, soit du Ministre de la Guerre français, soit du Ministre de la Marine français.

L'autorisation visée par les alinéas 1 et 3 du présent article fixe les règles particulières à observer pour la conduite des travaux.

ART. 69. — Les dispositions du titre III du décret du 18 octobre 1906, concernant le domaine militaire, les travaux mixtes et les servitudes militaires, sont applicables aux portions de périmètres de concession qui sont situés dans les zones de servitudes ou de prohibitions.

En particulier, les installations minières créées antérieurement à l'époque de l'établissement des servitudes sont régies par l'article 16 du décret précité.

ART. 70. — Le concessionnaire peut, moyennant autorisation de l'Administration, obtenir gratuitement le droit d'occuper les terres mortes domaniales dont l'occupation est nécessaire à ses besoins.

L'État se réserve le droit d'user, pour ses services publics, de tous les chemins ou sentiers établis par le concessionnaire pour les besoins de son exploitation.

ART. 71. — Sur les terres autres que les terres mortes du domaine, le concessionnaire peut, à défaut de conventions amiables avec les propriétaires du sol, être autorisé, par arrêté du Directeur général des Travaux publics, lesdits propriétaires du sol entendus, à occuper les terrains nécessaires aux recherches et à l'exploitation de la mine, à la préparation mécanique des minerais, à l'établissement des canaux, chemins de fer, routes, transports aériens, transports électriques et travaux d'adduction d'eau nécessaires à la mine, ainsi qu'aux travaux de secours tels que puits ou galeries destinés à faciliter l'aérage et l'écoulement des eaux.

Ces dispositions s'appliquent indistinctement aux terrains situés à l'intérieur et à l'extérieur du périmètre de la concession.

L'arrêté d'autorisation est notifié aux propriétaires par voie extra-judiciaire, à la diligence du concessionnaire de la mine.

Dans tous les cas, le propriétaire du sol a droit à une indemnité qui, à défaut d'entente amiable, est réglée ainsi qu'il suit, et payable d'avance.

Si les travaux entrepris ne sont que temporaires, l'indemnité est réglée à une somme annuelle double de la valeur locative que les terrains occupés avaient au moment de l'occupation.

Si l'occupation dure plus de trois années, ou si après l'exécution des travaux les terrains occupés ne sont plus propres à l'usage auquel ils étaient affectés auparavant, leur propriétaire peut exiger l'acquisition du sol par le concessionnaire de la mine. Les parcelles trop endommagées ou dégradées sur une trop grande partie de leur surface doivent être achetées en totalité par le concessionnaire de la mine si le propriétaire du sol l'exige.

Le prix d'achat est dans tous les cas fixé au double de la valeur vénale que les terrains avaient au moment de l'occupation.

Les contestations relatives au montant des indemnités réclamées par les propriétaires du sol sont déférées aux tribunaux. Les jugements rendus sont toujours exécutoires par provision, nonobstant appel, et l'occupation peut avoir lieu dès le paiement ou la consignation de l'indemnité fixée.

Le concessionnaire de la mine peut d'ailleurs demander, par la procédure de l'instance en référé, l'occupation immédiate des terrains visés par l'arrêté d'autorisation, moyennant consignation par lui d'une provision à valoir sur l'indemnité en litige.

Le tribunal peut, s'il y a urgence, ordonner l'exécution provisoire, nonobstant appel.

ART. 72. — Le permissionnaire ou concessionnaire est tenu de réparer tout dommage que ses travaux pourraient occasionner à la propriété superficielle publique ou privée. Il ne doit dans ce cas qu'une indemnité correspondant à la valeur simple du préjudice causé. A défaut d'entente amiable, cette indemnité est fixée par les tribunaux après expertise.

Si des travaux publics ou privés rendent nécessaires dans la mine des suppressions ou des modifications effectives aux installations existantes, le permissionnaire ou concessionnaire a droit à une indemnité correspondant à la valeur simple du préjudice subi par lui, et qui est fixée par les tribunaux après expertise.

ART. 73. — Le Chef du Service des Mines peut enjoindre à tout concessionnaire de mines de laisser un massif de protection pour séparer sa mine de celles qui existent ou pourront exister au voisinage.

Un pareil massif de protection peut être imposé le long de la frontière.

Ce massif ne peut être traversé ou enlevé que sur une autorisation préalable du Chef du Service des Mines.

ART. 74. — En cas de superposition de deux mines, et à défaut d'entente amiable entre leurs concessionnaires, le Chef du Service des Mines fixe, les parties entendues, la manière dont les travaux de ces mines doivent être conduits pour prévenir autant que possible les préjudices réciproques.

ART. 75. — Lorsque les travaux d'exploitation d'une mine occasionnent des dommages matériels à l'exploitation d'une autre mine voisine ou superposée, pour quelque cause que ce soit, dans le cas notamment où des eaux y pénètrent en plus grande quantité que ne le comporte l'écoulement naturel, le concessionnaire doit réparation de ces dommages.

Lorsque au contraire ces mêmes travaux tendent par exemple à évacuer tout ou partie des eaux d'une autre mine par machine ou galerie, il peut y avoir lieu, d'une mine en faveur de l'autre, à une indemnité qui, à défaut d'entente amiable, est réglée par les tribunaux après expertise.

ART. 76. — Dans le cas où il est reconnu nécessaire d'exécuter des travaux ayant pour but, soit de mettre en communication les mines de deux concessions pour l'aérage et l'écoulement des eaux, soit d'ouvrir des voies d'aérage, d'écoulement ou de secours destinées au service de la concession voisine, le concessionnaire est tenu de souffrir l'exécution de ces travaux et d'y participer dans la proportion de son intérêt.

Ces ouvrages sont ordonnés, sur avis du Service des Mines, par arrêté du Directeur général des Travaux publics, le concessionnaire entendu.

En cas d'urgence, les travaux peuvent être entrepris sur la simple réquisition du Chef du Service des Mines.

ART. 77. — Le concessionnaire peut, en cas de nécessité, être autorisé, par arrêté du Directeur général des Travaux publics, à se servir des sentiers, chemins de charroi et chemins de fer établis par un explorateur ou exploitant voisin ou superposé, ou à emprunter les voies d'extraction, de ventilation et d'exhaure d'une mine voisine ou superposée, à charge par lui de payer aux ayants droit une indemnité qui, à défaut d'entente amiable, est fixée par les tribunaux après expertise, et de se soumettre aux prescriptions fixées par arrêté du Directeur général des Travaux publics.

ART. 78. — Les dispositions du présent titre sont applicables aux titulaires de permis de recherche et de permis d'exploitation dans les mêmes conditions qu'aux concessionnaires de mines.

TITRE VII

IMPÔTS SPÉCIAUX AUX MINES.

ART. 79. — Les ventes de minerais provenant des permis de recherche sont assujetties, par tonne de minerai expédiée hors des lieux d'extraction, à une taxe fixée par l'arrêté d'autorisation.

ART. 80. — Tout permis d'exploitation est assujetti annuellement à une taxe fixe de 0 fr. 50 par hectare de terrain compris dans le permis à la date du 1er janvier de l'année d'imposition, et, par tonne de minerai expédiée hors des lieux d'extraction, à une taxe fixée par l'arrêté d'autorisation.

ART. 81. — Tout concessionnaire est tenu de payer annuellement à l'État une taxe fixe et une taxe basée sur le produit net de l'exploitation.

Les deux taxes sont payées en numéraire.

ART. 82. — La taxe fixe est de 1 franc par hectare de terrain compris dans la concession à la date du 1er janvier de l'année d'imposition.

Art. 83. — La taxe basée sur le produit net de l'exploitation de la concession se compose d'une partie proportionnelle et d'une partie complémentaire.

Elle est réglée, pour chaque exercice budgétaire, d'après les résultats de l'année précédente.

Art. 84. — La partie proportionnelle de la taxe est fixée à 5 0/0 du produit net.

Ne sont pas comprises dans les dépenses pour le calcul du produit net :

Les frais généraux, quels qu'ils soient, en dehors de la Tunisie ;

Les émoluments des conseils d'administration et des commissaires aux comptes ;

Les participations aux bénéfices, les intérêts d'emprunts, d'actions, de mises de fonds ou de capitaux quelconques engagés dans l'entreprise à titre de frais d'acquisition, d'amodiation, de fonds de roulement, ou pour tout autre motif ;

Les impôts, contributions et taxes auxquelles le concessionnaire peut être assujetti, envers l'État ou envers les particuliers ;

Les commissions de vente, et, en général, toutes les dépenses se rapportant aux opérations commerciales ou financières faites par le concessionnaire, et toutes autres dépenses similaires.

Sont comprises dans l'évaluation du produit net toutes les opérations industrielles consécutives et accessoires à l'exploitation, notamment la préparation mécanique du minerai brut, son lavage, sa calcination, ainsi que toutes opérations et tous traitements s'appliquant à des produits non marchands.

Art. 85. — Des abonnements à la partie proportionnelle de la taxe peuvent être accordés aux concessionnaires de mines.

L'abonnement peut porter, soit sur la somme totale à payer comme partie proportionnelle de la taxe, soit sur la somme à payer à ce titre par tonne qui sera effectivement vendue ou livrée chaque année, en distinguant, s'il y a lieu, les produits par catégorie, d'après leur nature.

L'abonnement ne peut être accordé pour une période de plus de cinq années.

Si plusieurs concessions contiguës font l'objet d'une exploitation commune, l'abonnement doit s'appliquer à l'ensemble de ces concessions.

Les demandes d'abonnement sont accompagnées d'une note justificative. Elles sont remises au Chef du Service des Mines avant le 15 avril de la première année pour laquelle elles sont faites. L'abonnement est accordé, s'il y a lieu, sur l'avis du Chef du Service des Mines, par arrêté du Directeur général des Travaux publics et du Directeur général des Finances.

Art. 86. — La partie complémentaire de la taxe visée à l'article 83 s'applique, conformément au barême ci-dessous, à la partie du produit net excédent 10 0/0 du premier capital d'établissement de la mine, étant entendu que cette application n'est effectuée qu'à partir du moment où la totalisation des produits nets annuels, positifs ou négatifs, depuis l'origine de la concession, a donné une somme égale au premier capital d'établissement.

Pour la partie du produit net.	Pendant les cinq premières années de la concession.	Pendant les cinq années suivantes.	Après dix années de concession.
	%	%	%
Comprise entre 10 et 15 0/0 du premier capital d'établissement....	»	»	5
Comprise entre 15 et 20 0/0 du premier capital d'établissement....	»	5	10
Comprise entre 20 et 25 0/0 du premier capital d'établissement....	5	10	15
Comprise entre 25 et 30 0/0 du premier capital d'établissement....	10	15	20
Comprise entre 30 et 35 0/0 du premier capital d'établissement....	15	20	25
Comprise entre 35 et 40 0/0 du premier capital d'établissement....	20	25	25
Excédant 40 0/0 du premier capital d'établissement..............	25	25	25

Toutefois, les taxes calculées d'après ce barême sont réduites, s'il y a lieu, de façon qu'en aucun cas elles ne puissent être supérieures à 25 0/0 de la partie du produit net excédant 10 0/0 du capital total d'établissement de la mine.

Par premier capital d'établissement, on entend le capital engagé pour la mise en exploitation de la mine, au jour de l'institution de la concession.

Par capital total d'établissement, on entend le capital estimé comme étant celui qui serait nécessaire pour établir la mine avec la production de l'année servant de base à l'imposition.

Le premier capital d'établissement est arbitré dans l'arrêté institutif de la concession, après avis du Comité prévu à l'article 89 ci-après, et le demandeur en concession entendu.

Le capital d'établissement correspondant normalement à la production d'une tonne de minerai marchand est arbitré forfaitairement, pour chaque région minière et pour chaque nature de mine, par arrêté du Directeur général des Travaux publics, sur avis du Comité prévu à l'article 89, et sert seul de base à la détermination du capital total d'établissement de la mine.

Cet arrêté, publié au *Journal Officiel Tunisien*, est susceptible de recours devant le Conseil des Ministres, si la demande en est faite par pli recommandé adressé au Directeur général des Travaux publics dans le mois suivant la date de sa publication; il est revisé périodiquement.

ART. 87. — Les titulaires de permis d'exploitation et les concessionnaires de mines sont tenus de payer, en dehors des taxes prévues aux articles ci-dessus, une taxe proportionnée à l'extraction et calculée à raison de 5 0/0 de la valeur du minerai de fer franco bord au point de sortie de Tunisie.

Toutefois, la taxe ainsi calculée est réduite, s'il y a lieu, de manière que, pour aucune exploitation, elle ne puisse être supérieure à 20 0/0 de l'excédent du produit net de la mine sur le produit par 2 fr. 50 du nombre de tonnes extraites pendant l'année d'imposition.

La taxe ainsi établie est perçue par provision, en douane, au moment de l'exportation des minerais, à raison d'un droit provisoire par tonne dont le taux, qui ne peut excéder 0 fr. 50, est fixé annuellement et pour chaque exploitation, le permissionnaire ou le concessionnaire entendu, par arrêté du Directeur général des Finances et du Directeur général des Travaux publics pris sur l'avis conforme du Conseil des Ministres et non susceptible de recours.

Les perceptions provisoires d'une année sont revisées dans le courant de l'année suivante sur la base indiquée aux deux premiers alinéas du présent article, au moyen de l'arrêté de liquidation définitive pris en conformité des articles 88 et 89 ci-après.

S'il y a un trop perçu, l'excédent est, soit imputé sur les perceptions provisoires de l'année de la liquidation définitive, soit, à défaut d'exportation, restitué à l'ayant droit.

S'il y a un moins perçu, l'insuffisance est répétée pour le Trésor par les soins du Directeur général des Finances, en conformité des prescriptions de l'article 92 ci-après.

ART. 88. — Les taxes prévues aux articles 84, 86 et 87 ci-dessus sont liquidées en tenant compte des dépenses réellement effectuées par les concessionnaires pour l'exploitation de leurs mines et des prix de vente des minerais, rectifiés, s'il y a lieu, pour être mis en harmonie avec les cours du commerce.

Les titulaires de permis d'exploitation et les concessionnaires de mines sont tenus de fournir annuellement à cet effet des déclarations contenant tous renseignements et toutes justifications utiles.

Ces déclarations, dûment certifiées et signées par les permissionnaires ou concessionnaires, doivent être remises au Chef du Service des Mines, pour chaque exercice, avant le 31 mars de l'année suivante.

Toute exploitation pour laquelle la déclaration n'a pas été fournie dans le délai réglementaire est taxée d'office.

Art. 89. — Les réclamations contre les arrêtés de liquidation des taxes minières doivent être adressées par pli recommandé, avec avis de réception, sous forme de mémoire, dans un délai de deux mois à dater de la notification aux concessionnaires ou permissionnaires des arrêtés dont il s'agit.

Il est statué par arrêté du Directeur général des Travaux publics pris sur l'avis d'un Comité composé, sous la présidence d'un délégué du Directeur général, du Chef du Service des Mines, d'un délégué du Directeur général des Finances, et de deux exploitants désignés par le Président du tribunal civil de Tunis.

Le Comité demande tous les renseignements utiles aux permissionnaires ou concessionnaires.

Les permissionnaires ou concessionnaires conservent, pendant un mois à dater de la notification de l'arrêté précité, un droit de recours dans les conditions prévues à l'article 101 du présent décret, sans d'ailleurs pouvoir produire de réclamations nouvelles.

Art. 90. — Sont à la charge des permissionnaires ou concessionnaires les dépenses engagées par l'Administration pour travaux exécutés d'office par application du titre VIII.

Ces dépenses sont réglées par arrêtés du Directeur général des Travaux publics.

Les frais de timbre et d'enregistrement des arrêtés pris en exécution du présent décret sont également à la charge des permissionnaires et concessionnaires intéressés.

Art. 91. — Les mutations de propriétés, d'usufruit ou de jouissance, à titre onéreux ou à titre gratuit, entre vifs ou par décès, de permis de recherche et d'exploitation sont, comme les mutations de même nature de concessions de mines, et nonobstant la qualification résultant des articles 31 et 42 du présent décret, assujetties aux mêmes droits que les mutations d'immeubles à titre onéreux ou à titre gratuit entre vifs ou par décès, tels qu'ils sont établis par la section première du tarif annexé au décret du 19 avril 1912.

Sont également applicables aux mutations dont il s'agit les prescriptions et les sanctions édictées à l'égard des mutations immobilières par le décret du 19 avril 1912.

Ces mutations sont suffisamment établies, pour la demande et la poursuite des droits d'enregistrement et des amendes, au moyen des actes ou écrits qui sont destinés à les rendre publiques par leur transcription sur les registres spéciaux tenus par le Service des Mines en conformité des articles 32, 42 et 54 du présent décret.

Art. 92. — Les taxes, compléments de taxes, et, plus généralement, toutes les sommes dues au Trésor par les explorateurs, exploitants ou concessionnaires de mines, par application des dispositions du présent décret, doivent être versées à la caisse du Receveur principal des contributions diverses, à Tunis, ou des Receveurs des douanes, suivant les cas, dans les deux mois de la notification aux débiteurs, qui doivent se libérer nonobstant opposition, sauf à se pourvoir en restitution avant l'expiration de ce délai.

Art. 93. — Le privilège général du Trésor sur les biens meubles et immeubles des débiteurs, pour le recouvrement de ses créances de toute nature, s'exerce notamment au profit des taxes, et de toutes sommes dues par application du présent décret et des règlements pris pour son exécution, et prend rang immédiatement après celui des frais de justice.

Art. 94. — Les redevances prévues par les contrats de concession antérieurs au présent décret continuent à être perçues dans les formes indiquées par ces contrats; toutefois les taxes à percevoir par application du présent décret sont diminuées d'une quotité égale au montant des sommes perçues au titre des contrats antérieurs de concession.

La partie complémentaire de la taxe sur le produit net, stipulée par l'article 86, n'est pas applicable aux concessions instituées antérieurement au présent décret, ni aux concessions en instance avant le 1er novembre 1913.

TITRE VIII

SURVEILLANCE DE L'ADMINISTRATION SUR LES MINES.

Art. 95. — La recherche des mines, leur exploitation et celle de leurs dépendances sont soumises à la surveillance de l'Administration en vue de pourvoir à la sécurité publique, à la conservation de la mine et des mines voisines, des voies publiques et de leurs dépendances, des eaux minérales, des sources alimentant les villes, villages, hameaux et établissements publics, à la sécurité et à l'hygiène des ouvriers, à la sécurité des habitants de la surface.

Cette surveillance est exercée, sous l'autorité du Directeur général des Travaux publics, par le Chef du Service des Mines et les agents placés sous ses ordres.

Des arrêtés du Directeur général des Travaux publics en déterminent les conditions.

Art. 96. — A défaut par le permissionnaire ou concessionnaire de se conformer, après mise en demeure, aux mesures à lui prescrites par l'Administration en conformité du présent décret et des arrêtés pris pour son application, ces mesures peuvent être exécutées d'office à ses frais par les soins du Service des Mines.

En cas de péril imminent, les agents du Service des Mines prennent immédiatement les mesures nécessaires pour faire cesser le danger. Ils peuvent, s'il y a lieu, adresser à cet effet toutes réquisitions utiles aux autorités locales qui sont tenues de s'y conformer sans délai.

Art. 97. — Aucune indemnité n'est due au permissionnaire ou concessionnaire pour tout préjudice résultant de l'exécution des mesures ordonnées par l'Administration, en conformité du présent décret et des arrêtés pris pour son application.

Art. 98. — Tout travail entrepris en contravention au présent décret ou aux arrêtés pris pour son application peut être interdit par le Directeur général des Travaux publics, sans préjudice des pénalités prévues au titre suivant.

Art. 99. — Tout explorateur ou exploitant de mine doit tenir à jour sur chaque permis ou mine concédée :

1° Un plan des travaux, et, s'il y a lieu, un plan de surface superposable au plan des travaux ;

2° Un registre d'avancement des travaux, sur lequel sont mentionnés tous les faits importants de l'exploitation ;

3° Un registre de contrôle journalier des ouvriers occupés dans les travaux, tant à l'extérieur qu'à l'intérieur ;

4° Un registre d'extraction, de vente et d'expédition.

Un arrêté du Directeur général des Travaux publics détermine les conditions d'établissement des plans, ainsi que les modèles des registres sus-visés.

Les agents du Service des Mines et tous autres agents de l'Administration à ce autorisés peuvent se faire présenter ces plans et registres à chacune de leurs visites.

Le permissionnaire ou concessionnaire remet chaque année au Service des Mines la copie du plan des travaux exécutés l'année précédente, et tous les renseignements statistiques relatifs à la nature et aux quantités des produits extraits et au personnel occupé.

Le permissionnaire ou concessionnaire est tenu de fournir aux agents du Service des Mines les moyens de parcourir tous les travaux accessibles.

Si les plans réglementaires ne sont pas tenus à jour, ils peuvent être levés d'office, en vertu d'un arrêté du Directeur général des Travaux publics, aux frais du permissionnaire ou concessionnaire intéressé.

Art. 100. — Le permissionnaire ou concessionnaire est tenu :

1° De ne faire aucune coupe de bois en terrain domanial, aucun captage d'eau à la surface sans une autorisation spéciale de l'Administration et de se conformer aux décrets et règlements sur la matière ;

2° De tenir à la disposition de l'Administration un registre spécial où sont consignés l'origine de tous les bois de provenance tunisienne, la date de la livraison, le nom et le domicile du vendeur ;

3° De prévenir la destruction ou la disparition des objets d'art, ruines et autres antiquités, ainsi que des fossiles d'origine végétale ou animale que ses travaux font découvrir, et de remettre à l'Administration, après l'avoir avisée de leur découverte, ceux de ces objets qu'elle jugerait devoir réclamer.

TITRE IX

JURIDICTIONS ET PÉNALITÉS.

Art. 101. — La juridiction française a seule à connaître :

1° Des infractions au présent décret ou aux arrêtés pris pour son exécution ;

2° Des contestations auxquelles l'application desdits décrets et arrêtés pourra donner lieu.

Les contestations relatives à la liquidation, à la perception ou à la restitution de toutes taxes ou sommes quelconques dues ou perçues en vertu du présent décret sont instruites et jugées dans les formes de procédure tracées par l'article 32, alinéa 2, du décret du 19 avril 1912.

Art. 102. — Les infractions au présent décret ou aux arrêtés pris pour son exécution sont constatées par les officiers de police judiciaire, les agents du Service des Mines, et tous autres agents commissionnés à cet effet.

Les procès-verbaux dressés en exécution du présent article font foi jusqu'à preuve du contraire. Ils ne sont pas sujets à l'affirmation. Ils doivent être enregistrés en débet dans les trente jours de leur date, à peine de nullité.

Les procès-verbaux dressés par les agents du Service des Mines sont transmis au Parquet par le Chef de ce service avec son avis.

Art. 103. — Sont punis d'une amende de 16 à 1.000 francs et d'un emprisonnement de six jours à deux ans, ou de l'une de ces peines seulement, ceux qui détruisent, déplacent ou modifient d'une manière illicite des bornes indicatrices de périmètres de permis ou de concessions ; l'amende ne se confondra pas avec le remboursement des frais et dépenses faits pour la réparation et le remplacement des bornes qui peut être ordonné par le tribunal.

ART. 104. — Sont punis d'une amende de 16 à 1.000 francs et d'un emprisonnement de six jours à un mois, ou de l'une de ces deux peines seulement :

1° Ceux qui se livrent d'une manière illicite à l'exploitation de substances minérales concessibles ;

2° Les permissionnaires et concessionnaires qui ne tiennent pas leurs registres d'extraction, de vente et d'expédition d'une manière régulière, ou qui refusent de les produire aux agents qualifiés de l'Administration.

ART. 105. — Toutes infractions aux dispositions du présent décret ou aux arrêtés pris pour son exécution, autres que celles qui sont prévues par les articles ci-dessus, sont punies d'une amende de 16 à 100 francs.

ART. 106. — Tout individu qui, ayant été condamné pour l'une des infractions prévues par les articles ci-dessus, a commis à nouveau la même infraction dans un délai de douze mois, à compter du jour où la condamnation est devenue définitive, est condamné au maximum des peines d'emprisonnement et d'amende, et ces peines peuvent être portées jusqu'au double.

ART. 107. — Dans tous les cas, les tribunaux peuvent prononcer la fermeture des travaux ou exploitations illicites.

ART. 108. — L'article 438 du Code pénal français est applicable à quiconque s'oppose par des voies de fait à l'exécution des travaux d'office ordonnés par l'Administration en exécution du présent décret.

ART. 109. — L'article 463 du Code pénal français est applicable aux condamnations prévues par le présent décret.

ART. 110. — Les personnes qui ont été condamnées à la peine d'emprisonnement pour l'une quelconque des infractions prévues au présent décret ne peuvent obtenir ni permis de recherche ou d'exploitation, ni concession de mine avant l'expiration d'un délai de trois ans à compter du jour où la condamnation est devenue définitive.

TITRE X

DISPOSITIONS TRANSITOIRES.

ART. 111. — Les titulaires de permis de recherche ou d'exploitation délivrés antérieurement au présent décret bénéficient de l'extension quant aux substances dans les conditions prévues à l'article 112 ci-après.

Art. 112. — Les permis de recherche délivrés antérieurement restent, en ce qui concerne les droits qu'ils confèrent, soumis aux dispositions précédemment en vigueur. Toutefois, à leur expiration, ils ne peuvent être renouvelés; mais leurs titulaires ont priorité pour obtenir des permis de recherche ou d'exploitation ou des concessions dans les conditions du présent décret, pour tout ou partie des périmètres qu'ils détiennent, et pour les groupes de gîtes auxquels appartiennent les substances visées dans ces permis s'ils en font la demande avant leur expiration.

L'extension des droits du permissionnaire aux autres substances du même groupe non visées par le permis antérieur reste toutefois subordonnée aux conditions spécifiées par l'article 113, alinéa 3, ci-après :

Les dispositions du présent article sont applicables aux permis d'exploitation délivrés antérieurement au présent décret, et dont la durée est limitée à cinq ans à dater de la mise en vigueur dudit décret.

Art. 113. — Toutes les concessions de mines accordées antérieurement sont soumises aux dispositions du présent décret.

Elles sont étendues à tout le groupe de gîtes auquel appartiennent la ou les substances visées au titre de concession.

Toutefois cette extension des droits du concessionnaire n'a lieu qu'autant qu'elle n'amène pas la superposition de concessions ou de permis pour le même groupe en faveur de personnes différentes.

Art. 114. — Les droits réels sur les mines constitués antérieurement au présent décret priment tous les autres à la condition que les actes qui les ont créés soient transcrits sur le registre prévu à l'article 54 dans le délai de deux ans à dater de la promulgation du présent décret.

Le rang de ces droits antérieurs est déterminé, non par l'ordre des transcriptions, mais par la priorité des titres, conformément au droit commun.

TITRE XI

DISPOSITIONS FINALES.

Art. 115. — Le présent décret entrera en vigueur le 1er janvier 1914.

La taxe établie sur les minerais de fer par l'article 87 est, notamment, applicable dès le 1er janvier 1914, sauf en ce qui concerne les minerais existant à cette date sur le carreau de la mine ou sur les quais d'embarquement et qui, après inventaire contradictoire entre les exploitants et le Service des Mines, pourront être exportés sans paiement de cette taxe.

Art. 116. — Le Directeur général des Travaux publics rend les arrêtés nécessaires à l'exécution du présent décret.

Ces arrêtés sont publiés au *Journal Officiel Tunisien.*

Art. 117. — Sont abrogés le décret du 10 mai 1893 sur les mines et le règlement du 21 mai 1906 approuvé par décret du 26 mai suivant, ainsi que toutes autres dispositions contraires à celles du présent décret.

Vu la promulgation et mise à exécution :

Tunis, le 29 décembre 1913.

> *Le Ministre plénipotentiaire,*
> *Résident général*
> *de la République française,*
>
> ALAPETITE.

B. — Législation des carrières.

Comme le décret du 10 mai 1893, le nouveau décret du 29 décembre 1913 concerne exclusivement les mines.

Suivant l'article 14 de ce dernier décret :

« Les carrières appartiennent aux propriétaires du sol. Leur exploitation est soumise aux règlements édictés par le Directeur général des Travaux publics, en vue d'assurer la sécurité de la surface et celle du personnel occupé ».

Donc, tant qu'il ne sera pas édicté un nouveau règlement, l'exploitation des carrières reste soumise aux règles de police prescrites dans un décret du 1er novembre 1897, lequel notamment institue pour les carrières le régime de la déclaration.

Les *amendements ou engrais*, c'est-à-dire les phosphates de chaux, y sont rangés expressément dans la classe dont l'exploitation constitue une carrière. C'est ainsi que le décret du 1er décembre 1898, qui règle l'exploitation des phosphates en Tunisie, et qui s'inspire dans une très large mesure du décret algérien du 26 mars de la même année, laisse intact, à cet égard, le droit du propriétaire de la surface. Il ne vise que les gisements de phosphates qui sont situés en terrains domaniaux ou en terrains habous publics ou privés [1], sur lesquels l'État exerce, au nom de la Djemaïa, un droit de tutelle.

Ce décret et un règlement général pour son exécution, du 2 décembre de la même année, avec les modifications qui y ont été apportées postérieurement, contiennent les dispositions principales suivantes :

Les recheches de phosphates ne peuvent avoir lieu dans un terrain appartenant à l'État ou constitué habous, sans autorisation administrative subordonnée aux mêmes formalités et aux mêmes conditions que les permis de recherches de mines, à cette différence près que : 1° le plan annexé à la demande des intéressés est à l'échelle de 1/50.000°; 2° le périmètre demandé peut atteindre 2.000 hectares; 3° les travaux d'exploration doivent être commencés, sous peine de déchéance, six mois au plus tard à dater de la délivrance de l'autorisation.

L'explorateur ne peut disposer du produit de ses recherches sans une autorisation du Directeur général des Travaux publics.

La découverte d'un gisement de phosphates peut valoir à son auteur un privilège d'inventeur, qui ne confère à l'intéressé aucun titre à la concession de ce gisement, mais lui donne droit, pendant trente ans, au dixième des redevances perçues par l'État sur l'amodiation éventuelle dudit gisement.

Contrairement aux dispositions adoptées en matière de concessions de mines, l'amodiation des gisements de phosphates — préalablement immatriculés — a lieu par voie d'adjudication. L'adjudication porte sur la redevance à payer par l'amodiataire pour chaque tonne de phosphate exportée hors des lieux d'extraction.

L'exploitation des gisements de phosphates est régie par un cahier des charges qui, en outre de la redevance due par l'amodiataire au Gouvernement tunisien, fixe :

1° Les limites entre lesquelles le droit d'exploiter est accordé;

2° La durée de l'amodiation, qui ne pourra excéder cinquante ans;

3° L'extraction minimum à laquelle l'amodiataire sera astreint pendant les périodes successives de son amodiation;

---

(1) Les biens *habous* sont des biens affectés à des fondations pieuses dont la gestion est placée sous la surveillance du Gouvernement.

4° Les installations, travaux et ouvrages que l'amodiataire devra exécuter en cours d'amodiation, tant à l'intérieur qu'à l'extérieur du périmètre, et ceux qu'il devra laisser à la fin de l'amodiation.

Tout amodiataire doit exploiter suivant les règles de l'art, en évitant les travaux susceptibles d'être une cause de gaspillage du gîte dans le présent ou de ruine dans l'avenir.

Le droit à l'exploitation des phosphates ne peut être cédé qu'avec l'autorisation du Directeur général des Travaux publics; l'amodiataire reste responsable de son cessionnaire vis-à-vis du Gouvernement tunisien.

L'amodiataire est responsable, envers tous intéressés, des dommages directs et matériels causés par ses travaux.

En outre de la redevance due par l'amodiataire au Gouvernement tunisien, celui-ci perçoit, dans tous les cas, un impôt de 0 fr. 50 par tonne de phosphate marchand exportée hors de Tunisie [1].

Si les gisements amodiés se trouvent situés en terrains habous publics ou privés, les sommes encaissées annuellement par le Gouvernement tunisien à titre de redevance sont, après défalcation de la part revenant à l'inventeur et des frais de surveillance et de contrôle, remis à la Djemaïa des Habous, pour le compte des intéressés.

Pour les occupations de terrains, l'adjudicataire d'un gisement de phosphates est astreint aux mêmes formalités qu'un concessionnaire de mines.

Les routes et voies ferrées de toute nature, ainsi que les galeries et puits d'aérage et d'écoulement nécessaires à l'exploitation des carrières de phosphates, peuvent être déclarés d'utilité publique. Le bénéfice de ces mêmes dispositions peut être étendu aux exploitations de phosphates en terrains particuliers.

---

[1] Un décret beylical paru en mars 1912 a décidé que le droit de 0 fr. 50 ne doit être perçu sur les produits de la transformation des phosphates en Tunisie (phosphates précipités, superphosphates et autres produits), au moment de leur exportation, que d'après la quantité de phosphates naturels qu'ils représentent.

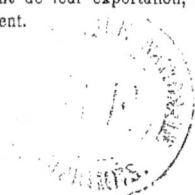

ERRATA

Page 7, ligne 8, *au lieu de* : Gafsa ancienne, *lire* : Gapsa ancienne.

Page 30, ligne 24, *au lieu de* : Société des phosphates de Bir-Lafou, *lire* : Société d'études et d'exploitation de phosphates en Tunisie.

Page 153, ligne 11, *au lieu de* : Aïn-Tagaet, *lire* : Aïn-Taga et.

Page 188, ligne 14. Nous avons indiqué que la Société d'Aïn-Taga et Bou-Gamouche avait fini son existence. Nous trouvons au moment de paraître dans le journal *l'Engrais* une annonce qui semble indiquer que l'exploitation de ces gisements a été reprise.

Page 284, ligne 3, *au lieu de* : Mateur à Nebeur, la ligne, *lire* : Mateur à Nebeur. — La ligne.

Page 330, ligne 4, *au lieu de* : exportations, des, *lire* : exportations, les.

Page 339, ligne 21, *au lieu de* : ces deux, *lire* : les deux.

TABLE DES MATIÈRES

CHAPITRE IV. — **Les mines de fer.**

CHAPITRE V. — **Autres produits du règne minéral.**

QUATRIÈME PARTIE

CHAPITRE VI. — **Les phosphates de chaux.**

SIXIÈME PARTIE

BAR-LE-DUC. — IMPRIMERIE CONTANT-LAGUERRE.

CARTE MINIÈRE
DE LA
TUNISIE

MER MÉDITERRANÉE

MER

Cap Serrat
Cap Blanc · Cap Bizerte
la Pêcherie · BIZERTE
S¹ Ahmed
Bechateur
O. Tindja
Porto Farina · Ras Tarf
Zembra
Zembretta
Cap Bon
Cap Negre · Sedjenan · Safsaf · Ferryville
Douaria · Dj. Sharmfa · Dj. el Grefa
S¹ Driss · Djalta
Tamera · Nefza · El Aouana
Cap Roux · Oued Ahmed · Mettarhem
Tabarca · Sidi-N'sir
Cap Roux · La Galle · Ain Allèga
Dj. Charra · Zriba
Ksar Mezouar
Khanguet Kef Tout

Utique · S¹ Abdallah
Mateur · Ain Rhelal
GOLFE DE TUNIS
Michaud · El Arima · Sidi Athman · S¹ Daoud
Chaouat · la Marsa · Kelibia
Djedeïda · Carthage · H¹ Korbous · Dj. Hamid
TUNIS · la Goulette · Menzel Temine
Tebourba · Manouba · Maxula Radès · Dj. Nefsa
Dj. Djelloud · Birkassa · Solimen · Menzel-bou-Zalfa
les Nasses · Fondouk-Djedid · Grombalia · Kourbe
B¹ Toum · Khledia · Oudna · 28
El Hari · Bou er Rebia · Belli · Bou Arkoub
Oued Zarqua · Dj. Marabba · Cheylus
Medjez-el-Bab · Bir M'Cherga · la Taverie · Bir bou Rekba · Nabeul
Mastouta · Kef Laf'sar · Depienne (Smindja) · Moghrane · Hammamet
Bir M'Cherga · El-Aouja · Zaghouan
Testour · Pont du Fahs · Dj. Zaghouan · Bou Ficha
Dj. Gorra · El-Aroussa · S¹ Ayed · GOLFE DE HAMMAMET
Dougga · Bou Arada · Djebibet el Kohol
Djebba · Dj. el Akhouat · Djebilet el Kohol
El-Akhouat · Tarfech Chena · Ain Hallouf
Phosphates · Djebibina · Enfidaville
de Sidi Ayed · Dj. Bargou · Menzel-dar-bel-Oua

Souk el Arba
Ghardimaou
O. Mouglaes · Dj. bou Khaoui
Fedj Assoud
Nebeur · le Kef
Sidi Youssef · Djebel Kebouch · Dj. Serdj
K Sidi · Lorbeuss · Trika · le Sers · S¹ Bou Roula · S¹ bou Ali
Guern Halfaya · les Zouarines · les Salines · Lac Kelbia
Phosphates du Kouif · Phosphates · Saqb R. Djenaa · Kalaâ Kebira
Ebba-Ksour · des Zouarines · Mactar · Kalaâ Srira · SOUSSE
Ain Mesria · le Réservoir · Souissa · Ksiba · Monastir
Slata · Dj. el Bou · Kroussian-Sahali · Oued Laya · M. Saken
Bir Lafou · Fedjet Tameur · Sidi-el-Hani · Touta Bouder · Djemmal · Moknine
Majouba · O. Saracci · Coprach · Ain Ghrassia · Bourdjine · S¹ bou Goubrine · Teboulba
Dj bou Djber · Dj. Mizellu · Ain Ghrassia · Ouardjine · Bekalta · Sidi Bagdedi
Kalâat es-Senam · Kalaâ-Djerda · Menzel Kamel · Ain Sliman · Hjboun
Phosphates · Thala · H¹ Sbiba · Dj. Troza · Sidi Amor-el-Beneli · Kerker · Mehdia
du DIR · Phosphates du Kouif · Dj. Nasser Allah · Sidi-Nacer-Allah-Pavillier
Kouif · Dj. Azered · (Phosphates) · Dj. Touila · Sebkha Sidi el Maui
Tébessa · Dj. Bireno · Hadjeb-el-Aioun · El-Djem
Dj. Hamra · Sbeïtla · (Phosphates) · Sidi Saâd · Chebbu
Ain Khemuda · Djilma · S¹ m¹ta el Chorra · la Hencha
Kef Chambi · Ain Nouba · G¹ Medjoub · Sainte Juliette
Kasserine · Dj. Souda · Bou Thadi
Dj. Settoun · Dj. Kereoun · Triaga · Sakiet-ez-Zit
Thelepte · Dj. Khecham Artsoum
Fériana · SFAX
Oued Souläh · Dj. Meheri (Phosphates) · I¹ Kerkenna
Maïjen-bel-Abbes · Dj. Souenia · Kef el Lehm
Sidi Bou Baker · Dj. Mejroun · Makassy 123 · Mezzouna · Mahares
Ain Moularès · Henchir Souatir (Phosphates) · Sened · Dj. Makroassy · Greiba · O. Chahal
Dj. Mrata · Ain Zannouch · Dj bou Bednin
Cap des Oursins · Tabeditt Phosphates · Dj. Leobeus · Selham en Nouail (Phosphates)
Redeyef · Metlaoui · Gafsa
Dj. Melila (Phosphates) · Dj. Roda
Dj. Radifa (Sel Gemme) · Dj. Fedjerij
el Hamma · Dj. Halfaya
Tozeur · CHOTT EL DJERID · Gabès

Echelle: 1:1.000.000ᵉ
0 5 10 20 30 40 50 K.

Légende

Réseau de la Cⁱᵉ · Chemins de fer en exploitation
Bône Guelma · d°. d°. en const°ⁿ ou à l'étude
Distance Kilométrique de Tunis 258
Réseau de la Cⁱᵉ · Chemins de fer en exploitation
de Gafsa · d°. d°. en const°ⁿ vu à l'étude
Distance Kilométrique de Sfax 265
Mines de zinc et plomb · Mines de fer
Mine de cuivre · Phosphates

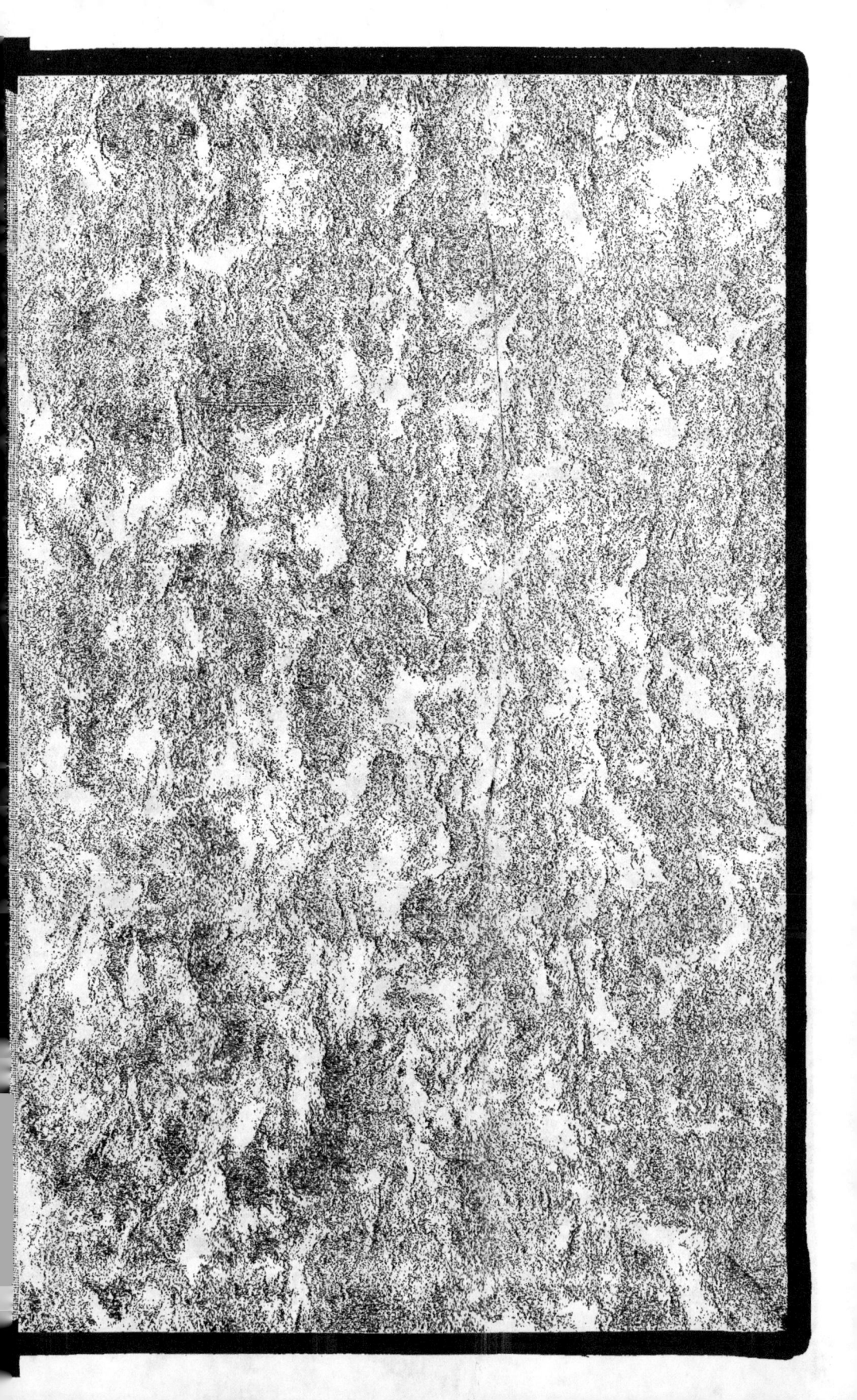

www.ingramcontent.com/pod-product-compliance
Lightning Source LLC
Chambersburg PA
CBHW061008220326
41599CB00023B/3871